高职高专机电类专业系列教材

机电设备控制与检测

主　编　吕栋腾
副主编　东　方　　胡春龙　　崔屹嵘
参　编　李俊雨　　任源博　　李成平
主　审　高　葛

机械工业出版社

本书共 16 个模块，包括自动控制理论基础、检测技术概述、测量与传感器的基本概念、电阻式传感器、电感式传感器、电涡流式传感器、电容式传感器、压电式传感器、超声波传感器、霍尔式传感器、热电偶温度传感器、光电传感器、数字式位置传感器、检测系统的抗干扰技术、多传感器融合应用、人工智能导论，着重介绍了在生产、科研、生活等领域各类常用传感器的工作原理、特性参数、选型、安装使用、调试，以及近年来出现的新型传感器和检测技术，力图使读者获得作为生产一线的技术、管理、维护和运行技术人员所必须掌握的自动控制技术、传感器技术和自动检测系统等方面的基本知识和基本技能。

本书采用模块化结构设计，并有机融入思政元素，各专业可根据需要选取教学内容。每个模块均配备了大量的立体化教学资源，读者可扫描二维码观看教学视频，还可登录学银在线网站（www.xueyinonline.com）进行自主学习。

本书既可作为大中专院校电气自动化技术、机电一体化技术、机械制造与自动化、数控技术、电子技术等专业的教材，也可供相关工程技术人员参考使用。

图书在版编目（CIP）数据

机电设备控制与检测/吕栋腾主编. —北京：机械工业出版社，2021.1
（2024.2 重印）

高职高专机电类专业系列教材

ISBN 978-7-111-67806-9

Ⅰ.①机… Ⅱ.①吕… Ⅲ.①机电设备-自动控制系统-高等职业教育-教材 Ⅳ.①TH-39

中国版本图书馆 CIP 数据核字（2021）第 050827 号

机械工业出版社（北京市百万庄大街 22 号 邮政编码 100037）
策划编辑：王海峰 责任编辑：王海峰 陈文龙
责任校对：梁 静 封面设计：张 静
责任印制：单爱军
北京虎彩文化传播有限公司印刷
2024 年 2 月第 1 版第 4 次印刷
184mm×260mm · 19.25 印张 · 473 千字
标准书号：ISBN 978-7-111-67806-9
定价：59.00 元

电话服务　　　　　　　　网络服务

客服电话：010-88361066　　机 工 官 网：www.cmpbook.com

　　　　　010-88379833　　机 工 官 博：weibo.com/cmp1952

　　　　　010-68326294　　金 书 网：www.golden-book.com

封底无防伪标均为盗版　　机工教育服务网：www.cmpedu.com

前 言

信息社会的一切活动领域，从日常生活、生产活动到科学实验，都离不开控制与检测技术。自动化的控制与检测手段在很大程度上决定了生产及科学技术的发展水平。随着检测技术与控制理论、计算机技术的协同发展，新的技术理论和制造工艺对控制与检测技术提出了更高的要求，自动控制与检测技术在国民经济中的地位日益提高。

根据高等职业教育能力培养目标的要求，按照国家"三教"（教师、教材、教法）改革的指导思想，考虑到技术发展和就业岗位，本书在兼顾学习内容深度和广度的同时，从知识应用和技能培养的实际出发，并结合机电设备控制与检测最新教学实践编写而成。

本书共16个模块，包括自动控制理论基础、检测技术概述、测量与传感器的基本概念、电阻式传感器、电感式传感器、电涡流式传感器、电容式传感器、压电式传感器、超声波传感器、霍尔式传感器、热电偶温度传感器、光电传感器、数字式位置传感器、检测系统的抗干扰技术、多传感器融合应用、人工智能导论，着重介绍了在生产、科研、生活等领域各类常用传感器的工作原理、特性参数、选型、安装使用、调试，以及近年来出现的新型传感器和检测技术。本书采用模块化结构设计，各专业可根据需要选取教学内容。每个模块均配备了大量的立体化教学资源，读者可扫描二维码观看教学视频，还可登录学银在线网站进行自主学习。此外，各模块均配有扩展阅读，通过讲述中国故事，实现爱国教育与专业教育协同推进。本书在编写过程中力图使读者获得作为生产第一线的技术、管理、维护和运行技术人员所必须掌握的自动控制技术、传感器技术和自动检测系统等方面的基本知识和基本技能。

本书既可作为大中专院校电气自动化技术、机电一体化技术、机械制造与自动化、数控技术、电子技术等专业的教材，也可供相关工程技术人员参考使用。

本书由陕西国防工业职业技术学院吕栋腾（编写模块2~5、7、11、14、16）担任主编，东方（编写模块1中的1.4）、胡春龙（编写模块12、13）、崔屹嵘（编写模块1中的1.1~1.3）担任副主编，李俊雨（编写模块6、8）、任源博（编写模块9、10）、李成平（编写模块15）参与编写。陕西国防工业职业技术学院高葛担任主审并对书中内容做最终校核。

本书在编写过程中参考和引用了大量的资料和文献，并得到了许多工程技术人员和多家科研单位的无私帮助，在此一并表示衷心的感谢。

由于机电控制与检测技术发展较快，编者水平有限，本书内容难免存在遗漏和不足之处，敬请广大读者和专家批评指正。

编 者

目 录

模块1

自动控制理论基础

学习目标

知识目标：

1. 了解自动控制系统的基本组成。
2. 了解自动控制系统的分类。
3. 掌握自动控制系统的数学描述方法。
4. 了解自动控制系统的分析方法。

能力目标：

1. 能正确认知自动控制系统的基本组成。
2. 能分析自动控制系统的控制方式。
3. 能建立自动控制系统的数学模型。
4. 能正确分析典型的自动控制系统。

1.1 自动控制原理概述

从 20 世纪 40 年代起，特别是第二次世界大战以来，由于工业生产的活跃和军事技术的需要，科学技术的发展十分迅速，控制科学与工程作为一个专门学科也得到了迅速的发展，研究成果获得了广泛的应用。

自动控制技术不仅广泛应用于工业控制中，在军事、农业、空间技术、航海等领域中也得到了广泛应用。例如，在工业控制中，对压力、温度、流量、湿度、配料比等的控制，都广泛采用了自动控制技术，在军事和空间技术方面，宇宙飞船及航天飞机准确地发射和返回地面、人造卫星按预定轨道飞行、导弹准确地击中目标、无人侦察机的应用等要求，使得自动控制技术的应用水平又达到了更高的标准。

自动控制，就是在没有人员参与的情况下，通过控制器或者控制装置来控制机器或者设备等物理装置，使得机器、设备的受控物理量按照希望的规律变化，达到控制的目的。

自动控制理论的发展与应用，不仅改善了劳动条件，把人类从繁重的劳动中解放出来，而且由于自动控制系统能够以某种最佳方式运行，因此可以提高劳动生产率和产品质量，节约能源，降低成本。自动控制理论的应用将极大地助力工业、农业、国防等领域科学技术现代化的实现，自动控制理论的充分发展，必定会在未来得到更为广泛的应用。

1.1.1 自动控制理论的发展阶段

到目前为止，自动控制理论经历了以下几个发展阶段。

1. 经典控制理论发展阶段

早在经典控制理论形成之前，反馈控制的思想已经在实际中得到了应用，早期工业应用的典型实例是 200 多年前蒸汽机的速度控制。

第二次世界大战时期，由于工业技术的发展和战争武器系统的需要，在其他相关学科的发展促进下，经典控制理论逐渐发展成熟。以奈奎斯特稳定性判据为核心的频率分析法和根轨迹分析法，再加上与其相配的时域分析法，构成了经典控制理论的基础。另外，在此过程中，也产生了一些非线性系统的分析方法，如相平面法、描述函数法以及频率特性法等。在此阶段，较为突出的应用有直流电动机调速系统、高射炮随动跟踪系统以及一些初期的仪器仪表过程控制系统等。

在经典控制理论的研究中，线性微分方程和基于拉普拉斯变换的传递函数是主要使用的数学工具，研究对象也基本是单输入、单输出系统，主要以线性定常系统为主，所以研究的对象和范围都比较有限，还不能解决许多控制中的复杂问题，如时变参数问题、多变量问题等。

尽管如此，经典控制理论的初步形成，对于第二次世界大战以来控制学科的发展起到了推动作用。经典控制理论在工业控制和军事技术中的广泛应用，推动了现代科学技术的进步，促进了现代控制理论的产生与发展，取得了不可磨灭的成就。

2. 现代控制理论发展阶段

从 20 世纪 50 年代开始，为了适应空间技术与军事技术发展的需要，在经典控制理论充分发展的基础上，现代控制理论被提出，并得到了长足的发展。许多经典控制理论不能解决的问题，现代控制理论基本都能予以解决。

现代控制理论研究所使用的数学工具主要是状态空间法。其研究对象更为广泛，如定常系统与时变系统，线性系统与非线性系统，多输入、多输出系统以及强变量耦合系统等。

现代控制理论的发展与计算机硬件科学及软件科学的飞速发展是同时进行的，现代控制理论一方面使得计算机科学的发展更加有了用武之地；另一方面借助于计算机技术的发展，空间技术、导弹制导、无人机技术等高精技术领域也发展到了一个较为辉煌的时代。

我国在现代控制理论方面的主要成就除了航天方面的火箭发射控制（见图 1-1）、太空探测技术（见图 1-2）之外，较为突出的还有人口模型与中国人口的控制，这是人文社会科学与工程技术科学相结合的研究成果，该项研究成果协助我国政府实现了中国的短期、中期、长期人口控制发展决策，是一项比较突出的现代控制理论方面的研究成果。

3. 智能控制理论发展阶段

智能控制理论的研究建立在现代控制理论的发展和其他相关学科的发展基础之上。所谓智能，全称为人工智能，是基于人脑的思维、推理决策功能而言的，它已超出了传统的工程技术控制的范畴，是当前控制科学研究的前沿领域。

图 1-1　火箭发射装置图

图 1-2　嫦娥 4 号探测器

　　早在几十年前，控制理论专家就提出了大系统理论和专家系统的概念。大系统理论提出了系统的复杂性与可控性之间的关系问题，即随着系统越来越复杂，系统就越来越难以控制。而专家系统则建立了基于知识来获得决策的模式。这些问题都促使专家学者们进一步去探讨更深层次的控制问题。

　　智能控制理论是以人工智能的研究为方向，让人们去探讨自然界更为复杂的运动机理。当前主要的研究方向有自适应控制理论研究、模糊控制理论研究、人工神经元网络研究以及混沌理论研究等，并且产生了许多研究成果与应用范例，如完全不依赖系统数学模型的自适应控制器、模糊控制器等工业控制产品研制；超大规模集成电路芯片（VLSI）的神经网络计算机的运行；美国宇航专家应用混沌控制理论，仅利用一颗将要报废的人造卫星残存的燃料，成功地实现了小彗星轨道的改变等。

　　智能控制理论，即人工智能的研究与发展，为控制科学与工程学科研究注入了蓬勃的生命力，启发与促进了人的思维方式，标志着该学科的发展永无止境。图 1-3 和图 1-4 所示就是人工智能的产物。

图 1-3　人工智能机器人

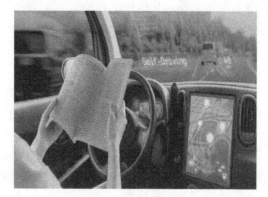

图 1-4　无人驾驶技术

1.1.2　控制系统常用的术语

　　典型自动控制系统的结构框图如图 1-5 所示，下面以图 1-5 为例来介绍自动控制系统的组成部分以及一些常用术语。

图 1-5　典型自动控制系统的结构框图

（1）受控对象　是指被控制的装置或者设备（如电动机、机床等），有时也指受控的物理量。受控物理量的变化过程称为受控过程，例如化学反应过程、水泥窑炉的温度变化过程等，一般用符号 G_0 表示。

（2）参考输入量（设定值）　系统的给定输入信号，或者称为希望值，一般用符号 r 表示。

（3）控制量　施加给受控对象的外部作用信号，使受控对象按照一定的规律运行，一般用符号 u 表示。

（4）输出量　控制系统的输出信号，即受控的物理量，一般用符号 c 表示。

（5）偏差量　控制系统的参考输入量与反馈量之差称为偏差量，是控制系统中的一个重要参数，一般用符号 ε 表示。

（6）扰动量　外界或者系统内部影响系统输出的干扰信号。外部的扰动称为外扰，它是系统的一个不希望的输入信号。内部的扰动称为内扰，也可以等价为系统的一个输入信号。在设计控制系统时，要采取一定的方法来减少或者消除它的影响。扰动量一般用符号 n 表示。

（7）前向通路　从输入端到输出端的正方向通路。

（8）反馈通路　从输出端到输入端的反方向通路。对于一个复杂系统，前向通路及反馈通路都不止一条。

1.1.3　自动控制系统的基本组成

图 1-6 所示为典型自动控制系统的功能框图，图中的每一个方框都代表一个具有特定功能的元件。除了被控对象外，自动控制系统中的控制装置通常由测量元件、比较元件、放大元件、执行机构、校正元件以及给定元件组成。

（1）被控对象　指生产过程中需要被控制的工作机械、装置或者生产过程。描述被控对象工作状态的、需要进行控制的物理量是被控量。

（2）给定元件　主要用于产生给定信号或控制输入信号。

（3）测量元件　用于检测被控量或输出量，然后产生反馈信号。如果测出的物理量属于非电量，一般要转换成电量，以方便处理。

（4）比较元件　用来比较输入信号和反馈信号之间的偏差。它可以是一个差动电路，也可以是一个物理元件（如电桥、自整角机等）。

图 1-6　典型自动控制系统的功能框图

（5）放大元件　用来放大偏差信号的幅值和功率，使之能够推动执行机构调节被控对象，例如功率放大器、电液伺服阀等。

（6）执行机构　用于直接对被控对象进行操作，调节被控量，如阀门、伺服电动机等。

（7）校正元件　用来改善或提高系统的性能，常用串联或反馈的方式连接在系统中，例如 RC 校正网络、测速发电机等。

1.1.4　自动控制系统的基本要求

在输入量的作用下，系统的输出变量由初始状态达到最终稳态的中间变化过程称为过渡过程，又称瞬态过程。过渡过程结束后的输出响应称为稳态过程。系统的输出响应由过渡过程和稳态过程组成。

对系统品质指标的基本要求可以归纳为三个字：稳、准、快。

"稳"是指系统的稳定性。稳定性是系统重新恢复平衡状态的能力。任何一个能够正常工作的控制系统，首先必须是稳定的。稳定是对自动控制系统的最基本要求。由于闭环控制系统有反馈作用，控制过程有可能出现振荡或发散。

"准"是对系统稳态（静态）性能的要求。对一个稳定的系统而言，当过渡过程结束后，系统输出量的实际值与期望值之差称为稳态误差，它是衡量系统控制精度的重要指标。稳态误差越小，系统的准确性越好。

"快"是对系统动态性能（过渡过程性能）的要求。系统动态性能可以用平稳性和快速性加以衡量。平稳指系统由初始状态运动到新的平衡状态时，具有较小的超调和振荡性；快速指系统运动到新的平衡状态时，所需要的调节时间较短。动态性能是衡量系统质量高低的重要指标。

各种不同系统对三项性能指标的要求会有所侧重。例如恒值系统一般对稳态性能限制比较严格，随动系统一般对动态性能要求较高。同一个系统，上述三项性能指标之间往往是相互制约的。

1.2　自动控制系统的分类

在许多工业生产过程或生产设备运行中，往往需要对某些物理量（如温度、压力、流量、液位、电压、位移、转速等）进行控制，使其尽量维持在某个数值附近，或使其按一定规律变化。人工调节是一个"检测偏差、纠正偏差"的过程，可以用一整套自动控制仪表（自动调节器）来代替操作人员的作用。任何一个控制系统，都有被控对象和控制器两个组成部分。

系统的定义十分广泛，在自动控制领域，系统是指由内部互相联系的部件按照一定规律组成，能够完成一定功能的有机整体。自动控制系统的形式是多种多样的，用不同的标准划分，就有不同的分类方法，常见的分类方法有下述几种。

1. 按控制方式分类

自动控制系统常见的控制方式有开环控制和闭环控制。

（1）开环控制系统 控制装置与受控对象之间只有顺向作用而无反向联系时，称为开环控制，相应的控制系统称为开环控制系统。开环控制是最简单的一种控制方式，它的特点是控制量与输出量之间仅有前向通路而没有反馈通路。也就是说，输出量不能对控制量产生影响。由于开环控制系统具有结构简单、维护容易、成本低、不存在稳定性问题等诸多优点，因此广泛地应用于许多控制设备中。

图 1-7 所示为直流电动机转速开环控制系统，该系统用直流电动机来驱动一个需要以恒速转动的负载。其工作原理为：当电位器的滑动端确定在某一个位置时，电位器就给出一个确定的电压 u_g，u_g 经电压放大和功率放大后输出电压 u_a，u_a 加在直流电动机两端，电动机以相应的转速 n 驱动负载转动。若改变滑动端的位置，给定电压 u_g 就改变，输出电压 u_a、转速 n 都发生改变。故可知，电位器滑动端在某一个位置，电动机就对应地运行在某一个转速 n 上，从而达到控制电动机转速 n 的目的。

图 1-7 直流电动机转速开环控制系统

由此可以看出，在这个系统中，电位器滑动端的分压值是系统的输入量，放大器作为控制器，电动机是受控对象，电动机的转速是系统的输出量。当外界有扰动时，即使输入量没有变化，输出量也会改变。这种开环控制系统的输出转速在负载扰动影响下不可能稳定在希望的数值上，所以开环控制系统不能做到自动调节，控制的精度比较低。图 1-8 所示为直流电动机转速开环控制系统框图。

图 1-8 直流电动机转速开环控制系统框图

开环控制系统的缺点是控制精度取决于组成系统的元器件精度，因此对元器件的要求比较高。由于输出量不能反馈回来影响控制量，所以输出量受扰动信号的影响比较大，系统抗干扰能力差。根据上述特点，开环控制方式仅适用于输入量已知、控制精度要求不高、扰动作用不大的情况。

开环控制系统一般是根据经验来设计的，如普通电烤箱根本不用考虑开门时的扰动对烤箱温度的影响；普通的洗衣机对输出信号（即衣服的洁净度）不进行监测，所以系统只有一条从输入到输出的前向通路。

（2）闭环控制系统 控制装置与受控对象之间不但有顺向作用，而且还有反向联系，即有被控量对控制过程进行影响，这种控制称为闭环控制，相应的控制系统称为闭环控制系统。

图 1-9 所示为直流电动机转速闭环控制系统，其工作原理为：在控制系统中增加了一个测速发电机（测量反馈元件），测速发电机的反馈电压 u_f 与转速 n 成比例，u_f 反馈到输入端与输入电压 u_g 进行比较，得出偏差电压 u_e，u_e 经过电压放大和功率放大后得到输出电压 u_a，u_a 加在直流电动机两端，从而控制电动机的转速 n，驱动负载转动。

图 1-9 直流电动机转速闭环控制系统

图 1-9 中，在原来开环控制的基础上，增加了一个由测速发电机构成的反馈回路，检测输出转速的变化并反馈。由于测速发电机的反馈电压与电动机的转速成正比，反馈电压与输入值（电位器滑动端的分压值）做差值运算后，再经过控制器（电压放大器和功率放大器）来控制电动机的转速，实现电动机转速的自动调节。

当系统受到负载扰动作用时，如果负载增大，则电动机的转速降低，测速发电机的端电压减小，偏差电压增大，功率放大器的输入电压增大，电动机的电枢电压上升，使得电动机的转速增加。如果负载减小，则电动机转速调节的过程与上述过程相反。这样，消除或者抑制了负载扰动对于电动机转速的影响，提高了系统的控制精度。图 1-10 所示为直流电动机转速闭环控制系统框图。

图 1-10 直流电动机转速闭环控制系统框图

闭环控制抑制扰动能力强，与开环控制相比，闭环控制对参数变化不敏感，并能获得满意的动态特性和控制精度。

闭环控制系统的缺点是引入反馈增加了系统的复杂性，如果闭环系统参数的选取不适当，系统就可能会产生振荡，甚至导致系统失稳而无法正常工作，这是自动控制理论和系统设计时必须解决的重要问题。

2. 按给定信号的形式分类

按给定信号的形式不同，可将系统划分为恒值控制系统、随动控制系统和程序控制系统。

（1）恒值控制系统 恒值控制系统的输入信号是一个常数，扰动使被控量偏离理想值而出现偏差，利用偏差，该系统可使被控量恢复到理想值或接近理想值，也称为定值系统或调节系统。液位控制系统、直流电动机调速系统均属于此类系统。

（2）随动控制系统 随动控制系统的给定量是时间的未知函数，系统能使被控量准确、快速地跟随给定量变化，又称伺服系统。火炮自动瞄准系统、船舶自动舵系统和飞机的自动驾驶仪系统均属此类系统。

（3）程序控制系统 程序控制系统的给定信号由预先编制的程序确定，要求被控量按相应的规律随控制信号变化。机械加工中的数控机床即属于此类系统。

3. 按描述系统的动态方程分类

按描述系统的动态方程不同，可将系统分为线性系统和非线性系统。

（1）线性系统 组成线性系统的各环节的输入输出特性都是线性的，系统的运动方程能用线性微分方程描述。线性系统的主要特点是具有齐次性和叠加性，系统的稳定性与初始状态和外作用无关。

（2）非线性系统 非线性系统中含有一个或多个非线性元件，系统的性能需用非线性微分方程来描述。非线性系统不满足叠加原理，系统响应与初始状态和外作用都有关。

在实际中，绝大多数控制对象都具有非线性特性，而大多数仪器仪表也是非线性的，所以很少有真正意义上线性系统，一般采用线性化措施将非线性系统处理成线性系统，这样可简化分析和运算。

4. 按系统参数是否随时间变化分类

按系统参数是否随时间变化，可以将系统分为定常系统和时变系统。

（1）定常系统 特性不随时间变化的系统称为定常系统，又称时不变系统。描述定常系统特性的微分方程的系数不随时间而变化。

（2）时变系统 特性随时间变化的系统称为时变系统。对于时变系统，其输出响应的波形不仅与输入信号波形有关，而且还与参考输入加入的时刻有关，这一特点，增加了时变系统分析和研究时的复杂性。实际系统中的温漂、元件老化等影响均属时变因素。

严格的定常系统是不存在的，在所考察的时间间隔内，若系统参数的变化相对系统的运动缓慢得多，则可近似将其作为定常系统来处理。

5. 按信号的传递是否连续分类

按信号的传递是否连续，可以将系统分为连续系统和离散系统。

（1）连续系统 系统中各部分的信号都是连续函数形式的模拟量，如图1-11所示。

（2）离散系统 系统中有一处或多处的信号是离散信号如图1-12所示，如脉冲序列或数字编码。离散系统包括采样系统和数字控制系统。

图 1-11　连续时间信号

图 1-12　离散时间信号

6. 按系统输入信号和输出信号的数目分类

按系统输入信号和输出信号的数目不同，可将系统分为单输入-单输出系统和多输入-多输出系统。

（1）单输入-单输出系统　这种系统通常称为单变量系统，这种系统只有一个输入（不包括扰动输入）和一个输出。

（2）多输入-多输出系统　这种系统通常称为多变量系统，有多个输入或多个输出。单变量系统可以视为多变量系统的特例。

1.3　控制系统的数学模型

在人类发展的历史中，有许多类型的控制系统，在研究一个控制系统时，需要建立该控制系统的数学模型。例如，在加热炉控制系统中，被控制的物理量是加热炉的温度，而加热炉温度的变化是通过控制加热源来决定的，两者之间控制关系的数学描述就称为该物理系统的数学模型。如果能得到一个描述系统运动的数学模型，就可以采用数学分析的方法来研究该系统的运动规律。

通常情况下，动力学系统的运动受到物理学基本定律的支配，就此可以写出描述其因果关系的微分方程。如电学系统的微分方程，可以由电压定律或者电流定律写出；力学系统的微分方程，可以由牛顿定律写出。通常所说的系统的运动，就是对系统施加输入控制信号，来得到系统输出变量随时间的变化规律，也就是系统的输出响应信号。系统运动的数学描述，就是在给定输入信号和初始条件下，求解微分方程而得到微分方程的解。这样，微分方程就成为用于描述系统运动的一种数学模型。另外，基于拉普拉斯变换的传递函数和基于信号流通关系的动态结构图，则是自动控制理论研究中更为常用的数学模型。

控制系统的微分方程可以通过解析法和实验法获得。所谓解析法，就是依据描述系统运动规律的运动定律来得到微分方程的方法，这些运动定律通过运动方程式确定了变量之间的关系，以及元件端口信号之间的关系等。而实验法，则是根据系统输入、输出的实验数据来得到系统的微分方程。实验法是建立或者检验系统数学模型的一种重要手段。

控制系统的运动是复杂的，因此微分方程的表现形式也是多样的。如线性与非线性、定常系数与时变系数、集中参数与分布参数等。如果描述系统的数学模型是线性微分方程，则称该系统为线性系统，若方程中的系数是常数，则称其为线性定常系统。线性系统的最重要特性是可以应用叠加原理。在动态研究中，如果系统在多个输入作用下的输出等于各输入单独作用下的输出之和（可加性），而且当输入增大数倍时，输出相应增大同样的倍数（均匀性），这样就满足叠加原理，因而系统可以看成线性系统。如果描述系统的数学模型是非线性微分方程，则相应的系统称为非线性系统，其特性是不能应用叠加原理。

建立系统数学模型的主要目的是为了分析系统的性能，由数学模型求取系统性能指标的主要途径如图 1-13 所示。由图可见，傅里叶变换和拉普拉斯变换是分析和设计线性定常连续控制系统的主要数学工具。

图 1-13　求取系统性能指标的主要途径分析图

1.3.1　运用微分方程建立数学模型

控制系统中的输出量和输入量通常都是时间的函数，很多常见的元件或系统的输出量和输入量之间的关系都可以用一个微分方程表示，方程中含有输出量、输入量及它们各自对时间的导数或积分，这种微分方程又称为动态方程、运动方程或动力学方程。微分方程的阶数一般是指方程中最高导数项的阶数，又称为系统的阶数。

建立系统微分方程的一般步骤或方法如下：

1）根据研究问题的需要，确定系统的输入和输出。

2）对实际系统进行适当的简化，如将分布参数集中化、将非线性因素线性化等。

3）根据系统、输入和输出三者之间动态关系的原理或定律，列出系统的微分方程。若系统比较复杂，则需分段列出微分方程，在这种情况下，必须注意各分段之间的负载效应问题。

4）消去中间变量，将方程整理成标准形式，即将与输出有关的项列在等号右边，而将与输入有关的项列在等号左边，并且将各阶导数按降幂排列。

列写微分方程的关键与控制系统所属学科领域的规律有关，而不在数学本身，但求解微分方程需要数学工具。

下面以电路系统为例，说明如何列写控制系统的微分方程式。

电路系统的基本要素是电阻、电容和电感，而建立数学模型的基本定律是基尔霍夫电流定律（$\sum i = 0$），以及基尔霍夫电压定律（$\sum u = 0$）。

元件与电压电流的关系如下：

电阻：$u = Ri$　　电感：$u = L\dfrac{\mathrm{d}i}{\mathrm{d}t}$　　电容：$u = \dfrac{1}{C}\int i\,\mathrm{d}t$

例 1-1　图 1-14 所示为一个 RLC 串联电路，试求其数学模型。

解：设输入信号 $x(t) = u_\mathrm{i}(t)$　　输出信号 $y(t) = u_\mathrm{o}(t)$，按照基尔霍夫电压定律得

图 1-14　RLC 串联电路

$$u_i = u_R + u_L + u_o$$

$$u_R = Ri$$

$$u_L = L\frac{di}{dt} \quad u_o = \frac{1}{C}\int i dt$$

消去中间变量 i，得系统的微分方程为

$$LC\frac{d^2 u_o}{dt^2} + RC\frac{du_o}{dt} + u_o = u_i$$

令 $T_1 = LC$，$T_2 = RC$，同时将 $x(t) = u_i(t)$ 与 $y(t) = u_o(t)$ 代入可得

$$T_1\frac{d^2 y(t)}{dt^2} + T_2\frac{dy(t)}{dt} + y(t) = x(t)$$

这是一个典型的二阶线性常系数微分方程，对应的系统也称为二阶线性定常系统。

在一般线性系统中，描述系统动态方程的标准形式为

$$a_n\frac{d^n y(t)}{dt^n} + a_{n-1}\frac{d^{n-1}y(t)}{dt^{n-1}} + \cdots + a_1\frac{dy(t)}{dt} + a_0 y(t) = b_m\frac{d^m x(t)}{dt^m} + b_{m-1}\frac{d^{m-1}x(t)}{dt^{m-1}} + \cdots + b_1\frac{dx(t)}{dt} + b_0 x(t)$$

$$(1-1)$$

式中，$x(t)$ 为系统输入信号；$y(t)$ 为系统输出信号；$a_i(i = 0, 1, 2, \cdots, n)$、$b_j(j = 0, 1, 2, \cdots, m)$ 为系数；n 为输出信号的最高求导次数；m 为输入信号的最高求导次数。

若 a_i 和 b_j 均为常数，则式（1-1）为常系数线性微分方程，所描述的系统为定常线性系统。

1.3.2 线性系统的传递函数

利用传递函数研究系统参数变化或结构变化对动态过程的影响，可使分析系统的过程大为简化。另外，还可以把对系统性能的要求转化为对系统传递函数的要求，使综合设计的问题易于实现。

1. 传递函数的概念

传递函数是描述线性定常系统输入-输出关系的一种最常用的表达式。

若引入微分算子 $s = \frac{d}{dt}$，则 $\frac{1}{s} = \int dt$。

系统的传递函数可以定义为在所有初始条件均为零时，系统输出的拉普拉斯变换与系统输入的拉普拉斯变换之比，即

$$G(s) = \frac{Y(s)}{X(s)} \quad (1-2)$$

设某一线性定常系统的微分方程表达式为式（1-3），假定初始条件均为零，式（1-1）的拉普拉斯变换可写为

$$(a_n s^n + a_{n-1}s^{n-1} + \cdots + a_1 s + a_0)Y(s) = (b_m s^m + b_{m-1}s^{m-1} + \cdots + b_1 s + b_0)X(s)$$

由此可得系统的传递函数为

$$G(s) = \frac{Y(s)}{X(s)} = \frac{b_m s^m + b_{m-1}s^{m-1} + \cdots + b_1 s + b_0}{a_n s^n + a_{n-1}s^{n-1} + \cdots + a_1 s + a_0} \quad (1-3)$$

例 1-2 求图 1-14 所示 RLC 电路的传递函数。

解：RLC 电路的微分方程为

$$T_1 \frac{\mathrm{d}^2 y(t)}{\mathrm{d}t^2} + T_2 \frac{\mathrm{d}y(t)}{\mathrm{d}t} + y(t) = x(t)$$

初始条件为零，对该微分方程进行拉普拉斯变换得

$$(T_1 s^2 + T_2 s + 1) Y(s) = X(s)$$

可得传递函数为

$$G(s) = \frac{Y(s)}{X(s)} = \frac{1}{T_1 s^2 + T_2 s + 1}$$

2. 传递函数的性质

1）传递函数的定义只是对线性系统而言的，严格来说，则只是对定常系统而言的。

2）传递函数通常是复变量 s 的有理分式，其分子多项式和分母多项式的各项系数均为实数，这些系数均由系统的物理参数所确定，且 $n \geq m$。

3）传递函数表征了系统本身的特性，它是对系统动态性能的解析描述，与输入激励无关，也与初始条件无关。

4）传递函数并不是系统具体物理结构的描述，因此许多物理性质截然不同的系统，如机械系统、电气系统、热传导系统，都可以具有相同的传递函数。

5）传递函数的分母多项式为

$$D(s) = a_n s^n + a_{n-1} s^{n-1} + \cdots + a_1 s + a_0 \tag{1-4}$$

式（1-4）就是系统的特征多项式，它的阶次也就代表了系统的阶次。

6）传递函数的拉普拉斯反变换是系统的脉冲响应。

7）传递函数可以更形象地在复数平面上描述系统的动态特性。

1.3.3 控制系统的结构图及其简化

结构图又称为框图，它是在传递函数的基础上建立的，是描述元件或部件动态特性的图示模型，其中的每一个方块均代表系统的一个组成环节。必须注意，出现在框图中的环节是以无负载效应为前提的，信息传递关系具有单向性；框图中的一个环节不一定与实际系统中的一个元件相对应。

用框图表示系统的优点是：可以清楚地表明系统内部信号流动的情况和各环节、各变量之间的关系；可以揭示各环节对系统性能的影响；可以根据信号的流向将各环节的框图连接起来，得到整个系统的框图，从而比较容易地写出整个系统的传递函数。

1. 框图的组成

如图 1-15 所示，负反馈控制系统框图中，函数方块是指把一个环节的传递函数写在一个方块里；相加点是指加减运算，"+" 号表示相加，"-" 号表示相减，同一分支点引出的信号，其信号和数值完全相同；方块外面画上带箭头的线段称为信号流线，信息流线具有单向性。

2. 绘制框图的步骤

1）首先写出每个环节的运动方程。特别要注意的是，在列写运动方程时，一定要考虑

图 1-15　负反馈控制系统框图

相互连接部分间的负载效应，当一个方块的输出与下一个方块的输入相连且基本上不受下一方块影响时，就认为不存在负载效应。只有在没有负载效应时，前一方块中的传递函数才可以按独立方块进行计算。

2）根据运动方程，写出传递函数。

3）根据传递函数，画出各环节的框图。

4）根据信号流向，将各方块连接起来，得出系统图。

3. 框图的简化

利用框图分析和设计系统时，常常要对框图的结构进行适当改动。用框图求系统的传递函数时，总是要对框图进行简化，这些统称为框图的变换或运算。

（1）串联环节的简化　多个串联方框的总传递函数等于各方框传递函数的乘积，图 1-16 所示为串联环节框图简化过程。

a) 简化前　　　　　　　　　　　　　b) 简化后

图 1-16　串联环节框图简化过程

（2）并联环节的简化　多个并联方框的等效方框等于各个方框传递函数的代数和，图 1-17 所示为并联环节框图简化过程。

a) 简化前　　　　　　　　　　　　　b) 简化后

图 1-17　并联环节框图简化过程

（3）反馈回路的简化　图 1-18 所示为反馈环节框图简化过程。

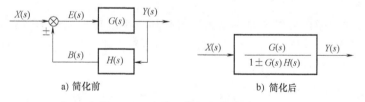

a) 简化前　　　　　　　　　　　　　b) 简化后

图 1-18　反馈环节框图简化过程

如果传递函数分别为 $G(s)$ 和 $H(s)$ 的两个方框，按图 1-18a 形式连接，就称为反馈连接。"+"为正反馈，"−"则表示相减，为负反馈，由图可得

$$Y(s) = G(s)E(s), \quad B(s) = H(s)Y(s), \quad E(s) = X(s) \pm B(s)$$

式中，$E(s)$ 为偏差信号，或称比较信号；$B(s)$ 为反馈信号。

消去 $E(s)$ 和 $B(s)$ 后得

$$Y(s) = G(s)[X(s) \pm H(s)Y(s)]$$

整理得
$$\Phi(s)=\frac{Y(s)}{X(s)}=\frac{G(s)}{1\mp G(s)H(s)}\qquad(1\text{-}5)$$

称 $\Phi(s)$ 为闭环传递函数。

4. 传递函数的基本概念

为了更方便地分析控制系统的传递函数，引入以下的几个基本概念。

（1） $G(s)$ 前向通道传递函数，是指由输入信号开始，沿信号流向输出信号所经过的路径，是前向通道中所有传递函数之积。

（2） $H(s)$ 反向通道传递函数，是指由输出信号反向将信号送到输入端的通道，是其反向通道的所有传递函数之积。

（3） $G_K(s)$ 开环传递函数，是将一闭环系统从其反馈信号处打开后，以比较环节的输出为输入信号，以反馈信号为输出信号的传递函数，即

$$G_K(s)=\frac{B(s)}{E(s)}=G(s)H(s)\qquad(1\text{-}6)$$

（4）特征方程 若令闭环传递函数的分母等于零，则称其为闭环系统的特征方程。

（5）单位反馈 如果反馈通道中的传递函数为 1，则称为单位反馈系统。

1.4 控制系统的分析方法

对于一个线性控制系统，工程上常用的分析方法有时域分析法、根轨迹法和频域分析法等。

1.4.1 时域分析法

时域分析是指控制系统在一定的输入下，根据输出量的时域表达式，分析系统的稳定性、瞬态性能和稳态性能。由于时域分析法是直接在时间域中对系统进行分析的方法，所以时域分析法具有直观和准确的优点。系统输出量的时域表示可由微分方程得到，也可由传递函数得到。

1. 典型输入信号

控制系统的性能指标可以通过在输入信号作用下系统输出变量的暂态和稳态过程来评价，系统的暂态和稳态性能不仅取决于系统本身的特性，还与外加输入信号的形式有关。

（1）单位冲击（脉冲）信号 $\delta(t)$

定义：$\delta(t)=\begin{cases}0 & t\neq 0\\ \infty & t=0\end{cases}$，$\int_{0^-}^{0^+}\delta(t)\mathrm{d}t=1$，拉普拉斯变换：$L[\delta(t)]=1\qquad(1\text{-}7)$

（2）单位阶跃信号 $1(t)$

定义：$1(t)=\begin{cases}0 & t<0\\ 1 & t\geq 0\end{cases}$，拉普拉斯变换：$L[1(t)]=1/s\qquad(1\text{-}8)$

（3）单位斜坡（速度）信号

定义：$r_v(t)=\begin{cases}0 & t<0\\ t & t\geq 0\end{cases}$，拉普拉斯变换：$L[r_v(t)]=1/s^2\qquad(1\text{-}9)$

（4）单位加速度（抛物线）信号

定义：$r_a(t) = \begin{cases} 0 & t<0 \\ \dfrac{1}{2}t^2 & t \geq 0 \end{cases}$，拉普拉斯变换：$L[r_a(t)] = 1/s^3$ （1-10）

（5）正弦（余弦）信号

定义：$r(t) = \begin{cases} 0 & t<0 \\ \sin\omega t & t \geq 0 \end{cases}$，拉普拉斯变换：$L[r(t)] = \dfrac{\omega}{s^2+\omega^2}$ （1-11）

定义：$r(t) = \begin{cases} 0 & t<0 \\ \cos\omega t & t \geq 0 \end{cases}$，拉普拉斯变换：$L[r(t)] = \dfrac{\omega}{s^2+\omega^2}$ （1-12）

2. 暂态响应和稳态响应

任何一个控制系统的时间响应都可以分为暂态响应和稳态响应两部分。

（1）暂态响应　暂态响应又称暂态过程或过渡过程。它是指在输入信号或扰动信号作用下，系统的输出量从初始状态到最终状态的响应过程。这个过程可以表现为响应曲线的单调减、单调增、衰减振荡、等幅振荡、发散等多种形式，其形式由系统的基本运动模式决定。显然一个实际可行的控制系统，其响应的暂态过程必须是单调减或衰减振荡的，也即表现为系统的暂态过程是随时间逐渐消失的，这样的系统才是稳定的。

（2）稳态响应　稳态响应又称稳态过程。它是指系统在输入信号或扰动信号作用下，当时间 t 趋近于无穷大时，系统的输出响应的状态。稳态过程反映了系统输出量复现输入量的程度，常常用稳态精度或稳态误差来衡量。

3. 线性系统的稳定性

一个线性系统正常工作的首要条件就是它必须是稳定的。所谓稳定性，是指系统受到扰动作用后偏离原来的平衡状态，在扰动作用消失后，经过一段过渡时间能否恢复到原来的平衡状态或足够准确地回到原来的平衡状态的性能。若扰动作用消失后系统能恢复到原来的平衡状态，则称系统是稳定的；若扰动作用消失后系统不能恢复到原来的平衡状态，则称系统是不稳定的。线性系统的稳定性取决于系统的内部结构，而与外部输入无关。

设系统的闭环传递函数为

$$G(s) = \frac{C(s)}{R(s)} = \frac{b_0 s^m + b_1 s^{m-1} + \cdots + b_{m-1}s + b_m}{a_0 s^n + a_1 s^{n-1} + \cdots + a_{n-1}s + a_n}$$

其特征方程（即闭环系统传递函数的分母多项式等于零）为

$$a_0 s^n + a_1 s^{n-1} + \cdots + a_{n-1}s + a_n = 0$$

线性系统稳定的充分必要条件是：系统特征方程式的所有根（即闭环传递函数的极点）全部为负实数或为具有负实部的共轭复数，也就是所有的极点均应位于 s 平面虚轴的左侧。

4. 稳态误差

系统的稳态误差是指稳定系统在输入加入后，经过足够长的时间，其暂态响应已衰减到微不足道时，稳态响应的期望值与实际值之间的误差。稳态误差可以衡量某种特定类型信号输入系统后的稳态精度。

1.4.2 根轨迹法

1948 年，美国人埃文斯提出了一种求特征根的简单方法，并且在控制系统的分析与设计中得到广泛的应用。这一方法不直接求解特征方程，而用作图的方法表示特征方程的根与系统某一参数的全部数值关系，当这一参数取特定值时，对应的特征根可在上述关系图中找到，这种方法叫根轨迹法。根轨迹法具有直观的特点，利用系统的根轨迹可以分析结构和参数已知的闭环系统的稳定性和瞬态响应特性，还可分析参数变化对系统性能的影响。在设计线性控制系统时，可以根据对系统性能指标的要求，确定可调整参数以及系统开环零极点的位置，即根轨迹法可以用于系统的分析与综合应用。

1. 根轨迹绘制规则

在控制系统的分析和综合中，往往只需要知道根轨迹的粗略形状。由相角条件和幅值条件列出以下几条规则，为粗略地绘制根轨迹图提供了方便的途径：

1）根轨迹的分支数等于开环传递函数极点的个数。

2）根轨迹的始点（相应于 $K=0$）为开环传递函数的极点，根轨迹的终点（相应于 $K=\infty$）为开环传递函数的有穷零点或无穷远零点。

3）根轨迹形状对称于坐标系的横轴（实轴）。

4）实轴上的根轨迹按下述方法确定：将开环传递函数位于实轴上的极点和零点由右至左按顺序编号，由奇数点至偶数点间的线段为根轨迹。

5）实轴上两个开环极点或两个开环零点间的根轨迹段上，至少存在一个分离点或会合点，根轨迹将在这些点产生分支。

6）在无穷远处，根轨迹的走向可通过画出其渐近线来确定。渐近线的条数等于开环传递函数的极点数与零点数之差。

7）根轨迹从始点出发的走向由出射角决定，根轨迹到达终点的走向由入射角确定。

8）根轨迹与纵轴（虚轴）的交点对分析系统的稳定性很重要，其位置和相应的 K 值可利用代数稳定判据来确定。

图 1-19 所示为一些典型的根轨迹图。

a) 典型三阶系统根轨迹   b) 三阶系统根轨迹   c) 典型二阶系统根轨迹

图 1-19　一些典型的根轨迹图

2. 根轨迹的应用

根轨迹的应用主要有三个方面：

1）用于分析开环增益或其他参数值变化对系统行为的影响。在控制系统的极点中，离虚轴最近的一对孤立的共轭复数极点对系统的过渡过程行为具有主要影响，称为主导极点对。在根轨迹上，很容易看出开环增益不同取值时主导极点位置的变化情况，由此可估计出对系统行为的影响。

2）用于分析附加环节对控制系统性能的影响。为了某种目的，常需要在控制系统中引入附加环节，这就相当于引入新的开环极点和开环零点。通过根轨迹便可估计出引入的附加环节对系统性能的影响。

3）用于设计控制系统的校正装置。校正装置是为了改善控制系统性能而引入系统的附加环节，利用根轨迹可确定它的类型和参数设计。

1.4.3 频域分析法

频域分析法是研究控制系统的一种工程方法。控制系统中的信号可以表示为不同频率的正弦信号的合成。描述控制系统在不同频率的正弦函数作用时的稳态输出和输入信号之间关系的数学模型称为频率特性，它反映了正弦信号作用下系统响应的性能。应用频率特性研究线性系统的经典方法，称为频域分析法。频域分析法是20世纪30年代发展起来的一种工程实用方法。

频域分析法是应用频率特性研究线性系统的一种图解方法。频率特性和传递函数一样，可以用来表示线性系统或环节的动态特性。建立在频率特性基础上的分析控制系统的频域法，弥补了时域分析法中的不足，因而获得了广泛的应用。所谓频率特性，是指系统的频率响应与正弦输入信号的复数比。而频率响应是指系统在正弦输入信号作用下，线性系统输出的稳态分量。

1. 频域分析法的特征分析

1）频率特性虽然是一种稳态特性，但它不仅可以反映系统的稳态性能，还可以用来研究系统的稳定性和瞬态性能，而且不必解出特征方程的根。

2）频率特性与二阶系统的过渡过程性能指标有着确定的对应关系，从而可以较方便地分析系统中参数变化对系统瞬态响应的影响。

3）线性系统的频率特性可以非常容易地由解析法得到。

4）许多元件和稳定系统的频率特性都可用实验的方法来测定，这对于很难从分析其物理规律着手来列写动态方程的元件和系统来说，具有特别重要的意义。

5）频域分析法不仅适用于线性系统，也可以推广到某些非线性系统的分析研究中。

2. 频域分析法的应用分析

1）控制系统及其元件的频率特性可以运用分析法和实验方法获得，并可用多种形式的曲线表示，因而系统分析和控制器设计可以应用图解法进行。

2）频率特性的物理意义明确。对于一阶系统和二阶系统，频域性能指标和时域性能指标有确定的对应关系，对于高阶系统，可建立近似的对应关系。

3）控制系统的频域设计可以兼顾动态响应和噪声抑制两方面的要求。

4）频域分析法不仅适用于线性定常系统，还可以推广应用于某些非线性控制系统。

频域分析法是从频率的角度看问题，它能看到时域角度看不到的问题。频域分析法的优点是：它引导人们从信号的表面深入信号的本质，看到信号的组成部分。通过对成分的了解，人们可以更好地使用信号。这种做法很像化学分析，比如污水处理，化学分析能够帮助工程师了解污水处理的效果，达到改进和提高处理方法的目的。有了信号分析的概念，就提高了人们的观察力。

频域分析法也有不足的地方，它不直观、不易理解，需要计算才能得到频谱并且将频谱还原为时域信号。还有，它的正弦波成分不能体现它们发生的时刻。

1.4.4 控制系统的校正方法

控制系统的设计问题，常常可以归结为设计适当类型或适当参数值的校正装置。校正装置可以补偿系统不可变动部分在特性上的缺陷，使校正后的控制系统满足事先要求的性能指标。常用的性能指标形式可以是时间域的指标，如上升时间、超调量、过渡过程时间等，也可以是频率域的指标，如相位裕度、增益裕度（见相对稳定性）、谐振峰值、带宽等。

1. 校正方式

按校正装置在控制系统中的连接方式，校正方式可分为串联校正和并联校正。如果校正装置和系统的不可变动部分按串联方式连接，即称为串联校正。如果校正装置连接在系统的一个反馈回路内，则称为并联校正或反馈校正。一般说来，串联校正比并联校正简单，但是串联校正装置常有严重的增益衰减，因此采用串联校正往往需要同时引入附加放大器，以提高增益并起隔离作用。对于并联校正，信号总是从功率较高的点传输到功率较低的点，无须引入附加放大器，所需元件数目常比串联校正少。在控制系统设计中采用哪种校正方式，常取决于校正要求、信号性质、系统各点功率、可选用的元件和经济性等因素。

（1）串联校正装置 常用的串联校正装置有超前校正、滞后校正、滞后-超前校正三种类型。在许多情况下，它们都是由电阻、电容按不同方式连接成的一些四端网络。各类校正装置的特性可用它们的传递函数来表示，此外也常采用频率响应的伯德图来表示。不同类型的校正装置对信号产生不同的校正作用，以满足不同要求的控制系统在改善特性上的需要。工业控制系统如温度控制系统、流量控制系统中，串联校正装置采用有源网络的形式，并且制成通用型的调节器，称为 PID 调节器，它的校正作用与滞后-超前校正装置相同。

（2）并联校正装置 并联校正主要用于机械量的控制系统，如位置控制系统、速度控制系统等。最常用的并联校正是速度反馈校正。它的作用是产生与输出变量的导数成正比的校正信号，以改善系统的过渡过程性能，如减小超调量、缩短过渡过程时间、提高快速性等，同时使校正后的系统保持原有稳态精度。用来作为速度反馈校正装置的主要有测速发电机、速度陀螺等。

2. 校正的基本方法

校正常用的基本方法有根轨迹法和频率响应法两种。

（1）根轨迹法 当性能指标以时间域量值，如超调量、上升时间、过渡过程时间等给出时，采用根轨迹法进行设计一般较为有效。设计时，先根据性能指标，在 s 复数平面上，确定出闭环主导极点对的位置。随后画出未加校正时系统的根轨迹图，用它来确定只调整系统增益值能否产生闭环主导极点对，如果这样还达不到目的，就需要引入适当的校正装置。校正装置的类型和参数，根据根轨迹在闭环主导极点对附近的形态进行选取和计算确定。一旦校正装置确定后，就可画出校正后系统的根轨迹图，以确定除主导极点对以外的其他闭环极点。当其他闭环极点对系统过渡过程性能只产生很小影响时，可认为设计已完成，否则还需要修正设计。

（2）频率响应法　在采用频率响应法进行设计时，常选择频率域的性能指标如相位裕度、增益裕度、带宽等作为设计指标。如果给定性能指标为时间域的形式，则应先转换成等价的频率域形式。通常，采用频率响应法的设计是在伯德图上进行的。在伯德图上，先画出满足性能指标的期望对数幅值特性曲线，它由三个部分组成：低频段用以表征闭环系统应具有的稳态精度；中频段表征闭环系统的相对稳定性，如相位裕度和增益裕度等，它是期望对数幅值特性中的主要部分；高频段表征系统的复杂性。然后，在同一伯德图上，再画出系统不可变动部分的对数幅值特性曲线，它是根据其传递函数来画的。所需串联校正装置的特性曲线，即可由这两条特性曲线之差求出，在经过适当的简化后可确定出校正装置的类型和参数值。

无论是采用根轨迹法还是频率响应法，设计中常常有一个反复的修正过程，其中设计者的经验起着重要的作用。设计的结果也往往不是唯一的，需要结合性能、成本、体积等方面的考虑，选择一种合理的方案。

习　题　1

一、单项选择题

1. 人工智能属于自动控制理论发展的（　　）阶段。

A. 经典控制理论　　　B. 现代控制理论　　　C. 智能控制理论　　　D. 以上答案都不正确

2. 按时间先后，自动控制理论发展的顺序正确一项是（　　）。

A. 经典控制理论—现代控制理论—智能控制理论

B. 现代控制理论—智能控制理论—经典控制理论

C. 智能控制理论—经典控制理论—现代控制理论

D. 现代控制理论—经典控制理论—智能控制理论

3. 控制装置与受控对象之间只有顺向作用而无反向联系时，这种控制称为（　　）。

A. 闭环控制　　　B. 开环控制　　　C. 复合控制　　　D. 以上答案都不正确

4. 控制装置与受控对象之间不但有顺向作用，而且还有反向联系，即有被控量对控制过程的影响，这种控制称为（　　）。

A. 闭环控制　　　B. 开环控制　　　C. 复合控制　　　D. 以上答案都不正确

5. 按系统参数是否随时间变化，可以将系统分为定常系统和（　　）。

A. 线性系统　　　B. 非线性系统　　　C. 时变系统　　　D. 随动控制系统

6. 关于线性系统的稳定性，下列说法正确的是（　　）。

A. 所有的极点均应位于 s 平面虚轴右侧

B. 所有的极点均应位于 s 平面虚轴左侧

C. 所有的极点均应位于 s 平面实轴上方

D. 所有的极点均应位于 s 平面实轴下方

7. 下面关于根轨迹的说法，错误的是（　　）。

A. 根轨迹是美国人埃文斯提出的一种求特征根的简单方法

B. 根轨迹形状对称于坐标系的横轴（实轴）

C. 根轨迹沿始点的走向由出射角确定，到达终点的走向由入射角确定

D. 根轨迹的缺点是不能用于设计控制系统的校正装置

8. 下面关于频域分析法的说法，正确的是（　　）。

A. 频域分析法只能反映系统的稳态性能

B. 频域分析法只适用于线性系统，不能用于非线性系统的分析研究

C. 实验法不能测定许多元件和稳定系统的频率特性

D. 描述控制系统在不同频率的正弦函数作用时的稳态输出和输入信号之间关系的数学模型称为频率特性

9. 下面关于控制系统校正方式的说法，错误的是（　　）。

A. 校正方式一般可分为串联校正和并联校正

B. 串联校正主要用于机械量的控制系统，如位置控制系统、速度控制系统等

C. 串联校正装置有超前校正、滞后校正、滞后-超前校正三种类型

D. 常用的并联校正是速度反馈校正

10. 下面关于控制系统的说法，错误的是（　　）。

A. 直流电动机调速系统属于恒值控制系统

B. 火炮自动瞄准系统属于随动控制系统

C. 空调控制系统属于随动控制系统

D. 数控机床控制系统属于程序控制系统

二、判断题

1. 现代控制理论的发展与计算机硬件科学及软件科学的发展是分不开的。（　　）

2. 参考输入量（设定值）是系统的给定输入信号，或者称为期望值。（　　）

3. 开环控制系统的优点是抗干扰能力强。（　　）

4. 闭环控制系统是在开环控制的基础上，增加了一个反馈回路。（　　）

5. 按系统参数是否随时间变化，可将系统分为线性系统和非线性系统。（　　）

6. 采样系统和数字控制系统都属于离散系统。（　　）

7. 传递函数的拉普拉斯反变换是系统的脉冲响应。（　　）

8. 若反馈通道中的传递函数为1，则称该系统为单位反馈系统。（　　）

9. 稳态响应又称为稳态过程，它是指系统在输入信号或扰动信号作用下，当时间 t 趋近于零时，系统的输出响应的状态。（　　）

10. 进行时域分析时，系统的性能指标包含相位裕度、增益裕度和带宽等。（　　）

三、简答题

1. 简要分析自动控制理论发展的三个阶段。

2. 简要分析开环系统与闭环系统的优缺点。

3. 简要分析自动控制系统的分类。

4. 简要说明绘制框图的步骤。

5. 简要说明根轨迹的绘制规则。

四、计算题

图 1-20 所示为由两个 RC 电路串联而成的滤波网络，试建立输入电压 u_i 和输出电压 u_o 之间动态关系的微分方程。

图 1-20　计算题图

扩展阅读

国 家 博 弈

装备强则国强。古往今来，国与国之争，实质是装备制造业之争。当前阶段，高端装备之争已上升为大国之间博弈的核心和不可或缺的利器。

2007 年 11 月，中国瓮福集团在与欧美 20 多家公司的角逐和博弈中胜出，成功中标沙特全球最大磷肥装置的选矿项目，并且其管理团队又拿下了该工程未来的管理项目，作为项目总承包商，他们提升了约 100 亿元人民币的国内 GDP 增长，带动上百家中国装备制造业企业走出去。

当全世界的港口中许多都在使用着中国的港机设备时，振华港机又走向更高更远的远洋海工装备，具有国际水准的深水钻井平台、海上石油铺管船、大型海上浮吊已经制造完成。

湘潭电机厂以电动机为动力驱动几层楼高的 300t 矿山电动轮自卸车，驰骋在国内外的大型矿山。目前，他们收购了有"风车王国"之称荷兰的风电制造企业达尔文公司，并承担国家重大项目的下一代太阳能和陆地、海上风电设备的研制，这将在未来国际核心产业竞争中赢得先机。

检测技术概述

模块2

学习目标

知识目标：

1. 了解检测技术在国民经济中的地位和作用。
2. 了解工业检测技术涉及的主要内容。
3. 了解自动检测技术的发展趋势。

能力目标：

1. 能对工业检测中的被测量进行分类。
2. 能区分自动检测系统的各组成部分及功能。
3. 能列举工业现场自动检测技术的应用实例。

　　检测是利用各种物理、化学效应，选择合适的方法与装置，将生产、科研、生活等各方面的有关信息通过检查与测量的方法赋予定性或定量结果的过程。能够自动地完成整个检测处理及后续转换过程的技术，称为自动检测与转换技术。

　　在信息社会的一切活动领域中，从日常生活、生产活动到科学实验，时时处处都离不开检测。现代化的检测手段在很大程度上决定了生产、科学技术的发展水平，而科学技术的发展又为检测技术提供了新的理论基础和制造工艺，同时也对检测技术提出了更高的要求。

2.1　检测技术在国民经济中的地位和作用

　　检测技术是现代化领域中很有发展前途的技术，它在国民经济中有着极其重要的作用。在机械制造行业中，通过对机床的许多静态、动态参数，如工件的加工精度、切削速度、床身振动等进行在线检测，可以控制加工质量。在化工、电力等行业中，如果不随时对生产工艺过程中的温度、压力、流量等参数进行自动检测，生产过程就无法控制甚至产生危险。在交通领域中，目前一辆汽车中的传感器就有十几或几十种之多，分别用以检测车速、方位、负载、振动、油压、油量、温度和燃烧过程等。

在国防科技中，检测技术用得更多，许多尖端的检测技术都是因国防工业需要而发展起来的。例如，研究飞机的强度，就要在机身、机翼上贴上几百片应变片并进行动态测量；在导弹、卫星的研制中，检测技术更为重要，必须对它们的每个构件进行强度和动态特性的测试、运行姿势的测量等。近年来，随着家电工业的兴起，检测技术也进入了人们的日常生活中，例如，自动检测并调节房间温度、湿度的空调；自动检测衣服污渍和质量、利用模糊技术的智能洗衣机等。图 2-1～图 2-3 所示为检测技术在这些领域应用的一些典型示例。

图 2-1　生命探测仪工作原理示意图

图 2-2　航天服传感器示意图

图 2-3　汽车碰撞预防系统

近几十年来，自动控制理论和计算机技术迅速发展，已应用到生产和生活的各个领域。但是，由于作为"感觉器官"的传感器技术没有与计算机技术协调发展，出现了信息处理功能发达、检测功能不足的局面。目前许多国家已投入大量人力、物力，发展各类新型传感器，检测技术在国民经济中的地位也日益提高。

2.2　工业检测技术的主要内容

工业检测技术的内容广泛，常见的工业检测涉及的内容见表 2-1。

表 2-1　工业检测涉及的内容

被测量类型	被测量
热工量	温度、热量、热分布、压力(压强)、压差、流量、流速、物位、液位等
机械量	直线位移、角位移、速度、加速度、转速、应力、力矩、振动、质量等
几何量	长度、厚度、角度、直径、间距、形状、平行度、垂直度、同轴度、材料缺陷等
物体的性质和成分量	气体、液体、固体的化学成分、浓度、黏度、湿度、密度、酸碱度、浊度、透明度、颜色等
状态量	工作机械的运动状态(起停等)、生产设备的异常状态(超温、过载、变形、磨损、堵塞、断裂等)
电工量	电压、电流、功率、电阻、阻抗、频率、脉宽、相位、波形、频谱、磁场强度、电场强度等

在实际工业生产中，需要检测的量远不止表 2-1 所举的项目，而且随着自动化、现代化的发展，工业生产将对检测技术提出越来越多的新要求。本书主要是向读者介绍非电量的检测技术。

2.3　自动检测系统的组成

目前，非电量的检测多采用电测量法，即首先将各种非电量转换为电量，然后经过一系列的处理，将非电量参数显示出来，人体信息接收过程与自动检测系统的框图比较如图 2-4 所示。

图 2-4　人体信息接收过程与自动检测系统的框图比较

自动检测系统框图用于表示一个系统各部分和各环节之间的关系，用来描述系统的输入、输出、中间处理等基本功能和执行逻辑过程的概念模式。在产品说明书、科技论文中，能够清晰地表达比较复杂的系统各部分之间的关系及工作原理。

在检测系统中，将各主要功能或电路的名称画在方框内，按信号的流程将几个方框用箭头联系起来，有时还可以在箭头上方标出信号的名称。对具体的检测系统或传感器而言，必须将框图中的各项赋予具体的内容。下面对自动检测系统中各个组成部分做简单介绍。

1. 传感器
传感器在本书中是指一个能将被测的非电量变换成电量的器件。

2. 信号调理电路
信号调理电路也称信号处理电路，包括放大（或衰减）电路、滤波电路和隔离电路等。其中放大电路的作用是把传感器输出的电量变成具有一定驱动和传输能力的电压、电流或频率等信号，以推动后级的显示器、数据处理装置及执行机构。

3. 显示器
目前常用的显示器有模拟显示器、数字显示器、图像显示器及记录仪等。模拟量是指连续变化量，模拟显示器是利用指针与标尺的相对位置来表示读数的，常见的有毫伏表、微安表和模拟光柱等，如图 2-5 所示。

数字显示器目前多采用发光二极管（LED）和液晶显示器（LCD），以数字的形式来显示读数。前者亮度高、耐振动，可适应较宽的温度范围；后者耗电少、集成度高，如图 2-6 所示。带背光板的 LCD 能在夜间观看，但耗电有所增加。

图 2-5 模拟显示器

图 2-6 数字显示器

图像显示器是用阴极射线管（CRT）或点阵 LCD 来显示读数或被测参数的变化曲线，有时还可用图表或彩色图等形式来反映整个生产线上的多组数据，如图 2-7 所示。

记录仪主要用来记录被检测对象的动态变化过程，常用的记录仪有笔式记录仪、高速打印机、绘图仪、数字存储示波器、磁带记录仪和无纸记录仪等，如图 2-8 所示。

图 2-7 图像显示器

图 2-8 记录仪

4. 数据处理装置

数据处理装置用来对测试所得的实验数据进行处理、运算、逻辑判断和线性变换，以及对动态测试结果做频谱分析等，完成这些工作主要采用计算机技术。

数据处理的结果通常送到显示器和执行机构中去，以显示运算处理的各种数据或控制各种被控对象。在不带数据处理装置的自动检测系统中，显示器和执行机构由信号调理电路直接驱动。

5. 执行机构

执行机构通常是指各种接触器、继电器、电磁铁、电磁阀和伺服电动机等，如图 2-9 和图 2-10 所示。它们在电路中是起通断、控制、调节和保护等作用的电气设备。许多检测系统能输出与被测量有关的电流或电压信号并作为自动控制系统的控制信号，去驱动这些执行机构。

图 2-9　继电器

图 2-10　电磁阀

现代检测系统越来越多地使用计算机或微处理器来控制执行机构的工作。检测技术、计算机技术与执行机构等配合就能构成比较典型的自动控制系统。传感器将设备运行中测得的数据送到计算机，计算机对数据进行一系列的运算、比较和判断等工作，一方面将有关参数送到显示器显示出来，另一方面发出控制信号，直到设备运行符合控制要求为止。自动检测控制系统也称反馈控制系统。

2.4　检测技术的发展趋势

近年来，随着半导体和计算机技术的发展，新型或具有特殊功能的传感器不断涌现，检测装置也向小型化、固体化及智能化方向发展，应用领域也越加宽广。上至茫茫太空，下至海洋深处，大至工业生产系统，小至家用电器、个人用品，人们都可以发现检测技术的运用。当前，检测技术的发展主要表现在以下几个方面。

1. 不断提高检测系统的测量准确度、量程范围、使用寿命、可靠性

随着科学技术的不断发展，对检测系统测量准确度的要求也相应在提高。近年来，人们研制出许多高精度的检测仪器以满足各种需要。例如，用直线光栅测量直线位移时，测量范围可达二三十米，而分辨率可达微米级；目前已研制出能测量小至几帕微压和大到几千兆帕高压的压力传感器；开发了能够测出极微弱磁场的磁敏传感器等。

人们对传感器的可靠性和故障率的数学模型进行了大量的研究，使得检测系统的可靠性及寿命大幅提高。现在许多检测系统可以在极其恶劣的环境下连续工作数十万小时。目前人们正在不断努力地进一步提高检测系统的各项性能指标。

2. 应用新技术和新的物理效应，扩大检测领域

检测原理大多以各种物理效应为基础，近代物理学的发展，如纳米技术、激光、红外、超声、微波、光纤、放射性同位素等新成就都为检测技术的发展提供了更多的方向。如图像识别、激光测距、红外测温、超声波无损检测、中子探测爆炸物等非接触测量即得到迅速的发展。

如今，检测领域正扩大到整个社会需要的各个方面，不仅包括工程、海洋开发、航空航天等尖端科学技术和新兴工业领域，而且还涉及生物、医疗、环境污染监测、危险品和毒品的侦察、安全监测等方面，并且已开始进入日常生活之中。

3. 发展集成化、功能化的传感器

随着半导体集成电路技术的发展，硅和砷化镓电子元器件的高度集成化思路大量地向传

感器领域渗透。人们将传感元件与信号处理电路制作在同一块硅片上，从而研制出体积更小、性能更好、功能更强的传感器。例如，现在人们已研制出高精度的PN结测温集成电路；又如，人们已能将排成阵列的上千万个光电器件及扫描放大电路制作在一块芯片上，制成彩色CCD数码照相机、摄像机以及可摄影的手机等。今后人们还将在光、磁、温度、压力等领域开发出新型的集成度更高的传感器。

4. 采用计算机技术，使检测技术智能化

自微处理器问世以来，人们迅速将计算机技术应用到测量技术中，使检测仪器智能化，从而扩展了仪器的功能，提高了仪器的准确度和可靠性，目前研制的检测系统大多都带有微处理器。

5. 发展网络化传感器及检测系统

随着微电子技术的发展，现在已可以将十分复杂的信号处理和控制电路集成到单块芯片上。传感器的输出也不再只是模拟量，而是符合某种协议格式（如可即插即用）的数字信号。通过企业内部网络，也可通过互联网实现多个系统之间的数据交换和共享，从而构成网络化的检测系统，还可以在较远处随时监控现场情况，实现远程调试、远程故障诊断、远程数据采集和实时操作。

总之，自动检测技术的蓬勃发展适应了国民经济发展的迫切需要，是一项充满希望和活力的新兴技术，这项技术目前已取得的进展十分瞩目，今后还将有更大的飞跃。

习 题 2

1. 工业检测中涉及的被测量有哪些类型？
2. 自动检测系统有哪几个主要组成部分？
3. 简述检测技术的发展趋势。
4. 列举几个工业生产中的自动检测控制系统。

> **扩展阅读**
>
> ### 国 之 砝 码
>
> 装备的核心技术是关键。实现技术突破，才有应对国际市场的底气，才能勇敢地对外国企业说不。从百万吨乙烯工程到高端数控机床，再到工程机械的全面超越，国际垄断被中国企业一一冲破。
>
> 2009年，沈鼓集团自主研制的我国首台百万吨乙烯装置的心脏——裂解气压缩机组试车成功。这标志着国家重大化工项目的核心主机从此实现自主独立制造，进口产品的价格被迫下降一半，价格的国家砝码越来越重。
>
> 大连光洋集团承担了国家的重大专项研制任务，走上了自我研制高端精密数控机床的艰难历程，打破了国外对精密机床出口中国的限制。目前，其12000余平方米面积的"地下工厂"已经封顶，成功离他们越来越近。
>
> 从50t到1200t全地面起重机，再到3600t履带式起重机，徐工集团在不断超越。2019年，徐工集团收购了德国一家生产活塞的企业，受制于日本的活塞产品实现自给，这将使工程机械上的部分核心部件掌握在自己手中。国际竞争力的砝码将徐工高高托起。

测量与传感器的基本概念

学习目标

知识目标：

1. 掌握测量的概念和基本方法。
2. 了解测量误差及分类。
3. 了解传感器的结构及基本特性。

能力目标：

1. 能采用不同的测量方法进行实际检测。
2. 能对测量结果进行误差分析和计算。
3. 能对传感器进行分类和技术指标分析。

测量是检测技术的主要组成部分，测量得到的是定量的结果。人类生产力的发展促进了测量技术的进步：商品交换必须有统一的度、量、衡；天文、地理的研究调查也离不开测量；17世纪，工业革命对测量提出了更高的要求，如蒸汽机必需配备压力表、温度表、流量表、水位表等仪表。现代社会要求测量必须达到更高的准确度、更小的误差、更快的速度、更高的可靠性，测量的方法也日新月异。本模块主要介绍测量的基本概念、测量方法、误差分类、测量结果的数据处理以及传感器的基本特性等内容，是检测与转换技术的理论基础。

3.1 测量的基本概念和方法

测量是借助专门的技术和仪表设备，采用一定方法取得某一客观事物定量数据资料的认识过程。

对于测量方法，从不同的角度出发，有不同的分类方法。

1. 静态测量和动态测量

根据被测量是否随时间变化，可分为静态测量和动态测量，如图3-1和图3-2所示。例如用激光干涉仪对建筑物的缓慢沉降进行长期监测，就属于静态测量；用光导纤维陀螺仪测量火箭的飞行速度、方向，就属于动态测量。

图 3-1　静态测量

图 3-2　动态测量

2. 直接测量和间接测量

根据测量的手段不同，可分为直接测量和间接测量。用标定的仪表直接读取被测量的测量结果，该方法称为直接测量，如图 3-3 所示。例如用磁电系仪表测量电流、电压；用晶体管式仪表测量 pH 值和甜度等。间接测量的过程比较复杂，首先要对与被测量有确定函数关系的量进行直接测量，然后将测量值代入函数关系式，经过计算求得被测量。

图 3-3　直接测量

3. 模拟式测量和数字式测量

根据测量结果的显示方式，测量方法可分为模拟式测量和数字式测量。数字式测量稳定性较高。

4. 接触式测量和非接触式测量

根据测量时是否与被测对象接触，可分为接触式测量和非接触式测量。例如，用多普勒雷达测速仪测量汽车速度就属于非接触式测量，如图 3-4 所示。利用红外线辐射成像仪测量供电变压器的表面温度，也属于非接触式测量。非接触式测量不影响被测对象的运行工况，是目前发展的趋势。

SI-3L测速雷达

图 3-4　非接触式测量

5. 在线测量和离线测量

为了监控生产过程，或在生产流水线上监测产品质量的方式，就属于在线测量，它能保证产品质量的一致性。离线测量虽然能测量出产品合格与否，但无法实时监控产品质量。

3.2 测量误差及分类

测量的目的是希望通过测量求取被测量的真值。所谓真值，是指在一定条件下被测量客观存在的实际值。真值有理论真值、约定真值和相对真值之分。例如，三角形三个内角之和为180°，这种真值称为理论真值。又如，在标准条件下，水的三相点为273.16K，银的凝固点是961.78℃，这类真值均称为约定真值。相对真值是指凡准确度高两级的仪表的误差与准确度低的仪表的误差相比，前者的误差是后者的1/3以下时，则高两级仪表的测量值可以认为是相对真值。相对真值在误差测量中的应用最为广泛。

测量值与真值之间的差值，称为测量误差。测量误差可按其不同特征进行分类。

1. 绝对误差和相对误差

（1）绝对误差　绝对误差 Δ 是指测量值 A_x 与真值 A_0 之间的差值，即

$$\Delta = A_x - A_0 \tag{3-1}$$

（2）相对误差（Relative Error）　有时绝对误差不足以反映测量值偏离真值程度的大小，所以人们引入了相对误差的概念。相对误差用百分比的形式来表示，多取正值。相对误差可分为实际相对误差、示值相对误差和满度（引用）相对误差等。

1）示值（标称）相对误差 γ_x：示值相对误差 γ_x 用绝对误差 Δ 与被测量 A_x 的百分比来表示，即

$$\gamma_x = \frac{\Delta}{A_x} \times 100\% \tag{3-2}$$

2）满度（引用）相对误差 γ_m：测量下限为零的仪表的满度相对误差 γ_m 用绝对误差 Δ 与仪器满度值 A_m 的百分比来表示，即

$$\gamma_m = \frac{\Delta}{A_m} \times 100\% \tag{3-3}$$

在多数情况下，上述相对误差取正值。对测量下限不为零的仪表而言，在式（3-3）中，可用量程（$A_{max} - A_{min}$）来代替分母中的 A_m，而当 Δ 取最大值 Δ_m 时，满度相对误差常被用来确定仪表的准确度等级 S，即

$$S = \left| \frac{\Delta_m}{A_m} \right| \times 100 \tag{3-4}$$

根据准确度等级 S 及量程范围，可以推算出该仪表可能出现的最大绝对误差 Δ_m。准确度等级 S 规定取一系列标准值。我国模拟仪表有以下七种等级：0.1、0.2、0.5、1.0、1.5、2.5、5.0。它们分别表示对应仪表的满度相对误差不应超过的百分比。仪表在正常工作条件下使用时，各等级仪表的基本误差不超过表3-1所规定的值。

表 3-1　仪表的准确度等级和基本误差

等级	0.1	0.2	0.5	1.0	1.5	2.5	5.0
基本误差	±0.1%	±0.2%	±0.5%	±1.0%	±1.5%	±2.5%	±5.0%

人们可以从仪表的使用说明书上读得仪表的准确度等级，也可以从仪表面板上的标志判断出仪表的准确度等级。如果某仪表的准确度等级为 5.0 级，它表示对应仪表的满度相对误差（引用误差）不超过 5.0%。同类仪表的等级数值越小，准确度就越高，一般价格也越贵。

随着测量技术的进步，目前部分行业的仪表还增加了以下几种准确度等级：0.005、0.01、0.02、（0.03）、0.05、0.2、（0.25）、（0.3）、（0.35）、（0.4）、（2.0）、4.0 等，通常只有在必要时，才可采用括号内的准确度等级。

仪表的准确度习惯上称为精度，准确度等级习惯上称为精度等级。根据仪表的等级，可以确定测量的满度相对误差和最大绝对误差。例如，在正常情况下，用 0.5 级、量程 100℃ 的温度计来测量温度时，可能产生的最大绝对误差为

$$\Delta_m = \pm 0.5\% A_m = \pm 0.5\% \times 100℃ = \pm 0.5℃$$

在测量领域中，还经常使用正确度、精密度、精确度等名词来评价测量结果。这些术语的叫法虽然十分普遍，但也比较容易引起混乱，因此本书只采用准确度这个名词来表达测量结果误差的大小。

在正常工作条件下，可以认为仪表的最大绝对误差基本不变，而示值相对误差 γ_x 随示值的变化而变化。例如，用上述温度计来测量 80℃ 温度时，示值相对误差为

$$\gamma_x = (\pm 0.5/80) \times 100\% = \pm 0.625\%$$

而用它来测量 100℃ 温度时，示值相对误差为

$$\gamma_x = (\pm 0.5/100) \times 100\% = \pm 0.5\%$$

例 3-1　某压力表准确度等级为 2.5 级，量程为 0~1.5MPa，测量结果显示为 0.70MPa，试求：

1) 可能出现的最大满度相对误差 γ_m；2) 可能出现的最大绝对误差 Δ_m；3) 可能出现的最大示值相对误差 γ_x。

解　1) 可能出现的最大满度相对误差可以由准确度等级直接得到，即 $\gamma_m = 2.5\%$

2) $\Delta_m = \gamma_m A_m = 2.5\% \times 1.5MPa = 0.0375MPa = 37.5kPa$

3) $\gamma_x = \dfrac{\Delta_m}{A_x} \times 100\% = \dfrac{0.0375}{0.70} \times 100\% \approx 5.36\%$

例 3-2　现有精确度等级为 0.5 级，量程为 0~300℃ 和精确度等级为 1.0 级，量程为 0~100℃ 两个温度计，要测量 80℃ 的温度，采用哪一个温度计好？

解　用精确度等级为 0.5 级的温度计测量时，可能出现的最大示值相对误差为

$$\gamma_x = \frac{\Delta_{m1}}{A_x} \times 100\% = \frac{300 \times 0.5\%}{80} \times 100\% = 1.875\% \approx 1.88\%$$

用精确度等级为 1.0 级的温度计测量时，可能出现的最大示值相对误差为

$$\gamma_x = \frac{\Delta_{m2}}{A_x} \times 100\% = \frac{100 \times 1.0\%}{80} \times 100\% = 1.25\%$$

计算结果表明，精确度等级为 1.0 级的温度计比精确度等级为 0.5 级的温度计的示值相对误差小，所以更合适。由本例可知，在选用仪表时，应兼顾准确度等级和量程，通常希望示值落在仪表满度值的 2/3 左右。

2. 粗大误差、系统误差和随机误差

误差产生的原因和类型很多，其表现形式也多种多样，针对造成误差的不同原因，也有不同的解决办法，下面对此做一些简介。

（1）粗大误差　明显偏离真值的误差称为粗大误差，也叫过失误差。粗大误差主要是由测量人员的粗心大意及测量仪器受到突然且强大的干扰所引起的，如测错、读错、记错、外界过电压尖峰干扰等造成的误差。就数值大小而言，粗大误差明显超过正常条件下的误差。当发现粗大误差时，应予以剔除。

（2）系统误差　系统误差也称装置误差，它反映了测量值偏离真值的程度。凡误差的数值固定或按一定规律变化者，均属于系统误差。按其表现出的特点，可分为恒值误差和变值误差两大类。恒值误差在整个测量过程中，其数值和符号都保持不变。例如由于刻度盘分度差错或刻度盘移动而使仪表刻度产生的误差。

大部分附加误差属于变值误差。例如，环境温度及湿度的波动、电源的电压下降、电子元器件老化、机械零件变形移位、仪表零点漂移等。

系统误差具有规律性，因此可以通过实验的方法或引入修正值的方法计算修正，也可以重新调整测量仪表的有关部件予以消除。

（3）随机误差　测量结果与在重复条件下对同一被测量进行无限多次测量所得结果的平均值之差，称为随机误差。随机误差大多是由影响量的随机变化引起的，这种变化带来的影响称为随机效应，它导致重复观测中的分散性。

随机误差有时也表达为：在相同条件下，多次测量同一被测量，有时会发现测量值时大时小，误差的绝对值及正负号以不可预见的方式变化，该误差称为随机误差。随机误差反映了测量值离散性的大小，它是测量过程中许多独立的、微小的、偶然的因素引起的综合结果。

存在随机误差的测量结果中，虽然单个测量值误差的出现是随机的，既不能用实验的方法消除，也不能修正，但是就误差的整体而言服从一定的统计规律。因此，通过增加测量次数，利用概率论的一些理论和统计学的一些方法，就可以掌握看似毫无规律的随机误差的分布特性，并进行测量结果的数据统计处理。

下面以超声波测距仪多次测量两座大楼之间的距离为例来说明，由于空气的变动、气温的变化、仪器受到电磁波干扰等原因，即使用准确度很高的测距仪去测量，实际测量值也会时大时小，而且无法预知下个时刻的干扰情况，测量数据统计结果如图 3-5 所示。

如果测量次数 $n \to \infty$ 时，则无限多直方图的顶点中线的连线就形成一条光滑的连续曲线，称为高斯误差分

图 3-5　测量数据统计结果

布曲线或正态分布曲线。多数随机误差都服从正态分布规律，测量结果符合正态分布曲线的例子很多，例如某校男生的身高、交流电源相电压的波动以及激光测量的某桥梁长度等。

对正态分布曲线进行分析，可以发现有如下规律：

1）有界性：在一定条件下，随机误差的测量结果 x_i 有一定的分布范围，超过这个范围的可能性非常小。若某一次测量结果的误差超过该界限，则可认为该误差属于粗大误差，应予以剔除。

2）对称性：x_i 对称地分布于算术平均值 $\bar{x}$ 两侧，当测量次数增多后，$\bar{x}$ 两侧的误差相互抵消。

3）集中性：绝对值小的误差比绝对值大的误差出现的次数多，因此测量值集中分布于算术平均值 $\bar{x}$ 附近。人们常将剔除粗大误差后的 $\bar{x}$ 值看成测量值的最近似值，即

$$\bar{x} = \frac{1}{n}\sum_{i=1}^{n} x_i = \frac{x_1 + x_2 + x_3 + \cdots + x_n}{n} \tag{3-5}$$

3. 静态误差和动态误差

（1）静态误差　在被测量不随时间变化时，所产生的误差称为静态误差。前面讨论的误差多属于静态误差。

（2）动态误差　当被测量随时间迅速变化时，系统的输出量在时间上不能与被测量的变化精确吻合，这种误差称为动态误差。例如，被测水温突然上升到100℃，水银温度计的汞柱不可能立即上升到100℃的位置，如果此时就记录读数，必然产生误差。

引起动态误差的原因很多，例如，用笔式记录仪记录心电图时，由于记录笔有的惯性较大，所以记录的结果在时间上滞后于心跳的变化，有可能记录不到特别尖锐的窄脉冲。又如，用放大器放大含有大量高次谐波的周期信号（例如很窄的矩形波）时，由于放大频响及电压上升率不够，故造成高频段的放大倍数小于低频段，最后在示波器上看到的波形失真很大，产生误差。从图3-6可以看出，用不同规格的心电图仪测量同一个人的心跳时，由于其中一台仪器的放大器带宽不够，动态误差较大，因此描绘出的窄脉冲幅度偏小。

a) 动态误差较小的心电图仪测量结果　　　　b) 动态误差较大的心电图仪测量结果

图 3-6　用不同规格心电图仪测量的结果曲线

静态测量一般要求仪器的带宽从0Hz（直流）至10Hz左右，而动态测量要求带宽超过10kHz。这就要采用高速运算放大器，并尽量减小电路的时间常数。

对用于动态测量、带有机械结构的仪表而言，应尽量减小机械惯性，提高机械结构的谐振频率，才能尽可能真实地反映被测量的迅速变化。

3.3　传感器及其基本特性

3.3.1　传感器的定义及组成

传感器是一种检测装置，能感受到被测量的信息，并能将检测感受到的信息按一定规律变换成为电信号或其他所需形式的信息输出，以满足信息的传输、处理、存储、显示、记录和控制等要求，它是实现自动检测和自动控制的首要环节，有时也可以称之为换能器、检测器或探头等。常用传感器的输出信号多为易于处理的电量，如电压、电流、频率和数字信号等。

传感器由敏感元件、传感元件及测量转换电路三部分组成，如图 3-7 所示。

图 3-7　传感器的组成框图

图 3-7 中，敏感元件是在传感器中直接感受被测量的元件，即被测量通过传感器的敏感元件转换成与被测量有确定关系、更易于转换的非电量。这一非电量通过传感元件后，被转换成电参量。测量转换电路的作用是将传感元件输出的电参量转换成易于处理的电压、电流或频率等信号。应该指出，不是所有的传感器都有敏感元件、传感元件之分，有些传感器将两者合二为一。

图 3-8 所示为测量压力用的电位器式压力传感器的结构简图及实物，当被测压力 p 增大时，弹簧管撑直，通过齿条带动齿轮转动，从而带动电位器的电刷产生角位移。电位器电阻的变化量反映了被测压力 p 值的变化。在这个传感器中，弹簧管为敏感元件，它将压力转换成角位移。电位器为传感元件，它将角位移转换为电参量——电阻的变化。当电位器的两端加上电源后，电位器就组成分压比电路，它的输出量是与压力成一定关系的电压 U_o，本例中，电位器又属于分压比式测量转换电路。

a) 结构简图　　　　　　　　　　　　b) 实物

图 3-8　电位器式压力传感器

1—弹簧管（敏感元件）　2—电位器（传感元件、测量转换电路）　3—电刷　4—传动机构（齿轮-齿条）

综合上述工作原理，可将图 3-7 方框中的内容具体化，如图 3-9 所示。

图 3-9　电位器式压力传感器原理框图

3.3.2　传感器的分类

传感器的种类名目繁多，分类不尽相同，常用的分类方法如下。

1）按被测量分类，可分为位移、力、力矩、转速、振动、加速度、温度、压力、流量、流速等传感器。

2）按测量原理分类，可分为电阻式、电容式、电感式、电涡流式、光栅、热电偶、超声波、激光、红外、光导纤维、数字式等传感器。本书所讲传感器，主要按测量原理进行分类。

3）按传感器输出信号性质分类，可分为输出开关量的开关型传感器，输出为模拟量的模拟型传感器，输出为脉冲或代码的数字型传感器。

考虑到某些物理量（例如流量、振动等）可以采用多种不同的测量原理来测量，所以在后续相关模块中将集中论述某一物理量的多种测量方法。

3.3.3　传感器的基本特性

传感器的特性一般是指输入输出特性，有静态和动态之分。传感器动态特性的研究方法与控制理论中介绍的相似，故不再重复，下面仅介绍其静态特性的一些指标。

1. 灵敏度

灵敏度是指传感器在稳态下输出变化值与输入变化值之比，用 K 表示，即

$$K = \frac{\mathrm{d}y}{\mathrm{d}x} \approx \frac{\Delta y}{\Delta x} \tag{3-6}$$

式中，Δx 为输入量的变化值；Δy 为输出量的变化值。

对线性传感器而言，灵敏度为常数；对非线性传感器而言，灵敏度随输入量的变化而变化。从输出曲线看，曲线越陡，灵敏度越高。可以通过画出该曲线切线的方法（作图法）求得曲线上任意一点的灵敏度。曲线上某一点切线的斜率越大，则该点的灵敏度越高。

2. 分辨力

分辨力是指传感器能检出被测信号的最小变化量 $\Delta_{\min}$，是具有量纲的量。当被测量变化小于分辨力时，传感器对输入量的变化无任何反应。对数字仪表而言，如果没有其他附加说明，一般可以认为该表的最后一位所表示的数值就是它的分辨力。一般来说，分辨力的数值小于仪表的最大绝对误差。例如，某数字式温度计的分辨力为 0.1℃，若该仪表的准确度等级为 1.0 级，则最大绝对误差将达到 ±2.0℃，比分辨力大得多。但是，若没有其他附加说明，有时也可以认为分辨力就等于它的最大绝对误差。将分辨力除以仪表的满度量程，就是仪表的分辨率，它常用百分比或几分之一表示，是量纲为 1 的量。

3. 线性度

线性度又称非线性误差，是指传感器实际特性曲线与拟合直线（有时也称理论直线）之间的最大偏差与传感器量程范围内的输出的百分比。它多取正值，可表示为

$$\gamma_{L} = \frac{\Delta_{Lmax}}{y_{max} - y_{min}} \times 100\% \tag{3-7}$$

式中，Δ_{Lmax} 为最大非线性误差；$y_{max} - y_{min}$ 为输出范围。

设计者和使用者总是希望非线性误差越小越好，即希望仪表的静态特性接近于直线，这是因为线性仪表的刻度是均匀的，容易标定，不容易引起读数误差。现在多采用计算机来纠正检测系统的非线性误差。

大多数传感器的输出是非线性的，直接用一次函数拟合的结果将产生较大误差，目前多采用计算机进行曲线拟合。例如可用 MATLAB 求得近似函数关系式，使该函数曲线近似通过传感器所给出的有限序列的资料点。

4. 稳定性

稳定性包含稳定度和环境影响量两个方面。稳定度是指仪表在所有条件都恒定不变的情况下，在规定的时间内能维持其示值不变的能力。稳定度一般以仪表的示值变化量与时间之比来表示。例如，某仪表输出电压值在 8h 内的最大变化量为 1.3mV，则表示为 1.3mV/8h。

环境影响量仅指由外界环境变化而引起的示值变化量。示值的变化由两个因素构成：一是零漂，二是灵敏度漂移。零漂是指原先已调零的仪表在受外界环境影响后，输出不再等于零，而有一定的漂移。

零漂在测量前是可以发现的，并且可以用重新调零的办法来克服。但是在不间断测量过程中，零漂附加在仪表输出读数上，因此变得无法发现。带微机的智能化仪表通过软件可以定时地将输入信号暂时切断，测出此时的零漂，并存放在存储器中；在恢复正常测量后，将测量值减掉零漂值，就相当于重新调零，这称为软件调零。

造成环境影响量的因素有温度、湿度、气压、电源电压、电源频率等。在这些因素中，温度变化对仪表的影响最难克服，必须予以特别重视。

表示环境影响量时，必须同时写出示值偏差及造成这一偏差的影响因素。例如，$0.1\mu A/(U \pm 5\% U)$ 表示电源电压变化 $\pm 5\%$ 时，将引起示值变化 $0.1\mu A$。又如，$0.2mV/℃$ 表示环境温度每变化 $1℃$，将引起示值变化 $0.2mV$。

5. 电磁兼容性

电磁兼容是指电子设备在规定的电磁干扰环境中能按照原设计要求正常工作的能力，而且也不向处于同一环境中的其他设备释放超过允许范围的电磁干扰。

随着科学技术及生产力的发展，高频、宽带、大功率的电气设备几乎遍布地球的所有角落，随之而来的电磁干扰也越来越严重地影响各类检测系统的正常工作，轻则引起测量数据上下跳动，重则造成检测系统内部逻辑混乱、系统瘫痪，甚至烧毁电子线路。因此，抗电磁干扰技术就显得越来越重要。自 20 世纪 70 年代以来，人们越来越强调电子设备、检测、控制系统的电磁兼容性。

对检测系统来说，主要考虑在恶劣的电磁干扰环境中，系统必须能正常工作，并能取得

准确度等级范围内的正确测量结果。具体的抗电磁干扰、提高电磁兼容能力的方法，将在后续内容中介绍。

6. 可靠性

可靠性是反映检测系统在规定的条件下，在规定的时间内是否耐用的一个综合性的质量指标。

常用的可靠性指标有以下几种：

1）故障平均间隔时间（MTBF）。它是指两次故障间隔的时间。

2）平均修复时间（MITTR）。它是指排除故障所花费的时间。

3）故障率或失效率（λ）。平均故障率 λ 的变化大体可分成三个阶段：

① 初期失效期。这期间开始阶段的故障率很高，失效的可能性很大，但故障率会随着使用时间的增加而迅速降低。故障的主要原因是设计或制造上有缺陷，所以应尽量在使用前期予以暴露并消除。有时为了加速渡过这一危险期，在检测系统通电情况下，会对设备进行"老化"试验。老化之后的系统在现场使用时故障率会大为降低。高低温循环老化室如图 3-10 所示。

② 偶然失效期。这期间的故障率较低，是构成检测系统使用寿命的主要部分。

图 3-10　高低温循环老化室

③ 衰老失效期。这期间的故障率随时间的增加而迅速增大，系统经常损坏和维修。原因是元器件老化，随时都有可能损坏。因此，有的使用部门规定系统超过使用寿命后，即使还未发生故障也应及时停用，以免造成更大的损失。

3.3.4　传感器的选用

由于传感器在原理与结构上千差万别，即使测量同一物理量，也有多种原理的传感器可供选用。如何合理选用传感器，是应用时首先要解决的问题。一般传感器的选择应根据测量对象与测量环境，结合测试条件与目的、传感器的性能指标、传感器的使用条件、数据采集和辅助设备配套情况，以及价格、备件和售后服务等多种因素综合考虑。

总的传感器选用原则是：在满足检测系统对传感器所有要求的情况下，价格低廉、工作可靠、容易维修。在具体选用传感器时，可按如下步骤进行：

1）按被测量的性质，从典型应用中初步确定几种可供选用的传感器类别。

2）按被测量的范围、性质、精度要求、环境要求，确定传感器类别。

3）借助传感器的产品目录、技术说明书、选型样本，最后查出传感器的规格、型号和尺寸。

以上步骤仅供广大读者对一般常用传感器选择时参考。

在现代社会，传感器得到了广泛应用。各类传感器的性能技术指标很多，如果要求一个传感器具有全面良好的性能指标，不仅可能给设计、制造带来困难，在实际应用中也没有必要。因此应根据实际需要与要求，在确保主要指标实现的基础上，放宽对次要指标的要求，以达到较高的性价比。

习 题 3

一、单项选择题

1. 某压力仪表厂生产的压力表满度相对误差均控制在 0.4%~0.6%，该压力表的准确度等级应定为（　）级。另一家仪器厂需要购买压力表，希望压力表的满度相对误差小于 0.9%，应购买准确度等级为（　）级的压力表。

A. 0.2　　　　　B. 0.5　　　　　C. 1.0　　　　　D. 1.5

2. 某采购员分别在三家商店购买 100kg 大米、10kg 苹果、1kg 巧克力，发现均缺少约 0.5kg，但该采购员对卖巧克力的商店意见最大，在这个例子中，产生此心理作用的主要因素是（　）。

A. 绝对误差　　　B. 示值相对误差　　C. 满度相对误差　　D. 准确度等级

3. 在选购线性仪表时，必须在同一系列的仪表中选择适当的量程，这时必须考虑到应尽量使选购的仪表量程为被测量的（　）左右为宜。

A. 3 倍　　　　　B. 10 倍　　　　　C. 1.5 倍　　　　D. 75%

4. 用万用表交流电压档（频率上限为 5kHz）测量频率为 500kHz、10V 左右的高频电压，发现示值还不到 2V，该误差属于（　）。用该表直流电压档测量 5 号干电池电压，发现每次示值均为 1.8V，该误差属于（　）。

A. 系统误差　　　B. 粗大误差　　　C. 随机误差　　　D. 动态误差

5. 重要场合使用的元器件或仪表，购入后需进行高低温循环老化试验，其目的是（　）。

A. 提高精度　　　　　　　　　　B. 加速其衰老

C. 测试其各项性能指标　　　　　D. 提高可靠性

二、简答题

各举出两个非电量电测的例子来说明：

1）静态测量；2）动态测量；3）直接测量；4）间接测量；5）接触式测量；6）非接触式测量；7）在线测量；8）离线测量。

三、计算题

1. 有一温度计，它的测量范围为 0~200℃，准确度等级为 0.5 级，试求：

1）该温度计可能出现的最大绝对误差。

2）当示值为 20℃时的示值相对误差和 100℃时的示值相对误差。

2. 欲测 240V 左右的电压，要求测量示值相对误差的绝对值不大于 0.6%，问：

1）若选用量程为 250V 的电压表，其准确度等级应选哪一级？

2）若选用量程为 300V 和量程为 500V 的电压表，其准确度等级应选哪一级？

3. 已知待测拉力约为 70N，现有两只测力仪表，一只准确度等级为 0.5 级，测量范围为 0~500N；另一只准确度等级为 1.0 级，测量范围为 0~100N。选用哪一只测力仪表较好？

4. 用一台 3½位（俗称 3 位半）、准确度等级为 0.5 级（已包含最后一位的 ±1 误差）的数字式电子温度计，测量汽轮机高压蒸汽的温度，数字面板上显示出图 3-11 所示的数值，设其最后一位即为分辨力，求该仪表的：

1）分辨力、分辨率及最大显示值。

2）可能产生的最大满度相对误差和绝对误差。

3）被测温度的示值。

4）示值相对误差。

5）被测温度实际值的上下限。

（提示：该3½位数字表的量程上限为199.9℃，下限为0℃）

图 3-11　数字式电子温度计面板示意图

扩展阅读

赶 超 之 路

　　在引进、消化、吸收的基础上，在实现赶超的征程中，中国的装备制造企业默默坚守并勇往直前。

　　唐山客车厂制造了清末第一辆火车。如今的中国中车唐山公司已经能够接受西门子发来的订单，制造难度更大的宽体客车，它们制造的CRH3动车组，各项技术参数均达到世界一流水平，创造了运营速度、载客量、节能环保、舒适度四个世界第一。

　　北京第一机床厂已成为数控铣床的领跑企业。通过成功的并购，它极大缩短了技术创新的时间，并使其保持世界领先的技术创新进程。

　　沪东中华集团早在10年前就已经把目光锁定在造船业公认的三颗"明珠"之一的液化天然气船。而沪东人当时对液化天然气船的制造技术完全陌生。一份图样给沪东带来了机会，获得机会的沪东人抱着决胜信念研发液化天然气船，摘下了世界造船业"皇冠顶上的明珠"。

模块4

电阻式传感器

📘 学习目标

知识目标：

1. 掌握电阻式应变传感器的结构和原理。
2. 了解电阻式传感器的几种测量转换电路。
3. 了解其他类型电阻式传感器的工作原理。
4. 掌握各类电阻式传感器的典型应用。

能力目标：

1. 能选用合适的电阻应变片测量应变。
2. 能正确选用热敏电阻式温度传感器测量温度。
3. 能正确选用气敏电阻式传感器进行气体成分检测。
4. 能使用湿敏电阻式传感器检测大气露点和湿度。

　　电阻式传感器种类繁多，应用的领域也十分广泛。它们的基本原理都是将各种被测非电量转换成电阻的变化量，然后通过对电阻变化量的测量，达到非电量电测的目的。本模块研究的电阻式传感器有电阻应变片、热敏电阻、气敏电阻及湿敏电阻等。利用电阻式传感器，可以测量应变、力、荷重、加速度、压力、转矩、温度、湿度、气体成分及浓度等。

4.1　电阻式应变传感器

　　早在 1856 年，英国人 W. Thomson 在铺设海底电缆时发现，电缆的电阻会由于拉伸而增大，人们继而对铜丝和铁丝进行拉伸试验，得出结论：铜丝和铁丝的电阻与其应变呈函数关系。1938 年，美国人 E. Simmons 和 A. Ruge 制出了纸基丝式电阻应变片；1952 年英国学者 P. Jackson 制出了箔式应变片；1957 年贝尔电话实验室的 Mason 等人制出了第一批半导体应变片，并利用应变片制作了各种传感器。用它们可测量力、应力、应变、荷重和加速度等物理量。现在，电阻应变片和应变传感器的品种规格已达数万种之多。

这里也可以做一个较简单的实验来说明这种现象：取一根细电阻丝，两端接一台高精度的数字式电阻表（分辨率为 1/1999），记下其初始阻值。当用力将该电阻丝拉长时，会发现其阻值略有增加。测量应力、应变、力的传感器就是利用类似原理制作的。

电阻式应变传感器（Resistance Strain-gage Transducer）主要由电阻应变片及测量转换电路等组成。图 4-1 所示为电阻丝应变片结构示意图，它是用直径为 0.025mm 左右的具有高电阻率的电阻丝制成的。为了获得高的电阻值，电阻丝排列成栅网状，并粘贴在绝缘基片上，线栅上面粘贴有覆盖层（保护用），电阻丝两端焊有引出

图 4-1　电阻丝应变片结构示意图
1—引出线　2—覆盖层　3—基底　4—电阻丝

线。图中 l 为应变片的标距或工作基长，b 为应变片基宽，bl 为应变片的有效使用面积。应变片规格一般用有效使用面积以及电阻值来表示，例如 $3\times10\text{mm}^2$、350Ω 等。

用应变片测试应变时，将应变片粘贴在试件表面，当试件受力变形后，应变片上的电阻丝也随之变形，从而使应变片电阻值发生变化，通过测量转换电路最终将电阻值的变化转换成电压或电流的变化。

应变片具有体积小、价格便宜、准确度高、频率响应好等优点，被广泛应用于工程测量及科学实验中。

4.1.1　工作原理

导体或半导体材料在外界力的作用下，会产生机械变形，其电阻值也将随之发生变化，这种现象称为应变效应。下面以金属丝应变片为例分析这种效应。

设有一长度为 l、截面面积为 A、半径为 r、电阻率为 ρ 的金属单丝，它的电阻值 R 可表示为

$$R=\rho\,\frac{l}{A}=\rho\,\frac{l}{\pi r^2}$$

如图 4-2 所示，当沿金属丝的长度方向作用均匀拉力（或压力）时，上式中的 r、l 都将发生变化，从而导致电阻值 R 发生变化。例如金属丝受拉时，l 变长、r 变小，均会导致 R 变大；又如，当某些半导体材料受拉时 ρ 将变大，导致 R 变大。

实验证明，电阻丝及应变片的电阻相对变化量 $\Delta R/R$ 与材料力学中的轴向应变 ε_x 的关系在很大范围内是线性的，即

图 4-2　金属丝的拉伸变形
1—拉伸前　2—拉伸后

$$\frac{\Delta R}{R}=K\varepsilon_x \tag{4-1}$$

式中，K 为电阻应变片的灵敏度。

对于不同的金属材料，K 值略有不同，一般为 2 左右。而对半导体材料而言，由于其感受到应变时，电阻率 ρ 会产生很大的变化，所以灵敏度比金属材料大几十倍。

在材料力学中，$\varepsilon_x = \Delta l / l$ 称为电阻丝的轴向应变，也称纵向应变，是量纲为 1 的量。ε_x 通常很小，常用 10^{-6} 表示。当 ε_x 为 0.000001 时，在工程中常表示为 1×10^{-6} 或 $1\mu m/m$，在应变测量中，也常将之称为微应变（$\mu\varepsilon$）。

对金属材料而言，当它受力之后所产生的轴向应变最好不要大于 $1000\mu\varepsilon$，否则有可能超过材料的极限强度而导致断裂。

由材料力学可知，$\varepsilon_x = F/AE$，所以 $\Delta R/R$ 又可表示为

$$\frac{\Delta R}{R} = K \frac{F}{AE} \qquad (4\text{-}2)$$

如果应变片的灵敏度 K、试件的横截面面积 A 以及弹性模量 E 均已知，则只要设法测出 $\Delta R/R$ 的数值，即可获得试件受力 F 的大小。

4.1.2　应变片的类型与粘贴

1. 应变片的类型与结构

应变片可分为金属应变片及半导体应变片两大类，前者又可分为金属丝式、箔式和薄膜式三种。

（1）金属应变片　金属丝式应变片使用最早，有纸基、胶基之分。由于金属丝式应变片蠕变较大，金属丝易脱胶，有逐渐被金属箔式应变片所取代的趋势；但其价格便宜，因此多用于要求不高的应变、应力的大线量、一次性试验，如图 4-3a 所示。

图 4-3　几种不同类型的电阻应变片

1—电阻丝　2—金属箔　3—半导体　4—基片　5—引脚　6—定位标记　7—金丝

金属箔式应变片中的箔栅是金属箔通过光刻、蚀刻等工艺制成的。金属箔材料多为电阻率高、热稳定性好的铜镍合金（康铜），厚度一般为 $0.001 \sim 0.05mm$，箔栅的尺寸、形状可以按使用者的需要制作，图 4-3b 就是其中的一种。由于金属箔式应变片与片基的接触面积比丝式大得多，所以散热条件较好，可允许流过较大的电流，而且长时间测量时的蠕变也较小。箔式应变片的一致性较好，适合大批量生产，目前被广泛用于各种应变式传感器的制造中。

在制造工艺上，还可以对金属箔式应变片进行适当的热处理，使它的膨胀系数、电阻温度系数以及被粘贴试件的膨胀系数三者相互抵消，从而将温度影响减小到最小的程度。目前，利用这种方法已可使电阻式应变传感器成品在整个使用温度范围内的温漂达到万分

之几。

金属薄膜式应变片主要是采用真空蒸镀技术，在薄的绝缘基片上蒸镀上金属材料薄膜，最后加保护层制成，如图4-3c所示。它是近年来薄膜技术发展的产物。

（2）半导体应变片　半导体应变片是使用半导体材料作为敏感栅而制成的。当它受力时，电阻率随应力的变化而变化。它的主要优点是灵敏度高（灵敏度比金属丝式、箔式大几十倍），主要缺点是灵敏度的一致性差、温漂大、电阻与应变间的非线性严重。在使用时，需采用温度补偿及非线性补偿措施。图4-3d中的N型和P型半导体在受到拉力时，一个电阻值增大，一个减小，可构成双臂半桥，同时又具有温度自补偿功能。

2. 应变片的粘贴

应变片是通过黏合剂粘贴到试件上的，黏合剂的种类很多，选用时要根据基片材料、工作温度、潮湿程度、稳定性、是否加温加压、粘贴时间等多种因素合理选择。

应变片的粘贴质量直接影响应变测量的准确度，必须十分注意。应变片的粘贴工艺包括试件贴片处的表面处理、贴片位置的确定、应变片的粘贴与固化、引出线的焊接及保护处理等，如图4-4所示。

图4-4　电阻应变片的粘贴

粘贴工艺简述如下：

1）试件的表面处理。为了保证一定的粘合强度，必须将试件表面处理干净，清除杂质、油污及表面氧化层等。粘贴表面应保持平整、表面光滑，最好在表面打光后，采用喷砂处理，面积为应变片的3~5倍。

2）确定贴片位置。在应变片上标出敏感栅的纵横向中心线，在试件上按照测量要求划出中心线，精度要求高时可以用光学投影方法来确定贴片位置。

3）粘贴。首先用甲苯、四氯化碳等溶剂清洗试件表面，如果条件允许，也可采用超声清洗。应变片的底面也要用溶剂清洗干净，然后在试件表面和应变片的底面各涂一层薄而均匀的黏合剂。贴片后，在应变片上盖上一张聚乙烯塑料薄膜并加压，将多余的黏合剂和气泡排出。加压时要注意防止应变片错位。

4）固化。应变片贴好后，根据所使用黏合剂的固化工艺要求进行固化处理和时效处理。

5）粘贴质量检查。检查粘贴位置是否正确、粘合层是否有气泡和漏贴、敏感栅是否有短路或断路现象，以及敏感栅的绝缘性能等。

6）引线的焊接与防护。检查合格后，即可焊接引出线。引出导线要用柔软、不易老化的材料适当地加以固定，以防止导线摆动时折断应变片的引线。然后在应变片上涂一层柔软的防护层，以防止环境对应变片的侵蚀，保证应变片长期工作的稳定性。

4.1.3 测量转换电路

金属应变片的电阻变化范围很小，如果直接用电阻表测量将十分困难，且误差很大，这从下面的运算结果就可看出来。

例 4-1 有一金属箔式应变片，标称阻值 R_0 为 100Ω，灵敏度 $K=2$，粘贴在横截面面积为 $9.8mm^2$ 的钢质圆柱体上，钢的弹性模量 $E=2\times10^{11}N/m^2$，钢圆柱所受拉力 $F=1960N$，求受拉后应变片的阻值 R。

解 钢圆柱体的轴向应变为

$$\varepsilon_x = \frac{F}{AE} = \frac{1960}{9.8\times10^{-6}\times2\times10^{11}}m/m = 0.001m/m = 1000\mu m/m$$

通常情况下，可以认为粘贴在试件上的应变片的应变约等于试件上的应变，就有

$$\frac{\Delta R}{R} = K\varepsilon_x = 2\times0.001 = 0.002$$

应变片电阻的变化量为

$$\Delta R = R_0\times0.002 = 100\times0.002\Omega = 0.2\Omega$$

由于应变片受到拉伸，所以电阻值比标称阻值增加了 ΔR。受拉力后的阻值 R 为

$$R = R_0 + \Delta R = (100+0.2)\Omega = 100.2\Omega$$

直接用仪表测量很难观察到这 0.2Ω 的变化，所以必须使用不平衡电桥来测量这一微小的变化量。下面简单分析桥式测量转换电路是如何将电阻的变化量转换为输出电压的。

图 4-5 所示为桥式测量转换电路，电桥的一条对角线结点接入电源电压 U_i，另一条对角线结点为输出电压 U_o。为了使电桥在测量前的输出电压为零，应该选择四个桥臂电阻使 $R_1R_3 = R_2R_4$ 或 $R_1/R_2 = R_4/R_3$，这就是电桥平衡的条件。

当每个桥臂电阻变化值 ΔR 远远小于 $R_i(i=1，2，3，4)$，且电桥输出端的负载电阻为无限大、全等臂形式工作 [即 $R_1 = R_2 = R_3 = R_4$（初始值）] 时，电桥输出电压可表示为

$$U_o = \frac{U_i}{4}\left(\frac{\Delta R_1}{R_1} - \frac{\Delta R_2}{R_2} + \frac{\Delta R_3}{R_3} - \frac{\Delta R_4}{R_4}\right) \tag{4-3}$$

由于 $\Delta R/R = K\varepsilon_x$，当各桥臂应变片灵敏度 K 都相同时，有

$$U_o = \frac{U_i}{4}K(\varepsilon_1 - \varepsilon_2 + \varepsilon_3 - \varepsilon_4) \tag{4-4}$$

根据不同的工作要求，应变电桥有不同的工作方式。

单臂半桥工作方式如图 4-6 所示，R_1 为应变片，$R_2 \sim R_4$ 为固定电阻，$\Delta R_2 \sim \Delta R_4$ 均为零；双臂半桥工作方式如图 4-7 所示，R_1、R_2 为应变片，R_3、R_4 为固定电阻，$\Delta R_3 = \Delta R_4 = 0$；四臂全桥工作方式（即电桥的四个桥臂都为应变片），如图 4-8 所示。上面讨论的三种工作方式中，各桥臂的应变可以是试件的拉应变，也可以是试件的压应变，取决于应变片的粘贴方向和受力方向。若是拉应变，ε 应以正值代入；若是压应变，应以负值代入。

图 4-5　桥式测量转换电路

图 4-6　单臂半桥电路

图 4-7　双臂半桥电路

图 4-8　四臂全桥电路

如果试件受力后，应变片 $R_1 \sim R_4$ 产生的电阻增量（或感受到的应变 $\varepsilon_1 \sim \varepsilon_4$）正负号相间，就可以使输出电压 U_o 成倍增大。上述三种工作方式中，全桥四臂工作方式的灵敏度最高，双臂半桥次之，单臂半桥灵敏度最低。

采用双臂半桥或全桥的另一个好处是，能实现温度自动补偿的功能。当环境温度升高时，桥臂上的应变片温度同时升高，温度引起的电阻值漂移数值一致，可以相互抵消，所以这两种桥路的温漂较小。

实际使用中，$R_1 \sim R_4$ 不可能严格地成比例关系，所以即使在未受力时，桥路的输出也不一定能为零，因此必须设置调零电路，如图 4-9 所示。调节电位器 RP 最

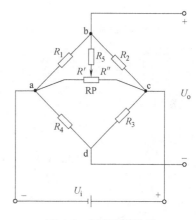

图 4-9　桥路调零电路

终可以使 $R'_1/R'_2 = R_4/R_3$，即电桥趋于平衡，U_o 被预调到零位，这个过程称为调零。图中的 R_5 是用于减小调节范围的限流电阻。上述调零方法在电子秤等仪器中被广泛使用。

4.1.4　应变效应的应用

应变效应的应用十分广泛，它除了可以测量应变外，还可测量应力、弯矩、扭矩、加速度、位移等物理量。电阻应变片的应用可分为两大类，第一

类是将应变片粘贴于某些弹性体上，并将其接到测量转换电路，这样就构成了测量各种物理量的专用电阻式应变传感器。由前面的学习内容可知，传感器由敏感元件、传感元件、测量转换电路组成。在电阻式应变传感器中，敏感元件一般为各种弹性体，传感元件就是应变片，测量转换电路一般为桥路。第二类是将应变片贴于被测试件上，然后将其接到电阻应变仪上，就可直接从应变仪上读取被测试件的应变量。下面按应变式传感器和电阻式应变仪两大类分别介绍它们的一些应用。

1. 应变式传感器

（1）应变式力传感器　图 4-10 所示为环形应变式力传感器的外形结构图。

剪应变梁是一端固定、一端自由的弹性敏感元件，它的特点是灵敏度比较高，所以多用于较小力的测量。例如，民用电子秤中就多采用剪应变梁。当力 F 以图 4-11 所示方向作用于剪应变架的末端时，剪应变梁上产生剪切应变，上表面靠近固定端的 R_1 以及下表面靠近自由端的 R_3 产生拉应变；而远离固定端的 R_2、R_4 产生压应变，4 个应变片的应变大小相等，应变符号依次相反，测量电桥的输出与力 F 成正比。

（2）应变式扭矩（转矩）传感器　应变式扭矩传感器如图 4-12 所示，应变片粘贴在扭转轴的表面。

图 4-10　环形应变式力传感器

图 4-11　双连孔剪应变梁式电子秤原理

图 4-12　应变式扭矩传感器

1—电动机　2—联轴器　3—扭转轴　4—信号引出集电环　5—电刷　6—减速器
7—卷扬机　8—重物　T_i—输入力矩　T_G—输出力矩　i—减速比

扭转轴是专门用于测量力矩和转矩的弹性敏感元件。力矩 T 等于作用在力臂 l 上的力 F 与力臂 l 的乘积，即 $T=Fl$。图 4-12 中，力臂 $l=D_G/2$，力矩的单位为 N·m。使机械部件转动的力矩叫作转动力矩，简称转矩。任何部件在转矩的作用下，必定产生某种程度的扭转变形，在试验和检测各类回转机械中，力矩（转矩）通常是一个重要的必测参数。

在扭矩 T_i 的作用下，扭转轴的表面将产生拉伸或压缩应变，在轴表面上与轴线成 45°方向（见图 4-12 中的 AB 方向）的应变与 CB 方向上的应变数值相等，但符号相反。

R_1、R_2 与粘贴在扭转轴背面的 R_3、R_4 组成全桥。桥路的 4 个结点 a~d 分别通过 4 个信号集电环和电刷引出。为了克服电刷与集电环的接触电阻造成的误差，也可以利用无线电模块将旋转轴的应变测量值传送到扭转轴外面的接收电路；还可以在扭转轴的下方设置两个光电传感器，非接触地测量扭转轴表面相距一定距离的两个点的微小位移。

（3）应变式加速度传感器 图 4-13 所示为应变式加速度传感器原理。传感器由质量块、弹性悬臂梁、应变片和基座组成。测量时，将其固定于被测物上。当被测物做水平加速度运动时，质量块由于惯性而受到力 $F=ma$ 的作用，使弹性悬臂梁发生弯曲变形，通过应变片检测出弹性悬臂梁的应变量，当振动频率小于传感器的固有振动频率时，弹性悬臂梁的应变量与加速度成正比。

图 4-13　应变式加速度传感器原理

1—基座　2—应变片　3—质量块　4—弹性悬臂梁

（4）应变式荷重传感器 测力和质量的传感器有较大一部分采用的是应变式荷重传感器，图 4-14 所示为应变式荷重传感器的结构。应变片粘贴在钢制圆柱（称为等截面轴，可以是实心圆柱，也可以是空心薄壁圆筒）的表面，在力的作用下，等截面轴产生应变，R_1、R_3 感受到的应变与等截面轴的轴向应变相同，为压应变；而 R_2、R_4 沿圆周方向粘贴，根据材料力学和日常生活的经验可知，当等截面轴受压时，沿 R_2、R_4 的方向反而是受拉的，即等截面轴的轴向应变与其径向应变符号相反。R_1、R_2、R_3、R_4 以正负相间代入计算，可获得较大的输出电压。

图 4-14　应变式荷重传感器结构

等截面轴的特点是加工方便，但灵敏度（在相同力作用下产生的应变）比悬臂梁低，适用于载荷较大的场合。空心轴在同样的截面面积下，轴的直径可加大，以便提高轴的抗弯能力。

当被测力较大时，多用钢材制作弹性敏感元件，钢的弹性模量约为 $2\times10^{11}\mathrm{N/m^2}$。当被测力较小时，可用铝合金或铜合金制作弹性敏感元件，铝的弹性模量约为 $0.7\times10^{11}\mathrm{N/m^2}$。材料越硬，弹性模量就越小，其灵敏度就越低，能承受的载荷就越大。

应变式荷重传感器的输出电压 U_o 与载荷 F 成正比。在实际运用中，生产厂商一般均会给出应变式荷重传感器的灵敏度 K_F。设应变式荷重传感器的满量程为 F_m，桥路激励电压为 U_i，满量程时的输出电压为 U_{om}，则 K_F 被定义为

$$K_F = \frac{U_{om}}{U_i} \tag{4-5}$$

K_F 为常数时，桥路所加的激励源电压 U_i 越高，满量程输出电压 U_{om} 也越高。由于 U_o 往往是 mV 级，而 U_i 往往是 V 级（12V 左右），所以应变式荷重传感器的灵敏度以 mV/V 为单位。在传感器额定范围内，有

$$\frac{U_o}{U_{om}} = \frac{F}{F_m} \tag{4-6}$$

将式（4-5）代入式（4-6），可得在被测载荷为 F 时的输出电压 U_o 为

$$U_o = \frac{F}{F_m} U_{om} = \frac{K_F U_i}{F_m} F \tag{4-7}$$

例 4-2　现用图 4-14 所示应变式荷重传感器测质量，已知满量程 F_m 是 $100 \times 10^3 N$，灵敏度 K_F 为 2mV/V，当桥路激励源电压为 12V 时，测得桥路输出电压为 8mV，求被测载荷的质量为多少吨。

解　根据式（4-5）可得 $U_{om} = 24mV$，再根据式（4-7）可得被测载荷的质量为

$$F = \frac{U_o}{U_{om}} F_m = \frac{8 \times 10^{-3}}{24 \times 10^{-3}} \times 100 \times 10^3 N \approx 33333N$$

$$F = mg$$

$$m = F/g = \frac{33333N}{9.8m/s^2} \approx 3.4t$$

图 4-15 所示为应变式荷重传感器测量车辆质量的示意图，这种测量便于在现场快速称量，如果超载会立刻报警通知，并让驾驶人和收费员同时了解测量结果，还可通过打印机打印数据。

图 4-15　应变式荷重传感器测量车辆质量

应变式荷重传感器测量液体质量（液位）的液罐秤示意图如图 4-16 所示，计算机根据荷重传感器的测量结果，通过电动比例调节阀分别控制 A、B 储液罐的液位，并按一定的比例进行混合。图中每只储液罐使用 4 只应变式荷重传感器及 4 个桥路激励源，4 个桥路的输出电压串联起来，总的输出电压与储液罐的质量成正比。要得到液体的实际质量，必须扣除

金属罐体的质量。如果罐体内部各高度的截面面积已知，还可以根据液体的质量和密度换算出储液罐内的液位。

图 4-16　应变式荷重传感器测量液体质量

1—电动比例调节阀　2—膨胀节　3—储液罐 A　4—储液罐 B　5—应变式荷重传感器　6—支撑构件　7—支撑平台

目前较常用的办法是用一个桥路激励源来激励 4 个桥路，由 4 路 A-D 转换器将 4 个桥路的输出转换为 4 个数字量，再由单片机进行加法运算。

（5）压阻式固态压力传感器　压阻式固态压力传感器是利用半导体材料的压阻效应和集成电路工艺制成的传感器。由于它没有可动部分，所以有时也称为固态传感器。它在工业中多用于与应变有关的力、重力、压力、压力差、真空度等物理量的测量。经过适当的换算，它也可用于液位、流量、加速度、振动等参量的测量。下面主要介绍它在压力（压力差）测量中的应用。

压阻式固态压力传感器由外壳、硅膜片和引出线等组成，如图 4-17a 所示，其核心部分是矩形的硅膜片（见图 4-17b）。在硅膜片上，利用集成电路工艺制作了 4 个阻值相等的电阻，等截面薄片沿直径方向上各点的径向应变是不同的。图 4-17b 中的虚线圆内是硅杯承受压力的区域，由于 R_2、R_4 距圆心很近，所以它们感受的应变是正的（即拉应变），而 R_1、R_3 处于膜片的边缘区，所以它们的应变是负的（即压应变）。4 个电阻之间利用面积相对较大、阻值较小的扩散电阻（图 4-17b 中的阴影区）引线连接，构成全桥。硅片的表面用 SiO_2 薄膜加以保护，并用超声波焊上金丝，作为全桥的引线。硅膜片底部被加工成中间薄（用于产生应变）、周边厚（起支撑作用）的形状，如图 4-17d 中的杯形，所以也称为硅杯。硅杯在高温下用玻璃黏合剂粘接在热胀冷缩系数相近的玻璃基板上。将硅杯和玻璃基板紧密地安装到图 4-17a 所示壳体中，就制成了压力传感器。

当图 4-17d 所示硅杯两侧存在压力差时，硅膜片产生变形，4 个应变电阻在应力的作用下，阻值发生变化，电桥失去平衡，输出电压与膜片两侧的压力差成正比。当 p_2 进气口向大气敞开时，输出电压对应于"表压"（相对于大气压的压力）；当 p_2 进气口封闭并抽真空时，输出电压对应于"绝对压力"。

压阻式固态压力传感器与其他形式的压力传感器相比，有许多突出的优点：由于 4 个应变电阻直接制作在同一硅片上，所以工艺一致性好，灵敏度相等，4 个电阻 $R_1 \sim R_4$ 初始值相等，温度引起的电阻值漂移能互相抵消；由于半导体压阻系数很高，所以这种压力传感器的灵敏度较高，输出信号大；又由于硅膜片本身就是很好的弹性元件，而 4 个扩散型应变电

a) 外形示意图　　　b) 硅膜片及应变片　　　c) 等效电路

d) 硅杯及封装结构　　　e) 小型封装外形

图 4-17　压阻式固态压力传感器

1—进气口 1（高压侧）　2—进气口 2（低压侧）　3—引脚　4—硅杯　5—单晶硅膜片
6—扩散型应变片　7—扩散电阻引线　8—电极及引线　9—玻璃黏合剂　10—玻璃基板

阻又直接制作在硅片上，所以迟滞、蠕变都非常小，动态响应快。随着半导体技术的发展，还有可能将信号调理电路、温度补偿电路等一起制作在同一硅片上，其性能也将越来越好。目前，这种体积小、集成度高、性能好的压力传感器在工业中得到了越来越广泛的应用。压阻式固态压力传感器的小型封装外形如图 4-17e 所示。

（6）压阻式固态压力传感器在液位测量中的应用　压阻式固态压力传感器体积小、结构简单、灵敏度高，将其倒置于液体底部时，可以测出液体液位。这种形式的液位计称为投入式压阻液位计，如图 4-18 所示。

压阻式固态压力传感器安装在不锈钢壳体内，并用不锈钢支架固定置于液体底部。传感器的高压侧 p_1 与液体接触（用柔性不锈钢隔离膜片隔离，用硅油传导压力）。安装高度 h_0 处液体的表压 $p_1 = \rho g h_1$（ρ 为液体密度，g 为重力加速度）。传感器的低压侧 p_2 通过一根很长的橡胶背压管与大气相通，传感器的信号线、电源线也通过该背压管与外界的仪表接口相连接。被测液位 h 为

$$h = h_0 + h_1 = h_0 + p_1/(\rho g) \qquad (4-8)$$

这种投入式压阻液位计安装方便，可用于水库、水池、深井、水罐或者油罐的液位测量，

图 4-18　投入式压阻液位计使用示意图

1—支架　2—压阻式固态压力传感器壳体　3—背压管

也适用于深度为几米至几十米，且混有大量污物、杂质的水或其他液体的液位测量。

压阻式固态压力传感器的用途还有许多，例如在汽车中，可用它来测量进气压力、燃油压力、润滑油压力以及制动用的制动液压力等。

2. 电阻式应变仪

电阻式应变仪是专门用于测量电阻应变片应变量的仪器。当被测量是被测试件的应变、应力等物理量时，可以将应变片粘贴在被测试件的被测点上，然后用导线将其连接到应变仪的接线端子上。读取应变仪的读数，就可以直接得到被测点的应变，经过适当换算，还可以得到应力等参数。

（1）电阻式应变仪的组成　电阻式应变仪主要由电桥、桥路电源、放大器和显示器等组成。从电阻式应变仪内部的放大器工作原理来看，电阻式应变仪可分为直流放大式和载波交流放大式两大类。从理论上讲，用直流电或交流电作为桥路电源都是可以的。过去由于直流放大器稳定性比交流放大器差得多，所以工业上多采用交流电桥及载波交流放大器来放大桥路输出的 mV 级信号。但是，交流电桥调平衡的过程较复杂，尤其是在长距离测试时，电桥受引线的寄生参量如分布电容、电感的影响很大，调节交流电桥的平衡就更加困难。由于上述原因，交流桥路电源的频率不能太高，因此致使这种应变仪的动态响应相对较差。随着半导体集成电路技术的发展，高质量的直流放大器如低漂移运算放大器、斩波自稳放大器等已得到应用，将电桥回路改用直流供电，将使电阻式应变仪的工作响应频率大为提高，调节桥路平衡也容易得多，所以直流电桥的应用越来越广泛。

（2）电阻式应变仪的分类　从电阻式应变仪的用途来看，它可分为静态应变仪和动态应变仪。静态应变仪用来测量不随时间而变化（或随时间缓慢变化）的静态应变，它的准确度很高，分辨力可达 $1\mu m/m$（$1\mu\varepsilon$）。早期的静态应变仪多采用零位式测量，平衡十分困难，测量速度也较慢。目前多采用低漂移、高准确度的直流放大器，先将微弱的桥路输出信号予以放大，然后进行 A-D 转换，并用数码管直接显示出应变值。

动态应变仪用于测量动态应变，其工作频率一般为 $0\sim2kHz$，有的可高达 $10kHz$ 以上。它采用动态特性、稳定性和线性度均很好的放大器来放大桥路输出的动态电压信号，放大器的输出可以直接驱动示波器，从而描绘出动态应变的波形；也可以用记录仪记录下动态应变的有关数据，以便分析测量结果。

一台应变仪通过仪器内的切换开关可测几十个测点，如果要测量更多的测点，可采用预调平衡箱来扩展。随着集成电路、数字显示技术的不断发展，智能化应变仪应运而生，其功能和性能日趋完善。能做到定时、定点自动切换，测量数据可自动修正、存储、显示和打印记录。若配上适当的接口，还可以与计算机连接，将测量数据传送给计算机。

（3）电阻式应变仪的应用实例　图 4-19 所示为电阻式应变仪用于人体骨盆和下股受力试验。该研究为运动员训练、骨折预防提供了科学依据。试验前，取医用成年人下半身骨骼标本，在图中的测试点上粘贴应变片，并接入电阻式应变仪。试验时，将骨盆下端两股骨垂直置于试验机工作台上，压力施加在腰椎上。从电阻式应变仪的显示器上逐点快速读出应变值，并自动描出应变曲线，直至骨盆或者关节被压力破坏为止。

上述试验的基本原理还可以用于测量飞机、汽车、农用工具等的应力集中处的应力、应变，以确定材料的最佳厚度。试验结束后，将应变片去除即可。

图 4-19　骨盆和下股受力分布试验

4.2　热电阻式温度传感器

　　测量温度的传感器很多，常用的有热电偶、PN 结测温集成电路、红外辐射温度计等，本节简要介绍热电阻式温度传感器（以下简称热电阻式传感器）。关于温度的基本概念以及国际温标等知识，将在后面章节集中介绍。

　　热电阻式传感器主要用于测量温度以及与温度有关的参量。在工业上，它被广泛用来测量 $-200 \sim 960 ℃$ 范围内的温度。热电阻按性质不同，可分为金属热电阻和半导体热电阻两大类。前者仍简称为热电阻，而后者的灵敏度可以比前者高 10 倍以上，所以又称为热敏电阻。

4.2.1　热电阻

　　热电阻（Thermal Resistance）主要是利用电阻值随温度升高而增大这一特性来测量温度的。目前较为广泛应用的热电阻材料是铂、铜，它们的电阻温度系数在 $(3 \sim 6) \times 10^{-3}/℃$ 范围内。作为测温用的热电阻材料，人们希望其具有电阻温度系数大、线性好、性能稳定、使用温度范围宽、加工容易等特点。在铂、铜中，铂的性能最好，采用特殊的结构可以将铂制成标准温度计，其适用温度范围为 $-200 \sim 960 ℃$；铜热电阻价廉并且线性较好，但高温下易氧化，故只适用于温度较低（$-50 \sim 150 ℃$）的环境中，目前已逐渐被铂热电阻所取代。表 4-1 列出了热电阻的主要技术性能。

表 4-1　热电阻的主要技术性能

材料	铂	铜
使用温度范围/℃	$-200 \sim 960$	$-50 \sim 150$
电阻率/$\Omega \cdot m \times 10^{-6}$	$0.0981 \sim 0.106$	0.017
0~100℃之间的电阻温度系数 α（平均值）	0.00385	0.00428
化学稳定性	在氧化性介质中较稳定，不能在还原性介质中使用，尤其是高温情况下	超过 100℃ 容易氧化

（续）

材料	铂	铜
特性	特性近于线性,性能稳定,准确度高	线性较好、价格低廉、体积大
应用	适用于较高温度的测量,可用作标准测温装置	适用于低温、无水分、无腐蚀性介质的温度测量

1. 热电阻的工作原理及结构

取一只100W/220V灯泡,用万用表测量其电阻值,可以发现其冷态阻值只有几十欧,但是用$R=U^2/P$计算得到的热态电阻值应为484Ω,两者相差许多倍。由此可知道,金属丝在不同温度下的电阻值是不相同的。

温度升高,金属内部原子晶格的振动加剧,从而使金属内部的自由电子通过金属导体时的阻力增大,宏观上表现出电阻率变大,电阻值增大,称其为正温度系数,即电阻值与温度的变化趋势相同。

金属热电阻按其结构类型来分,有普通式、铠装式和薄膜式等。普通式热电阻由感温元件（金属电阻丝）、支架、引出线、保护套管及接线盒等基本部分组成。为避免电感分量,电阻丝常采用双线并绕,制成无感电阻。铂热电阻的内部结构如图4-20所示,外形结构如图4-21所示。铠装式热电阻的外形结构如图4-22所示。

图4-20　铂热电阻的内部结构

1—铆钉　2—铂电阻丝　3—耐高温引脚

图4-21　装配式热电阻

图4-22　铠装式热电阻

目前还研制生产了薄膜式铂热电阻,如图4-23所示。它是利用真空镀膜法或糊浆印刷烧结法使铂金属薄膜附着在耐高温基底上,其面积可以小到几平方毫米,可粘贴在被测高温物体上测量局部温度,具有热容量小、反应快的特点。

我国现全面施行"1990 国际温标"（ITS-90），国内统一设计的工业用铂热电阻在 0℃ 时的阻值 R_0 有 25Ω、100Ω 等几种，分度号分别用 Pt25、Pt100 等表示。薄膜式铂热电阻有 100Ω、1000Ω 等数种。同样，铜热电阻在 0℃ 时的阻值 R_0 值有 50Ω、100Ω 两种，分度号分别用 Cu50、Cu100 表示。

图 4-23 薄膜式铂热电阻

从实验可知，金属热电阻的阻值 R_t 与温度 t 之间呈非线性关系。因此，必须每隔 1℃ 测出铂热电阻和铜热电阻在规定的测温范围内的 R_t 与 t 之间的对应电阻值，并列成表格，这种表格称为热电阻分度表。该分度表是根据 ITS-90 标准所规定的实验方法而得到的，不同国家、不同厂商的同型号产品均需符合国际电工委员会（IEC）给出的分度表。

2. 热电阻的测量转换电路

热电阻的测量转换电路可以采用类似应变片所使用的平衡电桥。为减小环境中电磁场的干扰，最好采用屏蔽线，并将屏蔽线的金属网状屏蔽层接地。

4.2.2 热敏电阻

1. 热敏电阻的类型及特性

热敏电阻（Thermistor）是一种新型的半导体测温元件。按其温度系数可分为正温度系数（PTC）热敏电阻和负温度系数（NTC）热敏电阻两大类。所谓正温度系数，是指电阻的变化趋势与温度的变化趋势相同；所谓负温度系数，是指当温度上升时，电阻值反而下降的变化特性。

（1）NTC 热敏电阻 NTC 热敏电阻研制较早，也较成熟，最常见的是由金属氧化物，如锰、钴、铁、镍、铜等多种氧化物混合烧结而成的，其标称阻值（25℃ 时）视氧化物的比例，可以从 0.1Ω 至几兆欧范围内选择。

根据不同的用途，NTC 热敏电阻又可分为两大类：第一类是指数型，用于测量温度，它的电阻值与温度之间呈严格的负指数关系，如图 4-24 中的曲线 2 所示。指数型 NTC 热敏电阻的灵敏度由制造工艺、氧化物含量决定。NTC 热敏电阻的离散性较小，测量准确度较高。

例如，在 25℃ 时的标称阻值为 10kΩ 的 NTC 热敏电阻，在 -30℃ 时阻值高达 130kΩ；而在 100℃ 时，只有 850Ω，相差两个数量级，灵敏度很高，多用于空调、电热水器等，在 0~100℃ 范围内作测温元件用。

第二类为突变型，又称临界温度型

图 4-24 各种热敏电阻的特性曲线

1—负突变型 NTC 热敏电阻 2—负指数型 NTC 热敏电阻

3—线性型 PTC 热敏电阻 4—突变型 PTC 热敏电阻

（CTR）。当温度上升到某临界点时，其电阻值突然下降，多用在各种电子电路中抑制浪涌电流。例如，在整流回路中串联一只突变型 NTC 热敏电阻，可减小上电时的冲击电流。负突变型热敏电阻的温度-电阻特性如图 4-24 中的曲线 1 所示。

（2）PTC 热敏电阻　PTC 热敏电阻通常是在钛酸钡中掺入其他金属离子，以改变其温度系数和临界点温度。它的温度-电阻特性曲线呈非线性，如图 4-24 中的曲线 4 所示。它在电子电路中多起限流、保护作用。当流过 PTC 热敏电阻的电流超过一定限度或 PTC 热敏电阻感受到的温度超过一定限度时，其电阻值突然增大，因此可以用于自恢复熔断器。大功率的 PTC 型陶瓷热电阻还可以用于电热暖风机，当 PTC 热敏电阻的温度达到设定值（例如210℃）时，其阻值急剧上升，流过的电流减小，使暖风机的温度基本恒定于设定值上，提高了安全性。

近年来还研制出掺有大量杂质的 Si 单晶 PTC 热敏电阻，它的电阻变化接近线性，如图 4-24 中的曲线 3 所示，其最高工作温度上限约为 140℃。

热敏电阻可根据使用要求，封装加工成各种形状的探头，如圆片形、柱形、珠形、铠装式、薄膜式和厚膜式等，如图 4-25 所示。

图 4-25　热敏电阻的外形、结构及图形符号

1—热敏电阻　2—玻璃外壳　3—引出线　4—纯铜外壳　5—传热安装孔

2. 热敏电阻的应用

热敏电阻具有尺寸小、响应速度快、灵敏度高等优点，因此它在许多领域都得到了广泛应用。热敏电阻在工业上的用途很广，根据产品型号不同，其适用范围也各不相同，具体有以下应用。

（1）热敏电阻用于测温　用于测量温度的热敏电阻，一般结构简单，价格较低廉，没有外面保护层的热敏电阻只能应用在干燥的地方；密封的热敏电阻不怕湿气的侵蚀，可以在较恶劣的环境下使用。由于热敏电阻的阻值较大，故其连接导线的电阻和接触电阻可以忽略，因此热敏电阻可以在长达几千米的远距离测量温度中应用。测量电路多采用桥路和分压电路。图 4-26 所示为热敏电阻测温原理，利用其原理还可以用于其他测温、控温电路。

热敏电阻温度计测温时首先要调试，调试时必须先调零，再调满度，最后再验证刻度盘中其他各点的误差是否在允许范围内，上述过程称为标定。具体做法如下：用更高一级的数字式温度计监测水温，将绝缘的热敏电阻放入 32℃（表头的零位）的温水中，待热量平衡后，调节 RP_1，使指针指示 32℃，再加入热水，使其上升到 45℃。待热量平衡后，调节

图 4-26 热敏电阻测温原理

1—热敏电阻 2—指针式显示器 3—调零电位器 4—调满度电位器

RP_2，使指针指示 45℃；再加入冷水，逐渐降温，检查 32～45℃ 范围内刻度的准确性。如果不准确：①可重新刻度；②可用计算机软件对数值进行修正。

目前上述热敏电阻温度计均已数字化，其外形类似于水笔。上述"调试""标定"的基本原理是作为检测技术人员必须掌握的最基本的技术，必须在实践环节反复训练类似的调试基本功。

（2）热敏电阻用于温度补偿 热敏电阻可在一定的温度范围内对某些元件进行温度补偿。例如，动圈式表头中的动圈由铜线绕制而成，温度升高，电阻增大，引起测量误差。可以在动圈回路中串联由负温度系数热敏电阻组成的电阻网络，从而抵消由于温度变化所产生的误差。在晶体管电路、对数放大器中，也常用热敏电阻组成补偿电路，补偿由于温度引起的漂移误差。

（3）热敏电阻用于温度控制及过热保护 在电动机的定子绕组中嵌入突变型热敏电阻并与继电器串联，当电动机过载时，定子电流增大，引起发热，当温度大于突变点时，电路中的电流可以由零点几毫安突变为几十毫安，继电器因而动作，从而实现过热保护。热敏电阻与继电器的接线如图 4-27 所示。

图 4-27 热敏电阻与继电器的接线

（4）热敏电阻用于液位测量 给 NTC 热敏电阻施加一定的加热电流，它的表面温度将高于周围环境温度，此时它的阻值较小。当液面高于它的安装高度时，液体将带走它的热量，使之温度下降，阻值升高。判断它的阻值变化，就可以知道液面是否低于设定值。汽车油箱中的油位报警传感器，就是利用该原理制作的。热敏电阻在汽车中还可用于测量油温、冷却液温度等。

4.3 气敏电阻式传感器

工业、科研、生活、医疗、农业等许多领域都需要测量环境中某些气体的成分、浓度。例如，煤矿中瓦斯气体浓度超过极限值时，有可能发生爆炸；家庭发生燃气泄漏时，将会造成危险事故；农业塑料大棚中 CO_2 浓度不足时，农作物将减产；锅炉和汽车发动机气缸燃烧过程中氧含量不正确时，效率将下降，并造成环境污染。

使用气敏电阻式传感器，可以把某种气体的成分、浓度等参数转换成电阻变化量，再转换为电流、电压信号。

气敏电阻式传感器品种繁多，本节主要介绍测量还原性气体的 MQN 型气敏电阻式传感器以及 TiO_2 氧浓度气敏电阻式传感器。

4.3.1 还原性气体传感器

所谓还原性气体，就是在化学反应中失去电子，化学价升高的气体。还原性气体多数属于可燃性气体，例如石油蒸气、酒精蒸气、甲烷、乙烷、煤气、天然气以及氢气等。

测量还原性气体的气敏电阻式传感器一般是用 SnO_2、ZnO 或 Fe_2O_3 等金属氧化物粉料添加少量铂催化剂、激活剂及其他添加剂，按一定比例烧结而成的半导体器件。图 4-28 所示为 MQN 型气敏电阻式传感器的结构、测量转换电路及外形。

a) 烧结体　　b) 气敏电阻外形示意图　　c) 基本测量转换电路　　d) 产品外形

图 4-28　MQN 型气敏电阻传感器的结构、测量转换电路及外形

1—电极引脚　2—塑料底座　3—气敏烧结体　4—不锈钢网罩　5—加热电极兼工作电极
6—工作电极　7—加热回路电源　8—测量回路电源

MQN 型气敏电阻由塑料底座、电极引脚、不锈钢网罩、烧结体以及包裹在烧结体中的两组铂丝组成。一组铂丝为工作电极，另一组（图 4-28c 中的左边铂丝）为加热电极兼工作电极。

气敏电阻工作时必须加热到 $200 \sim 300℃$，其目的是加速被测气体的化学吸附和电离的过程，并"烧去"气敏电阻表面的污物（起清洁作用）。

气敏电阻的工作原理十分复杂，涉及材料的微晶结构、化学吸附及化学反应，有不同的

解释方式。简单来说，当 N 型半导体的表面在高温下遇到离解能较小（易失去电子）的还原性气体（可燃性气体）时，气体分子中的电子将向气敏电阻表面转移，使气敏电阻中的自由电子浓度增加，电阻率下降，电阻减小。还原性气体浓度越高，电阻下降就越多，这样就把气体的浓度信号转换成电信号。气敏电阻使用时应尽量避免置于油雾、灰尘环境中，以免老化。图 4-29 示出了某型号 MQN 型气敏电阻阻值随不同气体浓度变化的特性曲线。

图 4-29 某型号 MQN 型气敏电阻阻值
随不同气体浓度变化的特性曲线

气敏电阻在被测气体浓度较低时，有较大的电阻变化，而当被测气体浓度较大时，其电阻率的变化逐渐趋缓，有较大的非线性。这种特性较适用于气体的微量检漏、浓度检测或超限报警。控制烧结体的化学成分及加热温度，可以改变它对不同气体的选择性。例如，制成煤气报警器（见图 4-30），可对居室或地下数米深处的管道漏点进行检漏；制成酒精检测仪（见图 4-31），可用于检测酒精含量。目前，气敏电阻式传感器已广泛用于石油、化工、电力、家居等各种领域。

图 4-30 煤气报警器

图 4-31 酒精检测仪

4.3.2 二氧化钛氧传感器

半导体材料二氧化钛（TiO_2）属于 N 型半导体，对氧气十分敏感。其电阻值的大小取决于周围环境的氧气浓度。当周围氧气浓度较大时，氧原子进入二氧化钛晶格，改变了半导体的电阻率，使其电阻值增大。上述过程是可逆的，当氧气浓度下降时，氧原子析出，电阻值减小。

图 4-32 所示为用于汽车或燃烧炉排放气体中的 TiO_2 氧传感器结构和测量转换电路，二氧化钛气敏电阻与补偿热敏电阻同处于陶瓷绝缘体的末端，当氧气含量减小时，R_{TiO_2} 减小，U_o 增大。

在测量转换电路中，与 TiO_2 气敏电阻串联的热敏电阻 R_t 起温度补偿作用。当环境温度

图 4-32　TiO_2 氧传感器结构和测量转换电路

1—外壳　2—安装螺栓　3—搭铁线　4—保护管　5—补偿热敏电阻　6—陶瓷片
7—TiO_2 气敏电阻　8—进气口　9—引脚

升高时，TiO_2 气敏电阻的阻值会逐渐减小，只要 R_t 也以同样的比例减小，根据分压比定律，输出电压 U_o 不受温度影响，从而减小了测量误差。事实上，R_t 和 TiO_2 气敏电阻是由相同材料制成的，只不过 R_t 被陶瓷密封起来，以免与燃烧尾气直接接触。

TiO_2 气敏电阻必须在上百摄氏度的高温下才能工作，汽车之类的燃烧器刚起动时，排气管的温度较低，TiO_2 气敏电阻无法工作，所以还必须在 TiO_2 气敏电阻外面套一个加热电阻丝（图 4-32 中未画出），进行预热以激活 TiO_2 气敏电阻。目前还有一种二氧化锆氧传感器，也可以用于测量氧浓度，读者可参阅有关参考资料。

4.4　湿敏电阻式传感器

湿度的检测与控制在现代科研、生产、生活中的地位越来越重要。例如，许多储物仓库在湿度超过某一程度时，物品易发生变质或霉变现象；居室的湿度则希望适中，而纺织厂要求车间的湿度保持在 60%~70%RH；农业生产中的温室育苗、食用菌培养、水果保鲜等，都需要对湿度进行控制和检测。

4.4.1　大气的湿度与露点

1. 绝对湿度与相对湿度

地球表面的大气层是由体积分数为 78% 的氮气、21% 的氧气、一小部分二氧化碳、水汽以及其他一些气体混合而成的。由于地面上的水和植物会发生水分蒸发现象，因此大气中水汽的含量也会发生波动，使空气潮湿或干燥。大气的水汽含量通常用大气中水汽的密度来表示，即以每 $1m^3$ 大气所含水汽的克数来表示，称之为大气的绝对湿度。要想直接测量大气中的水汽含量是十分困难的，由于水汽密度与大气中的水汽分压强成正比，因此大气的绝对湿度又可以用大气中所含水汽的分压强来表示，常用单位是 mmHg 或 Pa。

在许多与大气湿度有关的现象中，如农作物的生长、有机物的发霉、人的干湿感觉等与大气的绝对湿度关系不大，而主要与大气中的水汽离饱和状态的远近程度（即相对湿度）有关。所谓水汽饱和状态，是指在某压力、温度下，大气中水汽含量的最大值。相对湿度是空气的绝对湿度与同温度下的饱和状态空气绝对湿度的比值，它能准确说明空气的干湿程度。在一定的大气压力下，两者之间的数量关系是确定的，可以查表得到有关数据。

例如，同样是 $17g/m^3$ 的绝对湿度，如果是在炎热的夏季中午，由于离当时的饱和状态尚远，人就感到干燥；如果是在初夏的傍晚，虽然水汽密度仍为 $17g/m^3$，但气温比中午下降很多，使大汽水汽密度接近饱和状态，人们就会感到汗水不易蒸发，因此觉得闷热。

在前面所举的例子中，若在 $20℃$、1 个大气压下，$1m^3$ 的大气中，只能存在 $17g$ 的水汽，则此时的相对湿度为 100%。若同样条件下的绝对湿度只有 $8.5g/m^3$，则相对湿度就只有 50%。在上述绝对湿度下，将气温降至 $10℃$ 以下时，相对湿度又可能接近 100%，这就是为什么在阴冷的地下室中，人们会感到十分潮湿的原因。

2. 露点

降低温度可以使原先未饱和的水汽变成饱和水汽而产生结露现象。露点就是使大气中原来所含有的未饱水汽变成饱和水汽而必须降低温度所达到的温度值。因此，只要测出露点，就可以通过查表得到当时大气的绝对湿度。这种方法可以用来标定本节介绍的湿敏电阻式传感器。露点与农作物的生长有很大关系。另外，结露也严重影响电子仪器的正常工作，必须予以注意。

4.4.2　测量湿度的传感器

水是一种极强的电解质，水分子极易吸附于固体表面并渗透到固体内部，从而引起固体的各种物理变化。如早期人们根据毛发吸水而变长的原理制成的毛发湿度计以及根据湿棉花球因水分蒸发而温度降低的原理制成的干湿球湿度计等。将湿度转变成电信号的传感器有红外线湿度计、微波湿度计、超声波湿度计、石英晶体振动式湿度计、湿敏电容式湿度计、湿敏电阻式湿度计等。湿敏电阻又有多种不同的结构形式，常用的有金属氧化物陶瓷湿敏电阻、金属氧化物膜湿敏电阻、高分子材料湿敏电阻等，下面分别予以介绍。

1. 金属氧化物陶瓷湿度传感器

金属氧化物陶瓷湿度传感器是当今湿度传感器的发展方向之一。近几年研究出许多电阻型湿敏多孔陶瓷材料，如 LaO_3-TiO_2、$SnO_2-Al_2O_3-TiO_2$、$La_2O_3-TiO_2-V_2O_5$、$TiO_2-Nb_2O_5$、$MnO_2-Mn_2O_3$、NiO 等。下面重点介绍 $MgCr_2O_4-TiO_2$ 陶瓷湿度传感器，其结构和外形如图 4-33 所示。

$MgCr_2O_4-TiO_2$（铬酸镁-氧化钛）以高温烧结的工艺制成多孔性陶瓷半导体薄片，它的气孔率高达 25% 以上，具有 $1\mu m$ 以下的细孔分布。与日常生活中常用的结构致密的陶瓷相比，其接触空气的表面积显著增大，所以水汽极易被吸附于其表层及其孔隙之中，使其电阻值下降。当相对湿度从 1% 变化到 95% 时，其电阻值变化高达 4 个数量级左右，所以在测量转换电路中必须考虑采用对数压缩技术。这种电阻的电阻值与相对湿度的关系曲线如图 4-34 所示。

多孔陶瓷置于空气中易被灰尘、油烟堵塞气孔，使感湿面积下降，而如果将多孔陶瓷加热到 $300℃$ 以上，就可以使污染物挥发或烧掉，使其恢复到初始状态。因此必须定期通电加热。陶瓷湿度传感器吸湿快（$3min$ 左右），而脱湿要慢许多，从而产生滞后现象，称为湿滞。当吸附的水分子不能全部脱出时，会造成严重的测量误差，可采用重新加热脱湿的办法来解决这一问题，即每次使用前应先加热 $1min$ 左右，待其冷却至室温后，再进行测量。陶瓷湿度传感器的湿度-电阻的标定比温度传感器的标定困难很多。它的误差较大，稳定性也差，使用时还应考虑温度补偿。陶瓷湿敏电阻应采用交流供电，这是因为若长期采用直流供电，会使湿敏材料极化，吸附的水分子电离，从而导致灵敏度降低，性能变差。

图 4-33　$MgCr_2O_4\text{-}TiO_2$ 陶瓷湿度传感器的结构和外形

1—引线　2—多孔性电极　3—多孔陶瓷（$MgCr_2O_4\text{-}TiO_2$）　4—底座

5—镍铬加热丝　6—外壳　7—引脚　8—气孔

2. 金属氧化物膜湿度传感器

Cr_2O_3、Fe_2O_3、Fe_3O_4、Al_2O_3、Mg_2O_3、ZnO 及 TiO 等金属氧化物的细粉吸湿后，导电性增加，电阻下降，吸附或释放水分子的速度比上述多孔陶瓷快许多倍。图 4-35 所示为金属氧化物膜湿度传感器的外形。

图 4-34　$MgCr_2O_4\text{-}TiO_2$ 陶瓷湿度传感器的
电阻值与相对湿度的关系曲线

图 4-35　金属氧化物膜湿度传感器的外形

在陶瓷基片上先制作铂梳状电极，然后采用丝网印刷等工艺，将调制好的金属氧化物糊状物印刷在陶瓷基片上，再采用烧结或烘干的方法使之固化成膜。这种膜在空气中能吸附或释放水分子，进而改变其自身的电阻值，通过测量两电极间的电阻值即可检测相对湿度。其响应时间小于 1min。

3. 高分子材料湿度传感器

高分子材料湿度传感器是目前发展迅速、应用较广的一类新型湿度传感器。它的吸湿材料用可吸湿电离的高分子材料制作，例如高氯酸锂-聚氯乙烯、有亲水性基的有机硅氧烷、四乙基硅烷的共聚膜等。高分子材料湿敏电阻具有响应时间快、线性好、成本低等特点。

习 题 4

一、单项选择题

1. 电子秤中所使用的应变片应选择（ ）应变片；为提高集成度，测量气体压力应选择（ ）；一次性、几百个应力试验测点应选择（ ）应变片。

   A. 金属丝式   B. 金属箔式   C. 电阻应变仪   D. 固态压阻式传感器

2. 应变测量中，希望灵敏度高、线性好、有温度自补偿功能，应选择（ ）测量转换电路。

   A. 单臂半桥   B. 双臂半桥   C. 四臂全桥   D. 独臂

3. 热敏电阻测量转换电路调试过程的步骤是（ ）。若发现毫伏表的满度值偏大，应将 RP_2 往（ ）调。

   A. 先调节 RP_1，然后调节 RP_2 B. 同时调节 RP_1、RP_2

   C. 先调节 RP_2，然后调节 RP_1 D. 上 E. 下 F. 左 G. 右

4. 图 4-24 中的热敏电阻应选择（ ）热敏电阻，图 4-25 中的 R_t 应选择（ ）热敏电阻。

   A. NTC 指数型   B. NTC 突变型   C. PTC 突变型

5. MQN 型气敏电阻可测量（ ）的浓度，TiO_2 气敏电阻可测量（ ）的浓度。

   A. CO_2 B. N_2

   C. 气体打火机生产车间的有害气体   D. 锅炉烟道中剩余的氧气

6. 湿敏电阻用交流电作为激励电源是为了（ ）。

   A. 提高灵敏度   B. 防止产生极化、电解作用

   C. 减小交流电桥平衡难度

7. 当天气变化时，有时会发现在地下设施（例如地下室）中工作的仪器内部印制电路板漏电增大、机箱上有小水珠出现、磁粉式记录磁带结露等，这影响了仪器的正常工作，该水珠的来源是（ ）。

   A. 从天花板上滴下来的

   B. 由于空气的绝对湿度达到饱和点而凝结成水滴

   C. 空气的绝对湿度基本不变，但气温下降，室内的空气相对湿度接近饱和，当接触到温度比大气更低的仪器外壳时，空气的相对湿度达到饱和状态，而凝结成水滴

8. 在使用测谎器时，被测试人由于说谎、紧张而手心出汗，可用（ ）传感器检测。

   A. 应变片   B. 热敏电阻   C. 气敏电阻   D. 湿敏电阻

二、计算题

1. 有一额定荷重为 $20 \times 10^3 N$ 的等截面空心圆柱式荷重传感器，其灵敏度 K_F 为 2mV/V，桥路电压 U_i 为 12V，求：

1）在额定荷重时的输出电压 U_{om}。

2）当测得输出电压 U_o 为 6mV 时，其承载为多少。

2. Pt100 热电阻的阻值 R_t 与温度 t 的关系在 $0 \sim 100$℃ 范围内可用式 $R_t \approx R_0(1+at)$ 近似表示，求：

1）查表 4-1，写出铂金属的温度系数 α。

2）计算当温度为 50℃ 时的电阻值。

3. 电子气泡水平仪结构如图 4-36 所示，密封的玻璃内充入导电液体，中间保留一个小气泡，玻璃管两端各引出一根不锈钢电极，在玻璃管中间对称位置的下方引出一个不锈钢公共电极。请分析该水平仪的工作原理并填空：

1）当被测平面完全水平时，气泡应处于玻璃管的_____位置，左、右两侧的不锈钢电极与公共电极之间的电阻 R_1、R_2 的阻值_____。如果希望此时电桥的输出电压 $U_o = 0$，则 R_1、R_2、R_3、R_4 应满足_____的条件。在实际使用中，如果发现仍有微小的输出电压，则应调节_____，使 U_o 趋向于零。

2）当被测平面向左倾斜（左低右高）时，气泡漂向_____边，R_1 变_____、R_2 变_____，电桥失去平衡，U_o 增大。

3）U_i 应采用_____电源（直流/交流），为什么？

图 4-36　电子气泡水平仪结构

1—被测平面　2—导电水柱　3—气泡　4—密封玻璃管　5—不锈钢电极　6—公共电极　7—外壳

4. 图 4-37 所示为汽车进气管道中使用的热丝式气体流量（流速）仪结构，在通有干净且干燥气体、截面面积为 A 的管道中部，安装有一根加热到 200℃ 左右的细铂丝 R_1，另一根相同长度的细铂丝安装在与管道相通、但不受气体流速影响的小室中，请分析填空：

1）设在 200℃，$R_1 = R_2 = 20\Omega$，$E_i = 12V$，则流过 R_1 的电流为_____ A，使 R_1 处于微热状态。

2）当气体流速 $v = 0$ 时，R_1 的温度和 R_2 的温度_____，电桥处于_____状态。当气体介质自身的温度发生波动

图 4-37　热丝式气体流量仪结构

1—进气管　2—铂丝　3—支架
4—与管道相通的小室（连通管道未画出）

时，R_1 与 R_2 同时感受到此波动，电桥仍处于＿＿＿＿＿状态，所以设置 R_2 是为了起＿＿＿＿＿的作用。

3）当气体介质流动时，将带走 R_1 的热量，使 R_1 的温度变＿＿＿＿＿，电桥＿＿＿＿＿，毫伏表的示值与气体流速的大小呈一定的函数关系。图中的 RP_1 称为＿＿＿＿＿电位器，RP_2 称为＿＿＿＿＿电位器。欲使毫伏表的读数增大，应将 RP_2 向＿＿＿＿＿（左/右）调。

4）设管道的截面面积 $A = 0.01\text{m}^2$，气体流速 $v = 2\text{m/s}$，则通过该管道的气体的体积流量 $q_V =$ ＿＿＿＿＿ m^3/s。

5）如果被测气体含有水汽，则测量得到的流量值将偏＿＿＿＿＿＿＿（大/小），这是因为＿＿＿＿＿＿＿＿＿＿；如果 R_1、R_2 改用铜丝，会产生＿＿＿＿＿＿＿问题。

扩展阅读

智 慧 转 型

"智"造转型势在必行。在智能制造引领全球制造业转型升级的背景下，向"智造"转型，向"高端"升级，中国企业深谙顺其"自然"。

山推集团将自己生产的各类工程机械的关键零部件，打入了美日等发达国家市场。并且山推集团借助研制成功 900t 大马力推土机，正在向产品的全产业链进军。

转型为能量转换的系统服务商和总包商，让陕鼓集团在金融危机冲击制造业的年代反而利润上升。西门子、GE、爱默生等知名跨国公司加盟其中，共同为客户提供高质量的解决方案，这种合作已经有超过 10 年历史，在这 10 年中，陕鼓集团通过协作网的采购额超过了 100 亿元人民币。

沈阳机床集团将高附加值的"机床大脑"——"飞扬"智能操作系统作为主攻方向取得成功，独创机床 4S 店销售网络并全面布局，试图颠覆中国机床业的游戏规则，更可能改写世界机床的生产销售和服务方式。

电感式传感器

知识目标：

1. 了解电感式传感器的结构和工作原理。
2. 了解差动变压器式传感器的结构和性能。
3. 掌握电感式传感器的典型应用。

能力目标：

1. 能对电感式传感器进行简单的性能分析。
2. 能选用合适的电感式传感器进行位移测量。
3. 能使用电感式传感器进行压力测量。

电感式传感器（Inductance-type Transducer）是利用线圈自感或互感量系数的变化来实现非电量测量的一种装置。利用电感式传感器，能对位移以及与位移有关的工件尺寸、压力、振动等参数进行测量。它具有分辨力及测量准确度高（可分辨 $1\mu m$ 的位移量）等一系列优点，因此在工业自动化测量技术中得到广泛应用。它的主要缺点是响应较慢，不适用于快速动态测量，而且传感器的分辨力与测量范围有关，测量范围越大，分辨力越低，反之则越高。

电感式传感器种类很多，可分为自感式和互感量式两大类。人们习惯上讲的电感式传感器，通常是指自感式传感器。而互感式传感器是利用变压器原理，做成差动式，故常称之为差动变压器式传感器。

5.1 自感式传感器

这里先做以下实验：将一只 380V 交流接触器的线圈与交流毫安表串联后，接到机床用控制变压器的 36V 交流电源上，如图 5-1 所示，这时毫安表的示值为几十毫安。用手慢慢将接触器的衔铁（活动铁心）往下按，会发现毫安表的读数逐渐减小。当衔铁与固定铁心之间的气隙等于零时，毫安表的读数只有十几毫安。

图 5-1 线圈铁心的气隙与电感量及电流的关系实验

1—固定铁心 2—气隙 3—线圈 4—衔铁 5—弹簧 6—磁力线 7—绝缘外壳

由电工学知识可知，忽略线圈的直流电阻时，流过线圈的交流电流为

$$I = \frac{U}{Z} \approx \frac{U}{X_L} = \frac{U}{2\pi f L} \tag{5-1}$$

当铁心的气隙较大时，磁路的磁阻 R_m 也较大，线圈的电感量 L 和感抗 X_L 较小，所以电流 I 较大。当铁心闭合时，磁阻变小，电感变大，电流减小。可以利用本例中自感量随气隙而改变的原理来制作测量位移的自感式传感器。

常见的自感式传感器形式有变隙式、变截面式和螺线管式三种，如图 5-2 所示。

a) 变隙式　　　　　b) 变截面式　　　　　c) 螺线管式

图 5-2 自感式传感器结构

1—线圈 2—铁心 3—衔铁 4—测杆 5—导轨 6—工件 7—转轴

较实用的自感式传感器结构如图 5-2a 所示，它主要由线圈、铁心、衔铁及测杆等组成。工作时，衔铁通过测杆（或转轴）与被测物体相接触，被测物体的位移将引起线圈电感量的变化，当传感器线圈接入测量转换电路后，电感的变化将被转换成电流、电压或频率的变化，从而完成非电量到电量的转换。

1. 变隙电感式传感器

变隙电感式传感器的结构如图 5-2a 所示。由磁路的基本知识可知，电感量可按下式估

算为

$$L \approx \frac{N^2 \mu_0 A}{2\delta} \qquad (5\text{-}2)$$

式中，N 为线圈匝数；A 为气隙的有效截面面积；μ_0 为真空磁导率；δ 为气隙厚度。

由式（5-2）可见，在线圈匝数 N 确定后，若保持气隙截面面积 A 为常数，则 $L = f(\delta)$，即电感 L 是气隙厚度 δ 的函数，故称这种传感器为变隙电感式传感器。

对于变隙电感式传感器，电感 L 与气隙厚度 δ 成反比，其输出特性曲线如图 5-3a 所示，输入与输出是非线性关系。厚度 δ 越小，灵敏度越高。实际输出特性如图 5-3a 中的实线所示。为了保证一定的线性度，变隙传感器只能工作在一段很小的区域，因而只能用于微小位移的测量。

图 5-3　电感式传感器输出特性曲线

1—实际输出特性　2—理想输出特性

2. 变截面电感式传感器

由式（5-2）可知，在线圈匝数 N 确定后，若保持气隙厚度 δ 为常数，则 $L = f(A)$，即电感 L 是气隙有效截面面积 A 的函数。故称这种传感器为变截面电感式传感器，其结构如图 5-2b 所示。

对于变截面电感式传感器，理论上电感量 L 与气隙截面面积 A 成正比，输入和输出呈线性关系，如图 5-3b 中虚线所示，灵敏度为一常数。但是，由于漏感等原因，变截面电感式传感器在 $A = 0$ 时仍有较大的电感，所以其线性区较小，而且灵敏度较低。

3. 螺线管电感式传感器

单线圈螺线管电感式传感器的结构如图 5-2c 所示，其主要元件是一只螺线管和一根柱形衔铁。传感器工作时，衔铁在线圈中伸入长度的变化将引起螺线管电感量的变化。

对于长螺线管，其长度远远大于螺线管半径（$l \gg r$）。当衔铁工作在螺线管的中部时，可以认为线圈内磁场强度是均匀的。此时线圈的电感量 L 与衔铁插入深度 l_1 大致成正比。

这种传感器结构简单、制作容易，但灵敏度稍低，且衔铁在螺线管中间部分工作时，才有希望获得较好的线性关系。螺线管电感式传感器适用于测量稍大一点的位移。

4. 差动电感式传感器

上述三种电感式传感器在使用时，由于线圈中通有交流励磁电流，所以衔铁始终承受电磁吸力，会引起振动及附加误差，而且非线性误差较大；另外，外界的干扰如电源电压、频率的变化，温度的变化等都会使输出产生误差。所以，在实际工作中常采用差动电感式传感器，这种传感器既可以提高传感器的灵敏度，又可以减小测量误差。

（1）结构特点　差动电感式传感器的结构如图5-4所示，图5-4a为变隙式差动传感器，图5-4b为螺线管式差动传感器。两个完全相同的线圈共用一根活动衔铁，就构成了差动电感式传感器。

图 5-4　差动电感式传感器

1—上差动线圈　2—铁心　3—衔铁　4—下差动线圈　5—测杆　6—工件　7—基座

差动电感式传感器的结构要求两个导磁体的几何尺寸完全相同，材料性能完全相同；两个线圈的电气参数（如电感、匝数、直流电阻、分布电容等）和几何尺寸也完全相同。

（2）工作原理和特性　在变隙差动电感式传感器中，当衔铁随被测量移动而偏离中间位置时，两个线圈的电感量一个增大，一个减小，形成差动形式。

图5-5示出了差动电感式传感器的特性曲线。从图5-5中的曲线3可以看出，差动电感式传感器的线性较好，且输出曲线较陡，灵敏度约为非差动电感式传感器的2倍。

采用差动式结构除了可以改善线性、提高灵敏度外，对外界影响，如温度的变化、电源频率的变化等也基本上可以互相抵消，衔铁承受的电磁吸力也较小，从而减小了测量误差。

5. 测量转换电路

电感式传感器的测量转换电路一般采用电桥电路。转换电路的作用是将电感量的变化转换成电压或电流信号，以便送入放大器进行放大，然后用仪表指示出来或记录下来。

（1）变压器电桥电路　变压器电桥电路如图5-6所示，相邻两工作臂的 Z_1、Z_2 分别是差动电感式传感器的两个线圈的阻抗，另两臂为激励变压器的二次绕组。输入电压约为10V，频率为数千赫兹。输出电压取自 A、B 两点，u 表示交流电压的瞬时值。

当衔铁处于中间位置时，由于线圈完全对称，所以 $L_1 = L_2 = L_0$、$Z_1 = Z_2 = Z_0$，此时桥路平衡，输出电压 $u_o = 0$。

当衔铁下移时，下线圈感抗增大，而上线圈感抗减小，输出电压绝对值增大，其相位与激励源同相。

图5-5　单线圈变隙电感式传感器与
差动变隙电感式传感器特性比较

1—上线圈特性　2—下线圈特性　3—L_1、L_2差接后的特性

图5-6　变压器电桥电路

与此相反，衔铁上移时，输出电压的相位与激励源反相。如果在转换电路的输出端接上普通指示仪表，实际上无法判别输出的相位和位移的方向。

（2）相敏检波电路　"检波"与"整流"的含义相似，都是指能将交流输入转换成直流输出的电路，但"检波"多用于描述信号电压的转换。

如果输出电压在送到指示仪前经过一个能判别相位的检波电路，则不但可以反映位移的大小（u_o的幅值），还可以反映位移的方向（u_o的相位）。这种检波电路称为相敏检波电路，其输出特性如图5-7所示。相敏检波电路（图5-7b）输出电压的平均值为直流，其极性由输入电压的相位决定。当衔铁向下位移时，检流计的仪表指针正向偏转；当衔铁向上位移时，仪表指针反向偏转。采用相敏检波电路得到的输出信号，既能反映位移大小，也能反映位移方向。

a）普通检波　　　　b）相敏检波

图5-7　不同检波方式的输出特性曲线

1—理想特性曲线　2—实际特性曲线　E_0—零点残余电压　Δx_0—位移不灵敏区

资源 19

5.2 差动变压器式传感器

电源中用到的单相变压器有一个一次绕组和若干个二次绕组。当一次绕组加上交流电压 U_i 后，将在二次绕组中产生感应电压 U_o。在全波整流电路中，两个二次绕组串联，总电压等于两个二次绕组的电压之和。但是，如果将其中一个二次绕组的同名端对调后再串联时，就会发现总电压非但没有增大，反而相互抵消，这种接法就是差动接法。如果将变压器的结构加以改造，将铁心做成可以活动的，就可以制成用于检测非电量的另一种传感器——差动变压器式传感器。

差动变压器式传感器（Differential Trasformer Transduer）是把被测位移量转换为一次绕组与二次绕组间的互感量 M 的变化的装置。当一次绕组接入激励电源之后，二次绕组就将产生感应电动势，当两者间的互感量变化时，感应电动势也相应变化。由于两个二次绕组采用差动接法，故称为差动变压器。目前应用最广泛的结构形式是螺线管式差动变压器。

5.2.1 工作原理

差动变压器结构如图 5-8 所示，在线框上绕有一组输入线圈（称一次绕组）；在同一线框的上端和下端再绕制两组完全对称的线圈（称二次绕组），它们反向串联，组成差动输出形式。差动变压器原理如图 5-9 所示，图中标有黑点的一端称为同名端，俗称线圈的"头"。

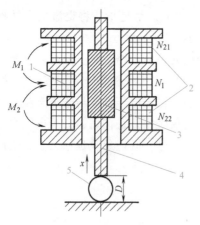

图 5-8 差动变压器结构

1—一次绕组 2—二次绕组 3—衔铁
4—测杆 5—被测物

图 5-9 差动变压器原理

当一次绕组加入交流激励电源后，由于存在互感量 M_1、M_2，二次绕组 N_{21}、N_{22} 产生感应电动势 u_{21}、u_{22}，其数值与互感量成正比。由于 N_{21}、N_{22} 反向串联，所以二次绕组空载时的输出电压瞬时值 u_o 等于 u_{21}、u_{22} 之差。

差动变压器的输出特性如图 5-10 所示。图中，U_o 表示输出电压有效值，x 表示衔铁位移量。当差动变压器的结构及电源电压 u_i 一定时，互感量 M_1、M_2 的大小与衔铁位置有关。

当衔铁处于中间位置时，$M_1 = M_2 = M_0$，所以 $u_o = 0$。

当衔铁偏离中间位置向左移动时，N_1 与 N_{21} 之间的互感量 M_1 减小；所以 u_{21} 减小；与

图 5-10　差动变压器的输出特性

1—理想输出特性　2—普通检波实际输出特性　3—相敏检波实际输出特性

此同时，N_1 与 N_{22} 之间的互感量 M_2 增大，u_{22} 增大，u_o 不再为零，输出电压与激励源反相。

当衔铁偏离中间位置向右移动时，输出电压与激励源同相。与差动电感的原理相似，差动变压器必须用相敏检波电路才能判断衔铁位移的方向。相敏检波电路的输出电压有效值见图 5-10 的曲线 3。

差动变压器式传感器除以上结构形式外，还有其他结构形式，如贝克曼（Beckman）公司生产的差压变送器就采用图 5-11 所示结构。该传感器的上、下互感线圈采用蜂房扁平结构，当被测压差为零时，圆片状铁氧体与两线圈的距离相等，u_o 为零。当它在被测差压作用下而上下移动时，改变了一、二次绕组之间的互感量，输出电压 u_o 反映了铁氧体的位移大小与方向。

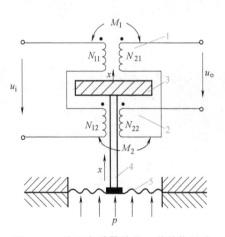

图 5-11　差压变送器的另一种结构形式

1、2—上、下互感线圈　3—圆片状铁氧
4—测杆　5—波纹膜片

5.2.2　主要性能

1. 灵敏度

差动变压器的灵敏度用单位位移输出的电压或电流来表示。差动变压器的灵敏度一般可达 0.5~5V/mm，行程越小，灵敏度越高。有时也用单位位移及单位激励电压下输出的毫伏值来表示，即 mV/mm。

影响灵敏度的因素有激励源电压和频率，差动变压器一、二次绕组的匝数比，衔铁直径与长度，材料质量，环境温度，负载电阻等。

为了获得较高的灵敏度，在不使一次绕组过热的情况下，适当提高励磁电压，但以不超过 10V 为宜。电源频率以 1～10kHz 为宜。此外，提高灵敏度还可以采用以下措施：提高绕组品质因数；活动衔铁的直径在尺寸允许的条件下尽可能大些，这样有效磁通较大；选用导磁性能好、涡流损耗小的导磁材料等。

2. 线性范围

理想的差动变压器输出电压应与衔铁位移呈线性关系。实际上，衔铁的直径、长度、材质和线圈骨架的形状、大小的不同等，均对线性有直接的影响。差动变压器线性范围约为线圈骨架长度的 1/10。由于差动变压器中间部分磁场是均匀且较强的，所以只有中间部分线性较好。采用特殊的绕制方法（两头圈数多、中间圈数少），线性范围可以达 100mm 以上，5.2.1 节中的差动变压器的线性范围与此相似。

5.2.3 测量电路

差动变压器的输出电压是交流分量，它与衔铁位移成正比，其输出电压如用交流电压表来测量时，无法判别衔铁移动的方向，因此除了采用差动相敏检波电路外，还常采用图 5-12 所示电路来解决。

图 5-12 差动整流电路

差动变压器的二次电压 u_{21}、u_{22} 分别经 $VD_1 \sim VD_4$、$VD_5 \sim VD_8$ 两个普通桥式电路整流变成直流电压 U_{a0}、U_{b0}，由于 U_{a0}、U_{b0} 是反向串联的，故 $U_{c3} = U_{ab} = U_{a0} - U_{b0}$。该电路以两个桥路整流后的直流电压之差作为输出，所以称为差动整流电路。图中，RP 用来微调电路平衡；C_3、C_4、R_3、R_4 组成低通滤波电路，其时间常数 τ 必须大于 U_i 周期的 10 倍；A 及 R_{21}、R_{22}、R_f、R_{23} 组成差动减法放大器，用于克服 a、b 两点的对地共模电压。

随着微电子技术的发展，目前已能将上述相敏整流及信号放大电路、温度补偿电路等做成厚膜电路，装入差动变压器的外壳（靠近电缆引出部位）内，它的输出信号可设计成符合国家标准的 1～5V 或 4～20mA，这种形式的差动变压器称为 LVDT 位移传感器。

5.3 电感式传感器的应用

自感式传感器和差动变压器式传感器主要用于位移测量，凡是能转换成位移变化的参数，如力、压力、压差、加速度、振动及工件尺寸等，均可测量。

1. 位移测量

轴向电感式测微器结构如图 5-13 所示。测量时，红宝石（或钨钢）测端接触被测物，被测物尺寸的微小变化使衔铁在差动线圈中产生位移，造成差动线圈电感量的变化，此电感变化通过电缆接到交流电桥，电桥的输出电压反映了被测体尺寸的变化。测微仪器的各档量程为 $\pm3\mu m$、$\pm10\mu m$、$\pm30\mu m$、$\pm100\mu m$、$\pm300\mu m$，相应的指示表的分度值为 $0.1\mu m$、$0.5\mu m$、$1\mu m$、$5\mu m$、$10\mu m$，分辨力最高可达 $0.1\mu m$，准确度为 0.1% 左右，比较适合测量相对位移。

2. 电感式滚柱直径分选装置

用人工测量和分选轴承用滚柱的直径是一项十分费时且容易出错的工作。电感式滚柱直径分选机的工作原理如图 5-14 所示。

由机械排序装置（振动料斗）送来的被测滚柱按顺序进入落料管 5。电感测微器的测杆在电磁铁的控制下，先提升到一定的高度，推杆 3 将被测滚柱推入电感测微器测头正下方（限位挡板 8 决定滚柱的前后位置），电磁铁释放，钨钢测头 7 向下压住滚柱，滚柱的直径决定了衔铁的位移量。电感传感器的输出信号经相敏检波后送到计算机，计算出直径的偏差值。

完成测量后，测杆上升，限位挡板 8 在电磁铁的控制下移开，测量好的滚柱在推杆 3 的再次推动下离开测量区域。这时相应的电磁翻板 9 打开，滚柱落入与其直径偏差相对应的料斗 11 中。同时，推杆 3 和限位挡板 8 复位。从图 5-14 中的虚线可以看到，批量生产的滚柱直径偏差概率符合随机误差的正态分布。上述测量和分选步骤均是在计算机控制下进行的。若在轴向再增加一只电感传感器，还可以在测量直径的同时，将滚柱的长度一并测出，这一功能的实现方法请读者自行思考。

3. 电感式圆度计

图 5-15a 所示为轴类工件圆度测量示意图，电感测头围绕工件缓慢旋转，也可以测头固定不动，工件绕轴心旋转，耐磨测端（多为钨钢或红宝石制成）与工件接触，通过杠杆将工件由于不圆引起的位移传递给电感测头中的衔铁，从而使差动电感有相应的输出。信号经

图 5-13 轴向电感式测微器结构
1—引线电缆 2—固定磁筒 3—衔铁
4—线圈 5—测力弹簧 6—防转销
7—直线轴承 8—测杆 9—密封套
10—测端 11—被测工件 12—基准面

过计算机处理后生成按一定比例放大的工件圆度的图形（见图5-15b），以便用户分析测量结果。

图 5-14 滚柱直径分选机的工作原理

1—气缸 2—活塞 3—推杆 4—被测滚柱 5—落料管 6—电感测微器 7—钨钢测头
8—限位挡板 9—电磁翻板 10—滚柱的误差分布 11—料斗 12—气源三联件

图 5-15 轴类工件圆度测量

1—被测物 2—耐磨测端 3—电感测端

4. 压力测量

图5-16所示为差动变压器式压力变送器的外形、结构及电路图。它适用于测量各种生产流程中液体、水蒸气及气体压力。在图5-16中能将压力转换为位移的弹性敏感元件称为膜盒。

膜盒由两片波纹膜片焊接而成。所谓波纹膜片，是一种压有同心波纹的圆形薄膜。当膜片四周固定且两侧面存在压差时，膜片将弯向压力低的一侧，因此能够将压力变换为位移。波纹膜片比平膜片柔软得多，因此多用于测量较小压力的弹性敏感元件。

图 5-16　压力变送器的外形、结构及电路

1—压力输入接头　2—膜盒　3—电缆　4—印制电路板　5—差动线圈　6—衔铁
7—电源变压器（可用开关电源代替）　8—罩壳　9—指示灯　10—密封隔板　11—安装底座

为了进一步提高灵敏度，常把两个膜片周边焊在一起，制成膜盒。它中心的位移量为单个膜片的两倍。由于膜盒本身是一个封闭的整体，所以密封性好，周边不需固定，给安装带来方便，它的应用比波纹膜片广泛得多。

当被测压力未导入传感器时，膜盒 2 无位移。这时，活动衔铁在差动线圈的中间位置，因而输出电压为零。当被测压力从输入接头 1 导入膜盒 2 时，膜盒在被测介质的压力作用下，其自由端产生正比于被测压力的位移，测杆使衔铁向上位移，在差动变压器的二次绕组中产生的感应电动势发生变化而有电压输出，此电压经过安装在印制电路板 4 上的电子电路处理后，送给二次仪表加以显示。将压力转换成位移的弹性敏感元件除了膜盒之外，还有波纹管、弹簧管、等截面薄板、薄壁圆筒、薄壁半球等，但它们的灵敏度较之膜盒偏低，适用于较大压力的测量。

压力变送器的电气原理电路如图 5-16c 所示，220V 交流电通过降压、整流、滤波及稳压后，由多谐振荡器及功率驱动电路转变为 6V、2kHz 的稳频、稳幅交流电压，作为差动变压器的激励源。差动变压器二次侧的输出电压通过半波差动整流电路、滤波电路后，作为变送器的输出信号，可接入二次仪表加以显示。电路中的 RP_1 是调零电位器，RP_2 是调量程电位器。差动整流电路的输出也可以进一步做电压/电流变换，输出与压力成正比的电流信号，称为电流输出型变送器，它在各种变送器中占很大的比例。

图 5-16 所示压力变送器已经将传感器与信号处理电路组合在一个壳体中，这在工作中被称为一次仪表。一次仪表的输出信号可以是电压，也可以是电流。由于电流信号不易受干

扰，且便于远距离传输（可以不考虑电路压降），所以一次仪表中多采用电流输出型。

新的标准规定，电流输出为 4~20mA，电压输出为 1~5V（旧标准为 0~10mA 或 0~2V）。4mA 对应于零输入，20mA 对应于满度输入。不让信号占有 0~4mA 这范围的原因，一方面是有利于判断电路故障（开路）或仪表故障；另一方面，这类一次仪表内部均采用微电流集成电路，总的耗电还不到 4mA，因此还能利用 0~4mA 这部分"本底"电流为一次仪表的内部电路提供工作电流，使一次仪表成为两线制仪表。

所谓两线制仪表，是指仪表与外界的联系只需两根导线。多数情况下，其中一根为 24V 电源线，另一根既作为电源负极引线，又作为信号传输线。在信号传输线的末端通过一只标准负载电阻（也称取样电阻）接地（也就是电源负极），将电流信号转换成电压信号，接线方法如图 5-17 所示。两线制仪表的另一个好处是：可以在仪表内部，通过隔直通交电容，在电流信号传输线上叠加数字脉冲信号，作为一次仪表的串行控制信号和数字输出信号，以便远程读取，成为网络化仪表。

图 5-17　两线制仪表的接线方法

图 5-17 中，若取样电阻 $R=500\Omega$，则对应于 4~20mA 的输出电压 U_o 为 2~10V。由于上述一次仪表输出的信号既易于处理，又符合国家标准，所以这类标准化的传感器或仪表又称为变送器。变送器的输出信号可直接与电动过程控制仪表连接。

例 5-1　某两线制电流输出型温度变送器的产品说明书注明其量程范围为 0~200℃，对应输出电流为 4~20mA。求当测得输出电流 $I=12mA$ 时的被测温度 t。

解　因为该仪表说明书未说明该仪表的线性度，所以可以认为输出电流与压力之间为线性关系，即 I 与 t 的数学关系为一次方程，所以有

$$I = a_0 + a_1 t \tag{5-3}$$

式中，a_0、a_1 为待求常数。

当 $t=0℃$ 时，$I=4mA$，所以 $a_0=4mA$。

当 $t=200℃$ 时，$I=20mA$，代入式（5-3）可得 $a_1=0.08mA/℃$。

所以，该温度变送器的输入/输出方程为

$$I = 4mA + 0.08t$$

将 $I=12mA$ 代入上式得

$$t = (I-4)/t = (12-4)/0.08℃ = 100℃$$

由计算可知，虽然满量程（200℃）时该变送器的输出电流为 20mA，但不能简单地认为 10mA 时的温度就是满量程的一半。图 5-18 所示为该 4~20mA 二次仪表的输入-输出特性曲线，据此也可用作图法来得到温度与电流的对应关系。

图 5-18　两线制电流输出型温度变送器输入-输出特性曲线

习 题 5

一、单项选择题

1. 欲测量极微小的位移，应选择（　　）自感式传感器。希望线性好、灵敏度高、量程为 1mm 左右、分辨力为 1μm 左右，应选择（　　）自感式传感器为宜。

A. 变隙　　　　　　　B. 变面积　　　　　　　C. 螺线管

2. 希望线性范围为 ±1mm，应选择线圈骨架长度为（　　）左右的螺线管自感式传感器或差动变压器。

A. 2mm　　　　　B. 20mm　　　　　C. 400mm　　　　　D. 1mm

3. 螺线管自感式传感器采用差动结构是为了（　　）。

A. 加长线圈的长度从而增加线性范围　　　B. 提高灵敏度，减小温漂

C. 降低成本　　　　　　　　　　　　　　D. 增加线圈对衔铁的吸引力

4. 自感式传感器或差动变压器采用相敏检波电路最重要的目的是（　　）。

A. 提高灵敏度　　　　　　　　　　　B. 将输出的交流信号转换成直流信号

C. 使检波后的直流电压能反映检波前交流信号的相位和幅度

5. 某车间用图 5-14 所示的装置来测量直径范围为 10mm±1mm 的轴的直径误差，应选择线性范围为（　　）的电感式传感器为宜（当轴的直径为 10mm ±0.0mm 时，预先调整电感式传感器的安装高度，使衔铁正好处于电感式传感器中间位置）。

A. 10mm　　　　　B. 3mm　　　　　C. 1mm　　　　　D. 12mm

6. 希望远距离传送信号时，应选用具有（　　）输出的标准变送器。

A. 0~2V　　　　　B. 1~5V　　　　　C. 0~10mA　　　　　D. 4~20mA

二、计算题

1. 差动变压器式压力变送器的特性曲线如图 5-19 所示，求：

1）当输出电压为 50mV 时，压力 p 为多少？

2）在图 5-19a、b 上分别标出线性区，综合判断整个压力传感器的压力测量范围是多少？（线性误差小于 2.5%）

2. 有一台两线制压力变送器，量程范围为 0~1MPa，对应的输出电流为 4~20mA，求：

a) 压力与膜盒挠度的关系　　　　　b) 衔铁位移与输出电压的关系

图 5-19　差动变压器式压力变送器特性曲线

1）压力 p 与输出电流 I 的关系表达式（输入-输出方程）。

2）画出压力与输出电流间的输入-输出特性曲线。

3）当 p 为 0MPa、1MPa 和 0.5MPa 时变送器的输出电流。

4）如果希望在信号传输终端将电流信号转换为 1~5V 电压，求负载电阻 R_L 的阻值。

5）画出该两线制压力变送器的接线电路图（电源电压为 24V）。

6）如果测得变送器的输出电流为 5mA，求此时的压力 p。

7）若测得变送器的输出电流为 0mA，试说明可能是哪几个原因造成的。

8）请将图 5-20 中的各元器件及仪表正确地连接起来。

图 5-20　二线制仪表的正确连接

3. 图 5-21 所示为差动变压器式振动幅度传感器结构，请分析其测量振幅的原理。

当振动体因振动而向左位移时，由于衔铁＿＿＿＿＿＿＿性较大，因此留在原来位置，基本不动，所以相对于差动变压器线圈而言，相当于向＿＿＿＿＿＿＿位移。N_1 与 N_{21} 之间的互感量 M_1＿＿＿＿＿＿＿＿＿，所以 u_{21}＿＿＿＿＿＿＿＿＿。而 N_1 与 N_{22} 之间的互感量 M_2＿＿＿＿＿＿，所以 u_{22}＿＿＿＿＿＿＿＿。$u_o = u_{21} - u_{22}$，其绝对值与振动的＿＿＿＿＿＿＿＿（幅值 x/速度 v/加速度 a）成正比，而相位与 u_i＿＿＿＿＿＿＿（同相/反相）。反之，当振动体向右位移时，衔铁向＿＿＿＿＿＿＿位移，u_o 与 u_i＿＿＿＿＿＿＿相。

图 5-21　差动变压器式振幅传感器结构

1—振动体　2—弹簧片式悬臂梁　3—连杆　4—衔铁　5—差动变压器线圈

扩展阅读

创 新 驱 动

创新驱动是关键。在创新驱动的战略下，我们实现由中国制造向中国创造的转变，向装备强国的阵营进发。2011 年 12 月，济南二机床集团有限公司（以下简称济二机床）获得了福特汽车美国两个工厂全部 5 条大型快速智能冲压生产线订货合同。这次济二机床第一次实施了"交钥匙"工程，实现了从分包商到总包商的转变。

沿着引进、消化、吸收再创新的道路，上海电气集团不断跨越，世界上最大的 120 万kW 超临界汽轮机正在这里研发，其研制的大型船用曲轴，使中国实现了半组合曲轴制造的零的突破。双良集团参与制定溴化锂制冷机、智能化锅炉、立体停车设备等产品的国家及行业标准，形成企业的核心竞争力，并引领世界产业潮流，运筹帷幄，力图革命性地解决全球能源问题。

创新是引领发展的第一动力，是建设现代化经济体系、推动经济高质量发展的战略支撑。中国科技进步对 GDP 的贡献率从 2012 年的 52.2% 升至 2017 年的 57.5%，国家创新能力全球排名从第 20 位升至第 17 位。蓝鲸一号、天眼、大飞机、国产航母，让国人自豪、让世界赞叹。而这些举世瞩目的成就背后，无一不体现着中国集中力量办大事的独有优势。机制、人才、金融，如同细密的神经网络和血管，不断滋养着中国的钢筋铁骨，这是制造重器的另一种重器——中国独有的制度沃土，正汇聚起最持久、最深层的创新力量。全球最大的水陆两栖飞机 AG600 翱翔天空；年产 18 季蔬菜的现代农业装备；与 Alpha Go 抗衡的具有纯粹中国血统的人工智能"绝艺"；世界上一流的电机设备；最具竞争力的芯片靶材制造企业；携带小型生物进入临近空间的飞行器。一个个大国重器精彩亮相，中国成为全球创新速度最快的国家之一，并且正前所未有地接近世界舞台中央。

电涡流式传感器

知识目标：

1. 了解电涡流式传感器的结构和工作原理。
2. 了解电涡流式传感器的测量方法。
3. 掌握各类电涡流式传感器的典型应用。

能力目标：

1. 能正确识别电涡流式传感器。
2. 能根据任务要求正确安装电涡流式传感器。
3. 能正确使用电涡流式传感器进行测量。

当导体处于交变磁场中时，铁心会因电磁感应在内部自行产生闭合的电涡流，进而发热。变压器和交流电动机的铁心都是用硅钢片叠制而成的，就是为了减小电涡流，避免发热。但人们也能利用电涡流做有益的工作，例如电磁灶、中频炉、高频淬火等，都是利用电涡流原理而工作的。

在检测领域，电涡流的用途也很多，可以用来探测金属（安全检测、探雷等）、非接触测量微小位移和振动，以及测量工件尺寸、转速、表面温度等诸多与电涡流有关的参数，还可以作为接近开关和进行无损检测。电涡流式传感器的最大特点是非接触测量。

6.1 电涡流式传感器的工作原理

6.1.1 电涡流效应

电涡流式传感器（Eddy Current Transducer）的基本工作原理是电涡流效应。根据法拉第电磁感应定律，金属导体置于变化的磁场中时，导体表面会有感应电流产生。电流的流线在金属体内自行闭合，这种由电磁感应原理产生的旋涡状感应电流称为电涡流，这种现象称为电涡流效应。电涡流式传感器就是利用电涡流效应来检测导电物体的各种物理参数的。

图 6-1 所示为电涡流式传感器的工作原理，当高频（100kHz 左右）信号源产生的高频电压施加到一个靠近金属导体附近的电感线圈 L_1 时，将产生高频磁场，当被测导体置于该交变磁场范围之内时，被测导体就会产生电涡流 i_2。i_2 在金属导体的纵深方向并不是均匀分布的，而只集中在金属导体的表面，这称为趋肤效应。

趋肤效应与激励源频率 f、磁导率 μ、工件的电导率 σ 以及表面因素 r（表面粗糙度、沟痕、裂纹等）有关。频率 f 越高，电涡流渗透的深度就越浅，趋肤效应就越严重。

图 6-1　电涡流式传感器的工作原理
1—电涡流线圈　2—被测金属导体
3—电涡流

由于存在趋肤效应，电涡流只能检测导体表面的各种物理参数。改变 f，可控制检测深度。激励源频率一般设定在 100kHz~1MHz。有时为了使电涡流能深入金属导体深处，或欲对距离较远的金属体进行检测，可采用十几千赫甚至几百赫的激励源频率。

6.1.2　电涡流线圈的等效阻抗分析

图 6-1 中的 f、μ、σ 均会影响电涡流 i_2 在金属导体中的深度。当渗透深度很浅时，电涡流流经的导体就很薄，横截面面积很小，等效电阻很大，i_2 也就很小。因此，线圈的阻抗变化与金属导体的 μ、σ 有关，也与电涡流线圈的激励源频率 f、激励电流 i_1 有关。除此之外，还与金属导体的形状、表面因素 r（表面粗糙度、沟痕、裂纹等）有关，更重要的是与线圈到金属导体的间距（距离）x 有关。

图 6-1 中的线圈也称为电涡流线圈，它可以等效为一个电阻 R 和一个电感 L 串联的回路。电涡流线圈受电涡流影响时的等效阻抗 Z 的函数表达式为

$$Z = R + \mathrm{j}\omega L(i_1、f、\mu、\sigma、r、x) \tag{6-1}$$

如果控制式（6-1）中的 i_1、f、μ、σ、r 不变，电涡流线圈的阻抗 Z 就成为间距 x 的单值函数，这样就可成为非接触测量位移的传感器。

如果控制 x、i_1、f 不变，电涡流就可以用来检测与表面电导率 σ 有关的表面温度、表面裂纹等参数，或用来检测与材料磁导率 μ 有关的材料型号、表面硬度等参数。

当距离 x 减小时，电涡流线圈的等效电感 L 减小，等效电阻 R 增大。理论和实验都证明，此时流过线圈的电流 i_1 是增大的。这是因为线圈的感抗 X_L 的变化比电阻 R 的变化大得多。从能量守恒角度来看，也要求增大流过电涡流线圈的电流，从而为被测金属导体上的电涡流提供额外的能量。

由于线圈的品质因数 Q 与等效电感成正比，与等效电阻（高频时的等效电阻比直流电阻大得多）成反比，所以当电涡流增大时，Q 下降很多。

电涡流线圈的阻抗与 μ、σ、r、x 之间的关系均是非线性的，必须由计算机进行线性化纠正。

6.2 电涡流式传感器的结构及特性

6.2.1 电涡流探头的结构

从6.1节的论述可知，电涡流式传感器的传感元件是一只线圈，俗称电涡流探头。由于激励源频率较高（数十千赫兹至数兆赫兹），所以线圈匝数不必太多，一般为扁平空心线圈。有时为了使磁力线集中，可将线圈绕在直径和长度都很小的高频铁氧体磁心上。成品电涡流探头的结构十分简单，其核心是一个扁平的"蜂巢"线圈，线圈用多股较细的绞扭漆包线（能提高 Q 值）绕制而成，置于探头的端部，外部用聚四氟乙烯等高品质因数塑料密封，如图6-2所示。

图 6-2 电涡流探头的结构

1—电涡流线圈 2—探头壳体 3—壳体上的位置调节螺纹 4—印制电路板 5—夹持螺母
6—电源指示灯 7—阈值指示灯 8—输出屏蔽电缆线 9—电缆插头

随着电子技术的发展，现在已能将测量转换电路安装到探头的壳体中。它具有输出信号大（输出信号为有一定驱动能力的直流电压或电流信号，有时还可以是开关信号）、不受输出电缆分布电容影响等优点。YD9800系列电涡流探头的性能见表6-1。

表 6-1 YD9800 系列电涡流探头的性能

线圈直径/ mm	壳体螺纹尺寸/ mm	线性范围/ mm	最佳安装距离/ mm	最小被测面面积/ mm²	分辨力/ μm
5	M8×1	1	0.5	15	1
11	M14×1.5	4	2	35	4
25	M16×1.5	8	4	70	8
50	M30×2	25	12	100	10

注：工作温度为−50~175℃；线性误差为1%；灵敏度温漂为0.05%/℃；稳定度为1%/年；互换性误差≤5%；频响为0~10kHz。

由表6-1可知，探头的直径越大，测量范围就越大，但分辨力就越差，灵敏度也越低。

6.2.2 被测物体材料、形状和大小对灵敏度的影响

线圈阻抗变化与金属导体的电导率、磁导率有关。对于非磁性材料，被测体的电导率越

大，则灵敏度越高。但当被测体是磁性材料时，其磁导率将影响电涡流线圈的感抗，磁滞损耗也将影响电涡流线圈的 Q 值，所以这时的灵敏度要视具体情况而定。

为了充分利用电涡流效应，被测体为圆盘状物体的平面时，物体的直径应大于线圈直径的 2 倍以上，否则将使灵敏度降低；被测体为轴状圆柱体的圆弧表面时，它的直径必须为线圈直径的 4 倍以上才不影响测量结果。被测体的厚度也不能太薄，一般情况下，厚度在 0.2mm 以上时，测量就不受影响。另外，在测量时，传感器线圈周围除被测导体外，应尽量避开其他导体，以免干扰高频磁场，引起线圈的附加损失。

6.3　电涡流式传感器的测量转换电路

电涡流探头与被测金属之间的互感量变化可以转换为探头线圈的等效阻抗（主要是等效电感）以及品质因数 Q（与等效电阻有关）等参数的变化，因此测量转换电路的任务是把这些参数变换为频率、电压或电流，相应有调幅式、调频式和电桥等多种测量转换电路。这里简单介绍调幅式测量转换电路和调频式测量转换电路。

6.3.1　调幅式测量转换电路

调幅式测量转换电路也称 AM 电路，它以输出高频信号的幅度来反映电涡流探头与被测金属导体之间的关系。图 6-3 所示为高频调幅式测量转换电路的原理框图。

图 6-3　高频调幅式测量转换电路的原理框图

石英晶体振荡器通过耦合电阻 R 向由探头线圈和一个微调电容 C_0 组成的并联谐振回路提供一个稳频、稳幅的高频激励信号，相当于一个恒流源。当被测金属导体距探头相当远时，调节 C_0，使 $L_x C_0$ 的谐振频率等于石英晶体振荡器的频率 f_0，此时谐振回路的 Q 值和阻抗 Z 也最大，恒定电流 i_i 在 $L_x C_0$ 并联谐振回路上的电压降也最大，即

$$u_{Lx} = i_i Z \tag{6-2}$$

当被测体为非磁性金属时，探头线圈的等效电感 L_x 减小，并引起 Q 值下降，并联谐振回路谐振频率 $f_1 > f_0$，处于失谐状态，输出电压 U_o 及 u_{Lx} 就大大降低。

当被测体为磁性金属时，探头线圈的电感量略微增大，但由于被测磁性金属体的磁滞损耗，使探头线圈的 Q 值大大下降，输出电压也降低。

以上几种情况见图 6-4 的曲线 0、1、2、3。被测体与探头的间距越小，输出电压就越低。经高频放大、检波、低频放大之后，输出的直流电压即可反映被测物的位移量。

调幅式测量转换电路的输出电压 U_o 与位移 x 不是线性关系，必须用千分尺逐点标定，并用计算机线性化之后才能用数码管显示出位移量。调幅式测量转换电路还有一个缺点，就

是电压放大器的放大倍数的漂移会影响测量准确度，必须采取各种温度补偿措施。

6.3.2 调频式测量转换电路

调频式测量转换电路也称为 FM 电路，是将探头线圈的电感量 L 与微调电容 C_0 构成 LC 振荡器，以振荡器的频率 f 作为输出量。此频率可以通过 f/U 转换器（又称为鉴频器）转换成电压，由表头显示；也可以直接将频率信号（TTL 电平）送到计算机的计数定时器，测量出频率。

图 6-4 定频调幅式测量转换电路的谐振曲线
0—探头与被测物间距很远时 1—非磁性金属、间距较小时
2—非磁性金属、间距与探头线圈直径相等时
3—磁性金属、间距较小时

调频式测量转换电路的原理框图如图 6-5a 所示。并联谐振回路的谐振频率为

$$f = \frac{1}{2\pi\sqrt{LC_0}} \tag{6-3}$$

当电涡流线圈与被测体的距离 x 变小时，电涡流线圈的电感量 L 也随之变小，引起 LC 振荡器的输出频率变大，此频率可直接用计算机测量。如果要用模拟仪表进行显示或记录，则必须使用鉴频器，将 Δf 转换为电压 ΔU_o。鉴频器的特性如图 6-5b 所示。

a) 原理框图   b) 鉴频器特性

图 6-5 调频式测量转换电路

图 6-6 所示为用调频式测量转换电路测量铜板与电涡流探头间距 δ 的 $\delta - \Delta f$ 曲线。测试时选用直径为 40mm、$L_0 = 100\mu H$ 的电涡流探头，被测导体的面积必须比探头直径大 1 倍以上。在这个实验中，选取直径为 100mm 的纯铜板。导磁金属的频率变化不太明显，主要是 Q 值发生变化，不太适合调频式测量。

当铜板距离探头无穷远时，调节 C_0，使振荡器的振荡频率为 1MHz，然后使铜板逐渐靠近探头，用频率计逐点测量振荡器的输出频率 f，并计算出 Δf 值。

图 6-6 铜板与探头的 $\delta - \Delta f$ 曲线

可以发现，$\delta - \Delta f$ 的关系为非线性。如果用示波器观察振荡幅度，还可以发现振荡幅度随间距缩小而降低，但是由于限幅器的限幅特性，输入鉴频器的幅度始终保持 TTL 电平（低电平为 0~0.8V，高电平为 3.4~5V），因此调频式测量转换电路受温度、电源电压等外界因素影响较小。

6.4　电涡流式传感器的应用

电涡流探头线圈的阻抗受诸多因素影响，例如金属材料的厚度、尺寸、形状，电导率、磁导率，表面因素及距离等。只要固定其他因素，就可以用电涡流式传感器来测量剩下的一个因素，因此电涡流式传感器的应用领域十分广泛。但也同时带来了许多不确定因素，一个或几个因素的微小变化都会影响测量结果，所以电涡流式传感器多用于定性测量。即使用作定量测量，也必须采用前面介绍的逐点标定、计算机线性纠正和温度补偿等措施。下面就几个主要应用做简单介绍。

6.4.1　位移的测量

电涡流式传感器的主要用途之一是用于测量金属件的静态或动态位移，最大量程达数百毫米，分辨率为 0.1%。目前电涡流式位移传感器的分辨力最高已做到 0.05mm（量程 0~15mm）。凡是可转换为位移量的参数，都可用电涡流式传感器测量，如机器转轴的轴向窜动、金属材料的热膨胀系数、钢水液位、纱线张力、流体压力等。

某些旋转机械，如高速旋转的汽轮机，对轴向位移的要求很高，当汽轮机运行时，叶片在高压蒸汽推动下高速旋转，它的主轴承受巨大的轴向推力，若主轴的位移超过规定值，叶片有可能与其他部件碰撞而断裂。因此，用电涡流式传感器测量金属工件的微小位移量就显得十分重要。利用电涡流原理可以测量诸如汽轮机主轴的轴向位移、电动机轴向窜动、磨床换向阀、先导阀的位移和金属试件的热膨胀系数等。位移测量范围可以从高灵敏度的 0~1mm 到大量程的 0~30mm，分辨率可达满量程的 0.1%，其缺点是线性度稍差，只能达到 1%。

上海某自控工程公司生产的 ZXWY 型电涡流式轴向位移监测保护装置，可以在恶劣的环境（例如高温、潮湿、剧烈振动等）下非接触测量和监视旋转机械的轴向位移，如图 6-7 所示。

图 6-7　轴向位移的监测

1—旋转设备（汽轮机）　2—主轴　3—联轴器　4—电涡流探头

5—夹紧螺母　6—发电机　7—基座

在设备停机检修时，将探头安装在与联轴器端面距离 2mm 的机座上，调节二次仪表使示值为零。当汽轮机起动后，长期监测其轴向位移量。可以发现，由于轴向推力和轴承的磨损而使探头与联轴器端面的间隙 δ 减小，二次仪表的输出电压从零开始增大。可调整二次仪表面板上的报警设定值，使位移量达到危险值（本例中为 0.9mm）时，二次仪表发出报警信号；当位移量达到 1.2mm 时，二次仪表发出停机信号，以避免事故发生。上述测量属于动态测量。参考以上原理还可以将此类仪器用于其他设备的安全监测。

6.4.2　振动的测量

电涡流式传感器可以无接触地测量各种振动的振幅、频谱分布等参数。在汽轮机、空气压缩机中常用电涡流式传感器来监控主轴的径向、轴向振动，也可以测量发动机涡流叶片的振幅。在研究机器振动时，常常将多个传感器放置在机器的不同部位进行检测，得到各个位置的振幅值和相位值，再进行合成，从而画出振形图，测量方法如图 6-8 所示。由于机械振动是由多个不同频率的振动合成的，因此其波形一般不是正弦波，因此用频谱分析仪来分析输出信号的频率分布及各对应频率的幅度。

a) 径向振动测量　　　　　　　　　　　b) 长轴多线圈测量

c) 叶片振动测量

图 6-8　振动的测量

1—电涡流线圈　2—被测物

6.4.3　转速的测量

图 6-9 所示为电涡流式转速传感器工作原理。在软磁材料制成的输入轴上加工一个键槽，在距输入表面 d_0 处设置电涡流式传感器，输入轴与被测旋转轴相连。

图6-9　电涡流式转速传感器工作原理

当被测旋转轴转动时，输入轴的距离发生变化。由于电涡流效应，这种变化将导致振荡谐振回路的品质因数变化，使传感器线圈的电感随距离的变化而变化，它们将直接影响振荡器的电压幅值和振荡频率。因此，随着输入轴的旋转，振荡器输出的信号中包含有与转数成正比的脉冲频率信号。该信号由检波器检出电压幅值的变化量，然后经整形电路输出脉冲频率信号f_n。该信号经电路处理后便可得到被测转速。

若旋转体上已开有一条或数条槽或做成齿状，则可在旁边安装一个电涡流式传感器，如图6-10所示。当转轴转动时，传感器周期性地改变与旋转体表面之间的距离，于是它的输出电压信号也周期性地发生变化，此脉冲电压信号经放大、整形后，可以用频率计测出其变化的重复频率，从而测出转轴的转速。若转轴上开z个槽（或齿），频率计的读数为f（单位为Hz），则转轴转速n（单位为r/min）的计算公式为

$$n = 60 \frac{f}{z} \tag{6-4}$$

图6-10　转速的测量
1—传感器　2—被测物

这种转速传感器可实现非接触式测量，且抗污染能力很强，可安装在旋转轴近旁，长期对被测转速进行监视。其最高测量转速可达600000r/min。市售的电涡流式转速表俗称"电感转速表"，其工作原理实质上是电涡流效应。

6.4.4　镀层厚度的测量

用电涡流式传感器可以测量塑料表面金属镀层的厚度，以及印制电路板铜箔的厚度等，

如图 6-11 所示。由于存在趋肤效应，镀层或箔层越薄，则电涡流越小。测量前，可先用电涡流测厚仪对标准厚度的镀层或铜箔做出厚度-输出电压的标定曲线，以便测量时对照。

a) 外形图   b) 感辨头结构

图 6-11 金属镀层厚度测量

1—电涡流测厚仪 2—金属镀层 3—塑料工件

6.4.5 电涡流式通道安全检查门

电涡流式通道安全检查门如图 6-12 所示，它可有效探测出枪支、匕首等金属武器及其他大件金属物品，广泛应用于机场、海关、钱币厂和监狱等重要场所。

电涡流式通道安全检查门基本原理如图 6-13 所示。L_{11}、L_{12} 为发射线圈，L_{21}、L_{22} 为接收线圈，均用环氧树脂浇灌，密封在门框内。10kHz 信号通过 L_{11}、L_{12} 在线圈周围产生同频率的交变磁场。L_{21}、L_{22} 实际上分成 6 个（可以增加到 32 个以上）扁平线圈，分布在门两侧的上、中、下部位，形成多个探测区。

因为 L_{11}、L_{12} 与 L_{21}、L_{22} 相互垂直，呈电气正交状态，无磁路交链，$u_o = 0$。在有金属物体通过 L_{11}、L_{12} 形成的交变磁场时，交变磁场就会在该金属导体表面产生电涡流。电涡流也将产生一个新的微弱磁场，相位与金属导体位置、大小等有关，因此可以在 L_{21}、L_{22} 中感应出电压。计算机根据感应电压的大小、相位，多级差来判定金属物体的大小。

图 6-12 电涡流式通道
安全检查门

1—等高指示灯 2—隐蔽的
金属物体 3—内藏式电涡
流线圈 4—信号控制
报警器 5—电源模块

由于个人携带的日常用品例如皮带扣、钥匙串、眼镜架、戒指甚至手术后腿中的钢钉等也会引起误报警，因此计算机还要对多组不同位置的线圈信号进行复杂的逻辑判断，才能获得既灵敏又可靠又准确的效果。

可以在安检门的侧面安装一台"软 X 射线"或毫米波扫描仪。当发现疑点时，可启动对人体、胶卷无害的低能量狭窄扇面 X 射线，进行断面扫描。用软件处理的方法，合成完整的光学图像。

在更严格的安检中，还在安检门侧面安装能量微弱的中子发射管，对可疑对象开启该装置，让中子穿过密封的行李包，利用质谱仪来计算行李物品的含氮量，以及碳氧的精确比例，从而确认是否为爆炸品（氮含量较大）。计算其他化学元素的比例，还可以确认毒品或

图 6-13　电涡流式通道安全检查门基本原理

其他物质。

6.4.6　电涡流表面检测

利用电涡流式传感器，可以检查金属表面（已涂防锈漆）的裂纹以及焊接处的缺陷等。在检测中，传感器应与被测导体保持距离不变。检测过程中，由于缺陷将引起导体电导率、磁导率的变化，使电涡流 i_2 变小，从而引起输出电压突变。

图 6-14 所示为电涡流探头检测高压输油管表面裂纹的原理。两只导向辊用耐磨、不导电的聚四氟乙烯制成，有的表面还刻有螺旋导向槽，并以相同的方向旋转。输油管在它们的驱动下，匀速地在楔形电涡流探头下方做 360°转动，并向前挪动。探头对油管表面逐点扫描，得到图 6-15a 所示的输出信号。当油管存在裂纹时，电涡流所走的路程大为增加，所以电涡流突然减小，输出波形如图 6-15a 中的"尖峰"所示。不过此时该信号还十分紊乱，用肉眼很难分辨出缺陷性质。

将该信号通过带通滤波器，滤去因表面不平整、抖动等因素造成的输出异常后，得到图 6-15b 中的两个尖峰信号，调节电压比较器的阈值电压，得到真正的缺陷信号。图 6-15a 为时域信号，计算机还可以根据图 6-15a 的信号计算电涡流探头线圈的阻抗，得到图 6-15c 所示的"8"字花瓣状阻抗图。根据长期积累的检测经验，可以从该复杂的阻抗图中判断出裂纹的长短、深浅、走向等参数。图中的黑色边框为反视报警区，当阻抗图中的"8"字花瓣图形超出报警区时即视为超标，随即仪器产生报警信号。

电涡流检测仪在实际使用时会受到诸多因素的影响，例如环境温度变化、表面硬度、机械传动不均匀、抖动等，用单个电涡流探头易受上述因素影响，严重时将无法分辨缺陷和裂纹，因此必须采用

图 6-14　电涡流探头检测高压输油管表面裂纹的原理

1、2—导向辊　3—楔形电涡流探头
4—裂纹　5—输油管　6—电涡流

差动电路。在楔形探头的尖端部位设置发射线圈，在其上方的左、右两侧分别设置一只接收线圈，它们的同名端相连，在没有裂纹信号时，输出相互抵消。当裂纹进入左，右接收线圈下方时，由于相位上有先后差别，所以信号无法抵消，产生输出电压，这就是差动原理。温

a) 时域信号

b) 通过带通滤波器后的信号

c) 阻抗图

图 6-15　检测输出信号

1—尖峰信号　2—摆动引起的伪信号　3—可忽略的小缺陷
4—裂纹信号　5—反视报警框　6—花瓣阻抗图

漂、抖动等干扰通常同时作用于两只电涡流差动线圈，所以不会产生输出信号。如果计算机采用"相关"技术，就能进一步提高分辨力，这里就不展开讨论了。

上述系统的最大特点是非接触测量，不磨损探头，检测速度可达每秒数米。对机械系统稍做改造，还可用于轴类、滚子类的缺陷检测。

6.5　接近开关及其应用

接近开关又称无触点行程开关，它能在一定的距离（几毫米至几十毫米）内检测有无物体靠近。当物体与其接近到设定距离时，就能够发出"动作"信号，而不像机械式行程开关那样，需要施加机械力。它给出的是开关信号（高电平或低电平），多数接近开关具有较大的负载能力，能直接驱动中间继电器。

接近开关的核心部分是"感辨头"，它必须对正在接近的物体有很高的感辨能力。在生物界里，眼镜蛇的尾部能感辨出人体发出的红外线，而电涡流探头能感辨金属导体的靠近。但是应变片、电位器之类的传感器无法用于接近开关，因为它们属于接触式测量。

多数接近开关已将感辨头和测量转换电路做在同一壳体内，壳体上多带有螺纹或安装孔，以便于安装和调整。

接近开关的应用已远超出行程开关的行程控制和限位保护范畴，它可用于高速计数、测速，确定金属物体的存在和位置，测量物位和液位，用于人体保护和防盗以及无触点按钮等。

即使仅用一般的行程控制，接近开关的定位准确度、操作频率、使用寿命、安装调整的方便性和耐磨性、耐蚀性等也是一般机械式行程开关所不能比拟的。

6.5.1　常用的接近开关分类

（1）电涡流式接近开关（按行业习惯称其为电感式接近开关）　只对导电良好的金属起作用。

（2）电容式接近开关　对接地的金属或地电位的导电物体起作用，对非地电位的导电物体灵敏度稍差。

（3）磁性干簧开关（也称干簧管）　只对磁性较强的物体起作用。

（4）霍尔式接近开关　只对磁性物体起作用。

从广义来讲，非接触式传感器均能用作接近开关，例如光电传感器、微波和超声波传感器等。但是它们的检测距离一般均可以做得较大，可达数米甚至数十米，所以多把它们归入电子开关系列。

6.5.2　接近开关的特点

与机械开关相比，接近开关具有如下特点：

1）非接触检测，不影响被测物的运行。

2）不产生机械磨损和疲劳损伤，工作寿命长。

3）响应快，一般响应时间仅有几毫秒或十几毫秒。

4）采用全密封结构，防潮、防尘性能较好，工作可靠性强。

5）无触点、无火花、无噪声，适用于要求防爆的场合（防爆型）。

6）输出信号大，易于与计算机或可编程序控制器（PLC）等连接。

7）体积小，安装、调整方便。

接近开关的缺点是触点容量较小，负载短路时易烧毁。

6.5.3　接近开关的主要性能指标

（1）动作距离　当被测物由正面靠近接近开关的感应面时，使接近开关动作（输出状态变为有效状态）的距离，称为接近开关的动作距离 δ_{min}（单位为 mm，下同）。

（2）复位距离　当被测物由正面离开接近开关的感应面，接近开关转为复位时，被测物离开感应面的距离，称为复位距离 δ_{max}。

（3）动作滞差　动作滞差 $\Delta\delta$ 指复位距离与动作距离之差。动作滞差越大，对抗被测物抖动等造成的机械振动干扰的能力就越强，但动作准确度也就越差。

（4）额定工作距离　指接近开关在实际使用中被设定的安装距离。在此距离内，接近开关不应受温度变化、电源波动等外界干扰而产生误动作。额定工作距离必然小于动作距离。但是，若设置得太小，有可能使接近开关无法复位。实际应用中，考虑到各方面环境因素干扰的影响，较为可靠的额定工作距离（最佳安装距离）约为动作距离的 75%。

（5）重复定位准确度（重复性）　它表征多次测量的动作距离平均值。其数值离散性的大小一般为最大动作距离的 1%~5%。离散性越小，重复定位准确度越高。

（6）动作频率　每秒连续不断地进入接近开关的动作距离后又离开的被测物个数或次

数称为动作频率。若接近开关的动作频率太低而被测物又运动得太快时，接近开关就因来不及响应物体的运动状态，而有可能造成漏检。

接近开关的外形如图 6-16 所示，可根据不同的用途选择不同的型号。图 6-16a 的形式便于调整与被测物的间距。图 6-16b、c 的形式可用于板材的检测，图 6-16d、e 可用于线材的检测。

a) 圆柱形　　　　b) 平面安装形　　　　c) 方形　　　　d) 槽形　　　　e) 贯穿形

图 6-16　接近开关的外形

6.5.4　电涡流式接近开关应用实例

1. 生产工件加工定位

在机械加工自动生产线上，可以使用接近开关进行工件的加工定位，如图 6-17a 所示。当传送机构将待加工的金属工件运送到靠近"减速"接近开关的位置时，该接近开关发出"减速"信号，传送机构减速，以提高定位准确度。当金属工件到达"定位"接近开关面前时，定位接近开关发出"动作"信号，使传送机构停止运行，紧接着，加工刀具对工件进行机械加工。

定位的准确度主要依赖接近开关的性能指标，如"动作滞差""重复定位准确度"等。可以仔细调整定位接近开关 6 的左右位置，使每一只工件均准确地停在加工位置。从图 6-17b 可以看到该接近开关的内部工作原理，当金属体靠近电涡流探头线圈（感辨头）时，随着金属体表面电涡流的增大，电涡流线圈的 Q 值越来越小，振荡器的能量被金属体所吸收，其输出电压 U_{o1} 也越来越小，甚至有可能停振，使 $U_{o1}=0$。比较器将 U_{o1} 与基准电压（又称比较电压）U_R 作比较。当 $U_{o1}<U_R$ 时，比较器翻转，输出高电平，警报器报警（闪亮），执行机构动作（传送机构电动机停转）。从以上分析可知，该接近开关的电路未涉及频率的变化，只利用了振荡幅度的变化，所以属于调幅式转换电路。

2. 生产零部件计数

图 6-17 中，还可将传送带一侧的"减速"接近开关的信号接到计数器输入端。当传送带上的每一个金属工件从该接近开关面前掠过时，接近开关动作一次，输出一个计数脉冲，计数器加 1。

传送带在运行中有可能产生抖动，此时若工件刚进入接近开关动作距离区域，但因抖动又稍微远离接近开关，然后再进入动作距离范围，在这种情况下，有可能会产生两个以上的计数脉冲。设计接近开关时，为防止出现此种情况，通常在比较器电路中加入正反馈电阻，形成有滞差电压比较器（又称迟滞比较器），它具有施密特特性。当工件从远处逐渐向接近开关靠近，到达 δ_{max} 位置时，开关动作，输出高电平（仅指 PNP 型接近开关）。要想让它翻转回到低电平，则需要让工件倒退 $\Delta\delta$ 的距离（δ_{min} 的位置）。$\Delta\delta$ 大大超过抖动造成的倒退量，所以接

a) 接近开关的安装位置

b) 感辨头及调幅式转换电路

c) PNP型接近开关的动作滞差特性

图 6-17 工件的定位与计数

1—加工机床 2—刀具 3—导电工件 4—加工位置 5—减速接近开关

6—定位接近开关 7—传送机构 8—计数器

近开关一旦动作，只能产生一个计数脉冲，微小的机械振动干扰是无法让其复位的，这种特性就称为动作滞差，如图 6-17c 所示。

3. 成品零件缺位检测

有许多产品安装完毕即用铆钉铆接，而无法检验内部是否缺少零件。图 6-18 示出了扁平结构的成品零件（断路器）缺位检测示意，其内部安装金属零部件的区域用虚线框出。

图 6-18 成品零件缺位检测示意

在流水线最后一道工序的位置上方，安装一套检测装置，装置中使用了多只微型电感接近开关，其位置与图 6-18 中的虚线框对应。调节各接近开关的灵敏度，使其在缺少零件时发出报警信号，且在计算机显示屏模拟图上的相应位置显示红色闪光点。计算机将控制执行机构，将有缺陷的产品剔除出流水线。

习 题 6

一、单项选择题

1. 欲测量镀层厚度，电涡流线圈的激励源频率约为（ ），而用于测量小位移的螺线管自感式传感器以及差动变压器线圈的激励源频率通常约为（　　　）。

    A. 50~100Hz　　　　B. 1~10kHz　　　　C. 10~50kHz　　　　D. 100kHz~2MHz

2. 电涡流式接近开关可以利用电涡流原理检测出（　　）的靠近程度。

    A. 人体　　　　B. 水　　　　C. 黑色金属零件　　　　D. 塑料零件

3. 电感探头的外壳用（　　）制作较为恰当。

    A. 不锈钢　　　　B. 塑料　　　　C. 黄铜　　　　D. 玻璃

4. 当电涡流线圈靠近非磁性导体（铜）板材后，线圈的等效电感 L（　　　），调频转换电路的输出频率 f（　　　）。

    A. 不变　　　　B. 增大　　　　C. 减小

5. 欲探测埋藏在地下的金银物体，应选择直径为（　　）左右的电涡流探头。欲测量输油管表面和细小裂纹，应选择直径为（　　）左右的探头。

    A. 0.1mm　　　　B. 5mm　　　　C. 50mm　　　　D. 500mm

二、简答题

1. 请查阅电磁炉的资料，简述图 6-19 所示电磁炉的工作原理（包含磁滞损耗、工作频率、锅具特性等），为什么不能用铝锅作为锅具？

2. 电涡流式传感器的主要优点是什么？

3. 除了能测量位移外，电涡流式传感器还能测量哪些非电量？

图 6-19　电涡流式电磁炉原理

1—不锈钢锅体　2—微晶玻璃炉面　3—磁力线

4—线圈　5—线圈骨架　6—电涡流

扩展阅读

制 造 强 国

制造强国渐行渐近。随着关键核心技术的攻克和突破，中国正在用自己的方式，缩短着从制造大国到制造强国的距离。

2012 年底，沈阳新松把自己的移动机器人装在了位于长春的德国汽车制造生产线上，打破了德国企业绝不使用其他国家自动化装备的神话。现在，新松机器人已经进入全球机器人制造第一梯队，移动机器人已接近垄断全球市场。

在无锡经济开发区一排崭新的建筑上，赫然镌刻着这样的字：全球叶片供应商，这就是无锡透平叶片有限公司的追求。在中国，近乎所有的电站都使用着它们的叶片，一半的产量均服务于全球企业。

从注重质量的小企业到走向世界的正泰集团，在与世界第一的电气企业——德国施耐德的品牌与技术的诉讼之战中，最终以胜诉为中国装备制造业呐喊。现在，全球顶尖的太阳能设计制造专家也已加盟正泰，共同致力于太阳能科技发展。

模块7

电容式传感器

学习目标

知识目标：

1. 掌握电容式传感器的工作原理及结构形式。
2. 了解电容式传感器的分类及特点。
3. 了解各类电容式传感器的典型应用。

能力目标：

1. 能够根据检测要求选择合适的电容式传感器。
2. 能够使用电容式接近开关进行位置检测。
3. 能够使用电容式传感器进行压力、流量等的测量。

电容式传感器（Capacitance Transducer）是以各种类型的电容器作为传感器元件，通过电容器将被测物理量的变化转换为电容量的变化，再经测量转换电路转换为电压、电流或频率等信号。

电容式传感器具有如下优点：

（1）可获得较大的相对变化量　用应变片测量时，一般得到电阻的相对变化量小于1%，而电容式传感器的相对变化量可达到200%或更大。

（2）能在恶劣的环境条件下工作　电容式传感器能在高温、低温和强辐射等环境中工作，其原因在于这种传感器通常不一定需要使用有机材料或磁性材料，而这些材料是不能用于上述恶劣环境中的。

（3）发热的影响小　电容器工作所需的激励源功率小，电容式传感器用空气或硅油作为绝缘介质时，介质损失也很小，因此本身发热问题可不予考虑，所以激励源提供的电流也较小。

（4）动态响应快　因为电容式传感器具有较小的可动质量，动片的谐振频率较高，因此能用于动态测量。

由于电容式传感器具有一系列突出的优点，随着电子技术的迅速发展，特别是大规模集成电路的应用，以上优点将得到进一步发扬，而它所存在的引线电缆分布电容影响以及非线性的缺点也将随之得到克服，因此电容式传感器在自动检测中将得到越来越广泛的应用。

7.1 电容式传感器的原理及结构

电容式传感器的工作原理可以用图 7-1 所示的平板电容器来说明，当忽略边缘效应时，其电容量为

$$C = \frac{\varepsilon A}{d} = \frac{\varepsilon_0 \varepsilon_r A}{d} \tag{7-1}$$

式中，A 为两极板相互遮盖的有效面积；d 为两极板间的距离，也称为极距；ε 为两极板间介质的介电常数；ε_r 为两极板间介质的相对介电常数；ε_0 为真空介电常数，$\varepsilon_0 = 8.85 \times 10^{-12} \mathrm{F/m}$。

由式（7-1）可知，在 A、d、ε 三个参量中，改变其中任意一个量，均可使电容量 C 改变。也就是说，电容量 C 是 A、d、ε 的函数，这就是电容式传感器的基本工作原理。通过固定三个参量中的两个，可以制作三种类型的电容式传感器。

图 7-1　平板电容器
1—上极板　2—下极板　3—电力线　4—边缘效应

7.1.1 变面积电容式传感器

变面积电容式传感器的结构及原理如图 7-2 所示。图 7-2a 是平板形直线位移式结构，其中动极板 2 可以左右移动，称为动极板，定极板 1 固定不动，称为定极板。

a) 平板形直线位移式　　　　b) 同心圆筒形直线位移式(剖面图)　　　　c) 半圆形角位移式

图 7-2　变面积电容式传感器的结构及原理
1—定极板　2—动极板　3—外圆筒　4—内圆筒　5—导轨　6—测杆　7—被测物　8—水平基准

图 7-2b 是同心圆筒形直线位移式结构。其外圆筒固定，内圆筒在外圆筒内做上、下直线运动。在实际设计时，必须使用导轨来保持两圆筒的间隙不变。内、外圆筒的半径之差越

小，灵敏度越高。实际使用时，外圆筒必须接地，这样可以屏蔽外界电场干扰，并且能减小周围人体及金属体与内圆筒的分布电容，以减小误差。

图 7-2c 是半圆形角位移式结构。动极板 2 的轴由被测物体带动而旋转一个角度 θ 时，两极板的遮盖面积（投影面积）A 就减小，因而电容量也随之减小。由于动极板与轴连接，所以一般动极板接地，但必须制作一个接地的金属屏蔽盒，将定极板屏蔽起来。

变面积电容式传感器的输出特性在一定的范围内是线性的，灵敏度是常数。变面积电容式传感器还可以做成其他形式。这一类传感器多用于检测直线位移、角位移、工件尺寸等参量。

7.1.2　变极距电容式传感器

变极距电容式传感器的结构及特性如图 7-3 所示。当动极板 2 受被测物体作用引起位移时，改变了两极板之间的距离 d，从而使电容量发生变化。当初始极距 d_0 较小时，对于同样的位移 x 或 Δd，所引起的电容变化量，比 d_0 较大时的 ΔC 大得多，即灵敏度较高。所以在实际使用时，总是使初始极距 d_0 尽量小些，以提高灵敏度，但这也带来了变极距电容式传感器行程较小的缺点。

a) 结构示意图　　　　　　　　b) 电容与极板距离的关系

图 7-3　变极距电容式传感器的结构及特性

1—定极板　2—动极板　3—弹性膜片

一般变极距电容式传感器起始电容量设置在十几皮法（pF）至几十皮法、极距 d_0 设置在 $100 \sim 1000 \mu m$ 的范围内较为妥当。最大位移应该小于两极板间距的 1/10，电容的变化量可高达 2~3 倍。近年来随着计算机技术的发展，电容式传感器大多都配置了微处理器，所以其非线性误差可用微处理器来计算修正。

为了提高传感器的灵敏度、减小非线性，常常把传感器做成差动形式。图 7-4a 所示为差动变极距电容式传感器结构，其中间为动极板（接地），上下两块为定极板。当动极板向上移动 Δx 后，C_1 的极距变为 $d_0 - \Delta x$，而 C_2 的极距变为 $d_0 + \Delta x$，电容 C_1 和 C_2 形成差动变化，经过信号测量转换电路后，灵敏度提高近一倍，线性也得到改善。

图 7-4b 示出了电子数显卡尺中常用到的差动变面积电容式传感器结构。当接地的动极板向左平移时（动极板与两个定极板的间距 d_0 保持不变），C_1 增大，C_2 减小，$\Delta C = C_1 - C_2$，电容的变化量与位移呈线性关系。这种形式的电容式传感器行程较大（实际上有许多对定片和动片以及屏蔽电极，通称为容栅），外界的影响（诸如温度、激励源电压，频率变化

等）也基本能相互抵消，因此在工业中应用较广。

a) 差动变极距式   b) 差动变面积式

图 7-4　差动电容式传感器结构

1—动极板　2—定极板

7.1.3　变介电常数电容式传感器

因为各种介质的相对介电常数不同，所以在电容器两极板间插入不同介质时，电容器的电容量也就不同。利用这种原理制作的电容式传感器称为变介电常数电容式传感器，它常用来检测片状材料的厚度、性质，颗粒状物体的含水量以及液体的液位等。表 7-1 列出了几种常用气体、液体和固体介质的相对介电常数。

表 7-1　几种介质的相对介电常数

介质名称	相对介电常数 ε_r	介质名称	相对介电常数 ε_r
真空	1	玻璃釉	3~5
空气	略大于 1	SiO_2	38
其他气体	1~1.2	云母	5~8
变压器油	2~4	干的纸	2~4
硅油	2~3.5	干的谷物	3~5
聚丙烯	2~2.2	环氧树脂	3~10
聚苯乙烯	2.4~2.6	高频陶瓷	10~160
聚四氟乙烯	2.0	低频陶瓷、压电陶瓷	1000~10000
聚偏二氟乙烯	3~5	纯净的水	80

注：相对介电常数的数值视该介质的成分和化学结构不同而有较大的区别。

图 7-5 所示为变介电常数电容式传感器原理，当某种介质处于固定极距的两极板间时，介质厚度 δ 越厚，电容量也就越大。当介质厚度 d 保持不变而相对介电常数 ε_r 改变（如空气湿度变化，介质吸入潮气）时，电容量将发生较大的变化。因此，该

图 7-5　变介电常数电容式传感器原理

电容器可作为相对介电常数 ε_r 的测试仪器，如空气相对湿度传感器。反之，若 ε_r 不变，则

可作为检测介质厚度的传感器。

图7-6所示为电容液位计原理，当被测液体（绝缘体）的液面在两个同心圆金属管状电极间上、下变化时，引起两电极间不同介电常数介质（上半部分为空气，下半部分为液体）的高度变化，因而导致总电容量的变化，其灵敏度为常数。R/r越小，灵敏度越高。但是，在R/r较小的情况下，由于液体毛细管作用的影响，两圆管间的液面将高于实际液位，从而带来测量误差。当被测液体为黏性液体时，由粘附现象引起的测量误差将更大。

a) 同轴内外金属管式　　　　　　　b) 金属管外套聚四氟乙烯套管式

c) 带底座的电容液位传感器的结构

图7-6　电容液位计原理

1—内圆筒　2—外圆筒　3—被测绝缘液体　4—被测导电液体　5—聚四氟乙烯套管
6—顶盖　7—绝缘底座　8—信号传输屏蔽电缆

当液罐外壁是导电金属时，可以将其接地，并作为液位计的外电极，如图7-6b所示。当被测介质是导电的液体（例如水溶液）时，则内电极应采用金属管外套聚四氟乙烯套管式电极，而且这时的外电极也不再是液罐外壁，而是该导电介质本身，这时内、外电极的极距只是聚四氟乙烯套管的壁厚。以上讨论的电容液位计的工作原理也可用上、下两段不同面积、不同介电常数的电容量之和来理解。

7.2　电容式传感器的测量转换电路

电容式传感器将被测物理量转换为电容变化后，必须采用测量转换电路将其转换为电压、电流或频率信号。电容式传感器的测量转换电路种类很多，下面介绍一些常用的测量转换电路。

7.2.1　桥式电路

图 7-7 所示为桥式测量转换电路，其中图 7-7a 为单臂接法的桥式测量电路，1MHz 左右的高频电源经变压器接到电容桥的一个对角线上，电容 C_1、C_2、C_3、C_x 构成电桥的四臂，C_x 为电容式传感器，交流电桥平衡时有

$$\frac{C_1}{C_2} = \frac{C_x}{C_3}, \quad u_o = 0$$

当 C_x 改变时，$u_o \neq 0$，桥路有输出电压。

图 7-7b 为差动接法的桥式测量电路。

a) 单臂接法　　　　　　　　　　　　b) 差动接法

图 7-7　电容式传感器的桥式测量转换电路

7.2.2　调频电路

调频电路是将电容式传感器作为 LC 振荡器谐振回路的一部分，或作为晶体振荡器中的石英晶体的负载电容。与电涡流式传感器的区别之处是，当电容式传感器工作时，电容 C_x 发生变化，就使振荡器的频率 f 产生相应的变化。由于振荡器的频率受电容式传感器电容的调制，这样就实现了 C/f 的变换，故称之为调频电路。图 7-8 所示为 LC 振荡器调频电路框图。调频振荡器的频率为

$$f = \frac{1}{2\pi\sqrt{L_0 C}} \tag{7-2}$$

式中，L_0 为振荡回路的固定电感；C 为振荡回路的电容，C 包括传感器电容 C_x、谐振回路中的微调电容 C_0 和传感器电缆分布电容 C_c，即

$$C = C_x + C_0 + C_c$$

振荡器的输出信号是一个受被测量控制的调频波，频率的变化在鉴频器中转换为电压幅度的变化，经过放大器放大、检波后即可用仪表来指示，也可将频率信号直接送到计算机的计数定时器中进行测量。

图 7-8　调频电路框图

7.3　电容式传感器的应用

　　电容器的容量受三个因素影响：极距 x、相对面积 A 和极间介电常数 ε。固定其中两个变量，电容量 C 就是另一个变量的一元函数。只要想办法将被测非电量转换成极距、面积或者介电常数的变化，就可以通过测量电容量这个电参数来达到非电量电测的目的。

　　例如，图 7-5 所示的简单结构就可以用于测量纸张含水量、塑料薄膜的厚度等，而图 7-2b 则可以用于测量工件的尺寸，图 7-2c 可以用于测量机械臂的角位移。

　　电容式传感器的用途还有许多，例如可以利用极距变化的原理，测量振动、压力；利用相对面积变化的原理，可以非常精确地测量角位移和直线位移，构成电子千分尺；利用介电常数变化的原理，可以测量空气相对湿度、液位和物位等。

7.3.1　电容式测厚仪

　　电容式测厚仪可以用来测量金属带材在轧制过程中的厚度，其工作原理如图 7-9 所示。

图 7-9　电容式测厚仪工作原理

1—金属带材　2—电容极板　3—导向轮　4—轧辊

　　在被测金属带材的上、下两侧各放置一块面积相等、与带材距离相等的定极板，定极板与金属带材之间就形成了两个电容 C_1 和 C_2。把两块定极板用导线连接起来，就相当于 C_1 与 C_2 并联，总电容 $C = C_1 + C_2$。如果带材厚度变厚，则引起极距 d_1、d_2 变小，电容变大，从而导致总电容 C 变大，用交流电桥将电容的变化检测出来，经过放大，可由显示仪表显示出带材厚度的变化。使用上、下两个极板是为了克服带材在传输过程中上、下波动带来的误差。例如，当带材向下波动时，d_1 变大、d_2 变小，则 C_1 减小、C_2 增大，C 基本不变。

7.3.2 电容式加速度传感器

随着微电子机械系统（MEMS）技术的发展，可以用硅微机械加工技术，将一块多晶硅加工成多层结构，制作成"三明治"摆式硅微电容式加速度传感器，其结构及工作原理如图 7-10 所示。它是在硅衬底上，利用表面微加工技术，制造出三个多晶硅电极，组成差动电容 C_1、C_2。图中，底层多晶硅和顶层多晶硅固定不动，中间层多晶硅是一个可以上下微动的振动片，其左端固定在衬底上，所以相当于悬臂梁。它的核心部分边长只有 3mm 左右，与测量转换电路一起封装在 8 引脚帽形 TO-5 封装中或贴片 IC 封装中，外形酷似普通的集成电路。其内部核心结构如图 7-10b、c 所示。

a) 贴片封装外形　　　　　　　　b) 加速度测试单元的工作原理

c)"三明治"多晶硅多层结构

图 7-10　硅微电容式加速度传感器

1—加速度测试单元　2—信号调理单元　3—衬底　4—底层多晶硅（下电极）

5—多晶硅悬臂梁　6—顶层多晶硅（上电极）

当硅微电容式加速度测试单元感受到上、下振动时，极距 d_1、d_2 和电容 C_1、C_2 呈差动变化关系，与加速度测试单元封装在同一壳体中的信号处理单元将 ΔC 转换成直流输出电压。它的激励源也做在同一壳体内，所以集成度很高。由于硅的弹性滞后很小，且悬臂梁的质量很小，所以频率响应可达 1kHz 以上，加速度测量范围可达 ±100g。

将该加速度电容式传感器安装在炸弹上，可以控制炸弹爆炸的延时时刻；安装在手机上，可以测量加速度和角位移（简易陀螺仪功能）；安装在无人机上，可以控制飞行姿势；安装在平衡车上，可以实现平衡、前进、后退的控制；安装在轿车上，可以作为碰撞传感器。当正常制动和小事故碰擦时，传感器输出信号较小；当其测得的负加速度值超过设定值时，汽车 ECU（电子控制单元）据此判断发生碰撞，于是就启动轿车前部的折叠式安全气囊，使之迅速充气而膨胀，托住驾驶人及前排乘人的胸部和头部。

将超小型化的 MEMS 植入智能手机，就可以测量身体重心的向前、向后、上下变化的加速度，计算出步数。与北斗（BD）或 GPS 配合，就可以计算出步幅、步速，统计出距离，计算出热量的消耗，测绘出"足迹地图"，实现"微信运动"等功能。

7.3.3 湿敏电容

所谓湿敏电容，是指利用具有很大吸湿性的绝缘材料作为电容式传感器的介质，在其两侧面镀上多孔性电极。当相对湿度增大时，吸湿性介质吸收空气中的水蒸气，使两块电极之间的介质相对介电常数大为增加（水的相对介电常数为 80），所以电容量增大。

目前，成品湿敏电容主要使用以下两种吸湿性介质：一种是多孔性氧化铝，另一种是高分子吸湿膜。

图 7-11 所示为硅 MOS 型 Al_2O_3 湿敏电容式传感器的结构及外形，图 7-12 所示为氧化铝湿敏电容的电容量及漏电阻与相对湿度的关系曲线。

a) 内部结构　　　　　　　　　　　　　　b) 封装后的外形

图 7-11　多孔性硅 MOS 型 Al_2O_3 湿敏电容式传感器的结构及外形

1—铝电极　2—单晶硅基底　3—SiO_2 绝缘膜　4—多孔 Au 电极　5—吸湿层 Al_2O_3　6—引线

MOS 型 Al_2O_3 湿度传感器是在单晶硅上制成 MOS 晶体管，其栅极绝缘层是用热氧化法生成的厚度约 80nm 的 SiO_2 膜，在此 SiO_2 膜上，用蒸发或电解法制得多孔性 Al_2O_3 膜，然后再镀上多孔金（Au）膜。

由于多孔性氧化铝可以吸附及释放水分子，所以其电容量将随空气的相对湿度变大而变大。与此同时，其漏电电阻随湿度的增大而降低，形成介质损耗很大的电容器。

上述湿敏电容可用交流电桥测量，但由于其电容量和电阻值均随湿度变化，所以调节交流电桥的平衡十分困难。也可以将它作为 LC 振荡器中的振荡电容，通过测量其振荡频率和振荡幅度，换算成相对湿度值。

图 7-12　氧化铝湿敏电容的电容量及漏电阻与相对湿度的关系

1—电容量与相对湿度的关系曲线
2—漏电阻与相对湿度的关系曲线

7.3.4 电容式接近开关

1. 电容式接近开关的结构

电容式接近开关的核心是以电容极板作为检测端的电容式传感器，其结构如图 7-13a 所示。检测极板设置在接近开关的最前端，测量转换电路安装在接近开关壳体后部，并用介质损耗很小的环氧树脂充填、灌封。

a) 结构示意

b) 调幅式测量转换电路原理

图 7-13　圆柱形电容式接近开关的结构及原理

1—被测物　2—上检测极板（或内圆电极）3—下检测极板（或外圆电极）4—充填树脂
5—测量转换电路板　6—塑料外壳　7—灵敏度调节电位器 RP　8—动作指示灯　9—电缆

2. 电容式接近开关的工作原理

电容式接近开关的调幅式测量转换电路原理如图 7-13b 所示，它由 RC 高频振荡器、检波器、低通滤波器、直流电压放大器和电压比较器等组成。

电容式接近开关的感应板由两个同心圆金属平面电极构成，很像两块"打开的"电容器电极。

当没有被测物体靠近电容式接近开关时，由于 C_1 与 C_2 很小，RC 振荡器停振。当被测物体朝着电容式接近开关的两个同心圆电极靠近时，两个电极与被测物体构成电容 C，接到 RC 振荡电路中。等效电容 C 是 C_1、C_2 的串联结果，总的电容量增大。

当 C 增大到额定数值后，RC 振荡器起振，工作电流增大。振荡器的高频输出电压 u_o 经检波二极管和低通滤波器，得到正半周的平均值，再经直流电压放大电路放大后，U_{o1} 与灵敏度调节电位器 RP 设定的基准电压 U_R 进行比较。若 U_{o1} 超过基准电压，则比较器翻转，输出动作信号（高电平或低电平），从而起到了检测有无物体靠近的目的。

3. 电容式接近开关的特性及调试

接近开关的输出有 NPN、PNP 和 AC 两线制等多种形式。图 7-13b 中的 R_f 在比较器电路中起正反馈作用，使比较器具有施密特特性。R_f 越小，翻转时的回差就越大，抗干扰能力就越强，通常将回差控制在动作距离的 20% 之内。

如果在图 7-13b 所示的比较器之后再设置 OC 门输出级电路，就可令其拥有较大的负载能力，通常可以驱动 100mA 的感性负载或 300mA 的阻性负载。

电容式接近开关的检测距离与被测物体的材料性质有较大关系：当被测物是导电物体时，即使两者的距离较远，等效电容 C 仍较大，RC 回路较容易起振，所以灵敏度较高；若被测物的面积小于电容接近开关直径的 2 倍，灵敏度显著降低。

对于非金属物体，例如水、油、纸板、皮革、塑料、陶瓷、玻璃、沙石和粮食等，动作距离决定于材料的介电常数、电导率以及物体的面积。介电常数大、导电性能较好的物体（例如含水的有机物等），且面积达到电容式接近开关直径的 2 倍以上时，动作距离只略大于金属。物体的含水量越小、面积越小，动作距离也越小，灵敏度就越低。玻璃、尼龙等物体的灵敏度较低。

大多数电容式接近开关的尾部有一个多圈微调电位器 RP，用于调整特定对象的动作距离。当被测试对象的介电常数较小且导电性较差时，可以顺时针旋转电位器的旋转臂，来降低比较器正输入端的基准电压 U_R，从而降低负输入端的"翻转电压阈值"，增加灵敏度。

电容式接近开关的灵敏度易受环境变化（如湿度、温度、灰尘等）的影响，被测物体最好能够接地，以提高测量系统的稳定性，同时使用时必须远离非被测对象的其他金属部件。电容式接近开关对附近的高频电磁场也十分敏感，因此不能在高频炉、大功率逆变器等设备附近使用，而且两只电容式接近开关也不能靠得太近，以免相互影响。

4. 电容式接近开关的使用

对金属物体而言，不必使用易受干扰的电容式接近开关，而应选择电感式接近开关（其工作原理为电涡流效应，但习惯上俗称电感式接近开关）。因此，只有在测量含水绝缘介质时，才选择电容式接近开关。图 7-14 所示为利用电容式接近开关的物位（谷物高度）检测示意。当谷物高度达到电容式接近开关的底部时，电容式接近开关产生报警信号，关闭输送管道的阀门。电容式接近开关也可用于测量和控制水位。

图 7-14　物位检测示意

1—粮仓外壁　2—输送管道　3—谷物
4—电容接近开关　5—谷物界面

7.4　压力和流量的测量

7.4.1　压力的基本概念

压力与生产、科研、生活等各方面密切相关，因此压力测量是本课程的重点之一。物理学中的"压强"在检测领域和工业中称为"压力"，用 p 表示。它等于垂直作用于一定面积 A 上的力 F（称为压向力）除以面积 A，即 $p = F/A$。

压力的国际单位为帕斯卡，简称帕（Pa），它表示 1N（牛）力垂直而均匀地作用于 $1m^2$ 面积上的压力。

除此之外，工程上也长期使用许多不同的压力计量单位，如"工程大气压""标准大气压""毫米汞柱"，气象学中还用"巴"（bar）和"托"为压力单位，这些计量单位在一些进口仪表说明书上可能还会见到。

根据不同的测量条件，压力又可分为绝对压力和相对压力，相对压力又可分为差压和表压。因此，测量压力的传感器也可分为三大类，即绝对压力传感器、差压传感器和表压传感器。

1. 绝对压力传感器

这种压力传感器所测得的压力数值是相对于密封在绝对压力传感器内部的基准真空（相当于零压力参考点）而言的，是以真空为起点的压力。平常所说的环境大气压为某某千帕，就是指绝对压力。当绝对压力小于101kPa时，可以认为是负压，所测得压力相当于真空度。

2. 差压传感器

差压是指两个压力 p_1 和 p_2 之差，又称为压力差。例如，一张绷紧在管道口上的橡皮薄膜的左右两侧面均向大气敞开时，差压 $\Delta p = p_左 - p_右 = 0$。

当从左侧向管道吹气时，$p_左 > p_右$，$\Delta p \neq 0$。如果认为此时的 Δp 为正值，则当从左侧向管道吸气时，$p_左 < p_右$，膜片将向管道的左侧弯曲，Δp 为负值。

更多的情况下，管道的左右两侧均存在很大的压力，膜片的弯曲方向要由左右两侧的压力之差决定，而与大气压（环境压力）无关。例如 $p_1 = 0.9 \sim 1.1\text{MPa}$，$p_2 = 0.9 \sim 1.0\text{MPa}$，就必须选择-0.1~0.3MPa的差压传感器。

差压传感器在使用时不允许在一侧仍保持有很高压力的情况下，将另一侧的压力降低到零（指环境压力），这将使原来用于测量微小差压的膜片破裂。

3. 表压传感器

表压测量是差压测量的特殊情况。测量时，它以环境大气压为参考基准，将差压传感器的一侧向大气敞开，就形成表压传感器。表压传感器的输出为零时，其膜片两侧实际上均存在一个大气压的绝对压力。这类传感器的输出随大气压的波动而波动，但误差不大。在工业生产和日常生活中所提到的压力，绝大多数指的是表压。

7.4.2　差动电容式差压变送器

图7-15a所示为上海某仪表公司生产的通用型差动电容式差压变送器结构，它的核心部分是一个差动变极距式电容传感器。它以线胀系数很小的两个凹形玻璃（或绝缘陶瓷）圆片上的镀金薄膜作为定极板，两个凹形镀金薄膜与夹紧在它们中间的弹性平膜片组成 C_1 和 C_2。

当被测压力 p_1、p_2 由两侧的内螺纹压力接头进入各自的空腔时，该压力通过不锈钢波纹隔离膜以及热稳定性很好的灌充液（导压硅油）传导到 δ 腔。弹性平膜片由于受到来自两侧的压力之差，而凸向压力小的一侧。在 δ 腔中，弹性膜片与两侧的镀金定极板之间的距离很小（约0.5mm），所以微小的位移（不大于0.1mm）也可以使电容量变化100pF以上。测量转换电路（相敏检波器）将此电容量的变化转换成4~20mA的标准电流信号，通过信号电缆输出到二次仪表。从图7-15b中还可以看到，该压力变送器自带液晶数码显示器，可以在现场读取测量值，只需要电源提供4~20mA电流。

图 7-15 差动电容式差压变送器

1—高压侧进气口 2—低压侧进气口 3—过滤片 4—空腔 5—柔性不锈钢波纹隔离膜片
6—导压硅油 7—凹形玻璃圆片 8—镀金凹形电极（定极板） 9—弹性平膜片 10—δ 腔
11—铝合金外壳 12—限位波纹盘 13—过电压保护悬浮波纹膜片 14—公共参考端（地电位）
15—螺纹压力接头 16—测量转换电路及显示器铝合金盒 17—信号电缆

  差动电容的输入激励源通常放在信号调理壳体中，其频率通常选取在 100kHz 左右，幅值为 10V 左右。经变送器内部的单片机线性化后，差压变送器的输出准确度可达 1% 左右。

  对额定量程较小的差动电容式差压变送器来说，当某一侧突然"失压"时，巨大的差压有可能将很薄的平膜片压破，所以设置了安全悬浮膜片和限位波纹盘，起"过压"保护作用。

7.4.3 利用电容式差压变送器测量液体的液位

  将图 7-15 所示差动电容式差压变送器的高压侧（p_1）进气孔及低压侧（p_2）进气孔通过管道与储液罐相连，如图 7-16 所示。设储液罐是密闭的，则施加在高压侧腔体内的压力为

$$p_1 = p_0 + \rho g(h - h_0) \tag{7-3}$$

式中，p_0 为密封容器上部空间的气体压力；ρ 为液体的密度；g 为重力加速度；h 为待测总的液位；h_0 为差压变送器的安装高度。

  施加在低压侧腔体内的压力 p_2 为密闭容器上部空间的气体压力，所以 $p_2 = p_0$。施加在差压电容膜片上的压力之差为

$$\Delta p = p_1 - p_2 = \rho g(h - h_0) \tag{7-4}$$

  由式（7-4）可知，差压变送器的输出与液位 h_1 成正比。前面介绍过的电感式差压变送器和

扩散硅压阻式差压传感器也同样能用来测量液位。

7.4.4　流量的基本概念

在工业中，凡是涉及流体介质的生产流程（如气体、液体及粉状物质的传送等），都有流量测量和控制的问题。

流量是指流体在单位时间内通过某一截面的体积数或质量数，分别称为体积流量 q_v 和质量流量 q_m。这种单位时间内的流量统称为瞬时流量 q。将瞬时流量对时间 t 进行积分，求出累计体积或累计质量的总和，称为累积流量，也叫总量。

如果流量十分平稳，则可将短暂时段 t 与该时段瞬时流量的平均值相乘，并对乘积进行累加，从而得到累积流量，即

$$q_{总} = \sum_{i=1}^{n} \bar{q}_i t_i \qquad (7\text{-}5)$$

图 7-16　差压式液位计
1—储液罐　2—液面　3—上部空间
4—高压侧管道　5—差动电容式
差压变送器　6—低压侧取压管

式中，$q_{总}$ 为累积流量，其单位用 t、kg 或 m^3、L 等表示；$\bar{q}_i$ 为某一时段内的平均瞬时流量；t_i 为该时段经历的时间。

流速 v 越快，瞬时流量越大；管道的截面面积越大，瞬时流量也越大。根据瞬时流量的定义，体积流量 $q_v = Av$，单位为 m^3/h 或 L/s；质量流量 $q_m = \rho Av$，单位为 t/h 或 kg/s。v 为流过某截面的平均流速，A 为管道的截面积，ρ 为流体的密度。采用测量流速 v 而推算出流量的仪器，称为流速法流量计。

测量流量的方法很多，除了上述的流速法之外，还有容积法、质量法和水槽法等。流速法中，又有叶轮式、涡轮式、卡门涡流式（又称涡街式）、热线式、多普勒式、超声式、电磁式及差压节流式等。

7.4.5　节流式流量计及电容式差压变送器在流量测量中的应用

差压式流量计又称节流式流量计。在流体流动的管道内，设置一个节流装置，如图 7-17 所示。

所谓节流装置，就是在管道中段设置一个流通面积比管道狭窄的孔板或者文丘里喷嘴，使流体经过该节流装置时，流束局部收缩，流速增加。根据物理学中的伯努利定律，管道中流体流速越快，压强（在工业中俗称压力）就越小。所以流体在节流后的压力将小于未节流之前的压力。节流装置两侧的压差与通过的流量有关：流量为零时，差压为零；流量越大，差压越大。

按照国家标准制造的标准节流装置的流量系数计算公式是相当完备的，所以它是一种可靠性和标准化较高的流量传感器。

节流装置输出的差压是从节流装置的前后取压孔取出的。从取压孔到差压变送器的导压管的配置也应按照规定的标准安装。图 7-17b 是测量液体时导压管的标准安装方法。如果被测流体是气体，导压管应从节流装置的上方引出，以免混杂在气体中的液滴堵住取压管，如

a) 流体流经节流孔板时，压力和流速的变化情况　　　b) 测量液体时导压管的标准安装方法

c) 测量气体时导压管的标准安装方法

图 7-17　节流式流量计

1—管道　2—流体　3—节流孔板　4—前取压孔位置　5—后取压孔位置
6—截止阀　7—放气阀　8—排水阀　9—差压变送器　10—短路阀

图 7-17c 所示。

节流式流量计的缺点是流体通过节流装置后，会产生不可逆的压力损失。另外，当流体的温度 t、压力 p_1 变化时，流体的密度将随之改变。所以必须进行温度、压力修正。在内设微处理器的智能化流量计中，可以分别对 p_1、t 进行采样，然后按有关公式对流体密度进行计算修正。由于流量与差压的二次方根成正比，所以当流量较小时，准确度将变低。

习　题　7

一、单项选择题

1. 在两片间隙为 1mm 的两块平行极板的间隙中插入（　　　），可测得最大的电容量。

A. 塑料薄膜　　　　B. 干的纸　　　　C. 湿的纸　　　　D. 玻璃薄片

2. 电子卡尺的分辨力可达 0.01mm，行程可达 200mm，它的内部所采用的电容式传感器形式是（　　　）。

A. 变极距式　　　　B. 变面积式　　　　C. 变介电常数式

3. 在电容式传感器中，若采用调频法测量转换电路，则电路中（　　　）。

A. 电容和电感均为变量　　　　　　B. 电容是变量，电感保持不变

C. 电容保持常数，电感为变量　　　　D. 电容和电感均保持不变

4. 湿敏电容可以测量（　　　）。

A. 空气的绝对湿度　　　　　　　　B. 空气的相对湿度

C. 空气的温度　　　　　　　　　　D. 纸张的含水量

5. 电容式接近开关对（　　　）的灵敏度最高。

A. 玻璃　　　　B. 塑料　　　　C. 纸　　　　D. 鸡饲料

6. 图 7-16 中，当储液罐中装满液体后，电容式差压变送器中的膜片将（　　　）。

A. 向左弯曲　　　　B. 向右弯曲　　　　C. 保持不动

7. 自来水公司到用户家中抄自来水表数据，得到的是（　　　）。

A. 瞬时流量，单位为 t/h　　　　　B. 累积流量，单位为 t 或 m^3

C. 瞬时流量，单位为 k/g　　　　　D. 累积流量，单位为 kg

8. 图 7-17 中，管道中的流体自左向右流动时，（　　　）。

A. $p_1 > p_2$　　　　B. $p_1 < p_2$　　　　C. $p_1 = p_2$

9. 管道中流体的流速越快，压力就越（　　　）。

A. 大　　　　B. 小　　　　C. 不变

10. 电子血压计测量人体（　　　）时可以使用（　　　）来完成测量。

A. 动脉的绝对压力　　　　　　　　B. 动脉的压力，并与自动充放气气囊的压力进行比较

C. 压阻式压力传感器　　　　　　　D. 弹簧管式压力传感器

二、计算题

1. 图 7-18 所示为光柱显示分段电容式传感器编码液位计原理，玻璃连通器 3 的外圆壁上等间隔地套着 n 个不锈钢圆环，显示器采用 101 线 LED 光柱（第一线常亮，作为电源指示）。

1）该液位计采用了电容式传感器中变极距、变面积、变介电常数三种原理中的哪一种？

2）被测液体应该是导电液体还是绝缘液体？

3）设 $n = 32$，$h_2 = 8m$，分别写出该液位计的分辨率（%）及分辨力（h_2/n，几分之一米），并说明如何提高此类传感器的分辨率。

4）设当液体上升到第 32 个不锈钢圆环的高度时，101 线 LED 光柱全亮，则当液体上升到 $m = 8$ 个不锈钢圆环的高度时，共有多少线 LED 被点亮？

5）如果第 26 线亮，其他都不亮，能说明 $h_2 = 2m$ 吗？出现这种现象可能是什么原因？

2. 人体感应式接近开关原理图如图 7-19 所示，图 7-20 所示为鉴频器的输入-输出特性曲线。请分析该原理图并填空。

图 7-18　光柱显示分段电容式传感器编码液位计原理

1—储液罐　2—液面　3—玻璃连通器　4—钢质直角接头　5—不锈钢圆环
6—101 线 LED 光柱　7—进水口　8—出水口

图 7-19　人体感应式接近开关原理

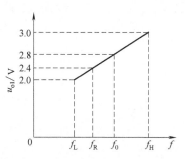

图 7-20　鉴频器的输入-输出特性曲线

1) 地电位的人体与金属板构成空间分布电容 C_x，C_x 与微调电容 C_0 从高频等效电路来看，两者之间构成____联。VT_1、L_1、C_0、C_x 等元器件构成了____电路，$f=$ _____，f 略高于 f_R。当人手未靠近金属板时，C_x 最_____（大/小），检测系统处于待命状态。

2) 当人手靠近金属板时，金属板对地分布电容 C_x 变_____，因此高频变压器 T 的二

次侧的输出频率 f 变_____（高/低）。

3）从图 7-20 可以看出，当 f 低于 f_R 时，U_{o1}_____于 U_R，A_2 的输出 U_{o2} 将变为_____电平，因此 VL_____（亮/暗）。

4）三端稳压器 7805 的输出为_____（正/负）_____V，由于运放饱和时的最大输出电压约比电源低 1V，所以 A_2 的输出电压约为____V，中间继电器 KA 变为_____状态（吸合/释放）。

5）图中的运放接正反馈电阻 R_{f2}，所以 IC_2 在此电路中起____作用；VT_2 起_____（电压放大/电流驱动）作用；基极电阻 R_{B3} 起_____作用；VD_1 起_____作用，防止当 VT_2 突然截止时，产生过电压而使_____击穿。

6）通过以上分析可知，该接近开关主要用于检测_____，它的最大优点是_____。可以将它应用到_____以及_____等场所。

扩展阅读

发 动 中 国

探索浩瀚宇宙，建设空天强国，中国人的飞天梦，迎来了圆梦的新时代。作为高新技术最为集中、产业溢出效应最强的领域，空天技术水平是一个国家科技实力的重要标志，也是一个国家经济实力、国防实力、综合国力的重要体现。大飞机腾空，国产飞机发动机揭开面纱；大推力火箭发动机点火试验，全景呈现；助力太空布局，中国卫星制造装备全新亮相；太空密闭生存试验，挑战全球极限。迈向航空航天强国，中国已全速前进。

超级装备让人类获得超越自身的能力，工程机械制造水平和能力，成为衡量一个国家工业水平的关键指标。中国已经是全球工程机械最大的制造基地，这是中国迈向制造强国并最有可能率先跻身最先进行列的领域。但是中国人面对的，也是更极端的工况、更难挑战的技术。依托超强的装备体系实力，一批强悍的基建装备，正锻造出一支通达天下的超强战队。世界上最长的 86m 长钢制臂架泵车、最强悍的高原装载机、最先进的全断面掘进机、最绿色高效的造楼设备、最长的地下管廊、最先进的万吨水泥生产线、中国人独创的穿隧架桥机，一个个超级机器，在极端工况下，展示着中国制造的实力与魅力。

压电式传感器

学习目标

知识目标：

1. 了解压电效应、压电材料及其特性。
2. 了解压电式传感器的基本结构和特点。
3. 掌握各类压电式传感器的典型应用。

能力目标：

1. 正确识别压电式传感器及其使用、组成及特性。
2. 能够根据检测要求选择合适的压电式传感器。
3. 正确掌握测振传感器的不同应用。

　　压电式传感器（Piezoelectric Transducer）是一种典型的自发电式传感器。它以某些电介质的压电效应为基础，在外力作用下，在电介质表面产生电荷，从而实现非电量检测的目的。压电式传感元件是力敏感元件，它可以测量最终能变换为力的非电物理量，例如动态力、动态压力和振动加速度等，但不能用于静态参数的测量。

　　压电式传感器具有体积小、质量轻、频响高、信噪比大等特点。由于它没有运动部件，因此结构坚固，可靠性、稳定性高。近年来，随着电子技术的发展，已可以将测量调理电路与压电式探头安装在同一壳体中，使其不受电缆长度的影响。

8.1　压电式传感器的工作原理

　　取一块干燥的冰糖，在完全黑暗的环境中，用锤子敲击，可以看到冰糖在破碎的一瞬间发出暗淡的蓝色闪光，这是强电场放电所产生的闪光，产生闪光的机理是晶体的压电效应。

8.1.1　压电效应

　　某些电介质在沿一定方向上受到外力作用而变形时，内部会产生极化现象，同时在其表面上产生电荷，当外力去掉后，电介质又重新回到不带电的状态，这种现象称为压电效应。反之，在电介质的极化方向上施加交变电场或电压，它会产生机械变形；当去掉外加电场时，电介质变形随之消失，这种现象称为逆压电效应（电致伸缩效应）。例如，音乐贺卡中的压电片就是利用逆压电效应而发声的。具有压电效应的物质很多，如天然形成的石英晶体、人工制造的压电陶瓷等。

在晶体的弹性限度内，压电材料受动态力后，其表面产生的电荷 Q 与所施加的动态力 F_x 成正比，即

$$Q = dF_x \tag{8-1}$$

式中，d 为压电常数。

图 8-1 所示为压电效应示意。自然界中与压电效应有关的现象很多，例如敦煌的鸣沙丘，当许多游客在鸣沙丘上蹦跳或从鸣沙丘上往下滑时，可以听到雷鸣般的隆隆声，产生这个现象的原因是无数干燥的沙子（SiO_2 晶体）在重压下引起振动，表面产生电荷，在某些时刻，恰好形成电压串联，产生很高的电压，并通过空气放电而发出声音。在电子打火机中，压电材料受到敲击产生很高的电压，通过尖端放电即可点燃可燃气体。

8.1.2 压电材料的分类及特性

压电传感器中的压电元件材料一般有三类：一类是石英晶体（单晶体）；另一类是经过极化处理的压电陶瓷（多晶体）；第三类是高分子压电材料。

1. 石英晶体

石英晶体是一种性能良好的压电晶体，它的突出优点是性能非常稳定。在 20～200℃ 的范围内，压电常

图 8-1　压电效应示意

数的变化率只有 −0.0001/℃。此外，它还具有自振频率高、动态响应好、机械强度高、绝缘性能好、迟滞小、重复性好、线性范围宽等优点。石英晶体的不足之处是压电常数较小（$d = 2.31×10^{-12}$ C/N）。因此，石英晶体大多只在标准传感器、高准确度测量或环境温度较高的场合中使用，而在一般要求的测量中，基本上都采用压电陶瓷。

2. 压电陶瓷

压电陶瓷是人工制造的多晶压电材料，它由无数细小的电畴组成，这些电畴实际上是分子自发极化的小区域。在无外电场作用时，各个电畴在晶体中杂乱分布，它们的极化效应被相互抵消了，因此原始的压电陶瓷呈电中性，不具有压电性质。为了使压电陶瓷具有压电效应，必须在一定温度下对其做极化处理。极化处理之后，陶瓷材料内部存在有很强的剩余极化强度，当压电陶瓷受外力作用时，其表面也能产生电荷，所以压电陶瓷也具有压电效应。压电陶瓷的极化处理如图 8-2 所示。

压电陶瓷的制造工艺成熟，通过改变配方或掺杂微量元素可使材料的技术性能有较大改变，以适应各种要求。压电陶瓷还具有良好的工艺性，可以方便地加工成各种需要的形状，在通常情况下，它比石英晶体的压电系数高得多，而制造成本却较低，因此目前国内外生产的压电元件绝大多数都采用压电陶瓷。

常用的压电陶瓷材料主要有以下几种。

（1）锆钛酸铅系列压电陶瓷（PZT）　锆钛酸铅系列压电陶瓷是由钛酸铅和锆酸铅组成

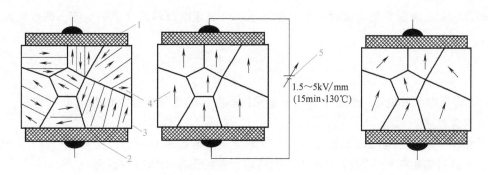

a) 极化处理前电畴杂乱分布　　b) 在极化电压下的电畴分布　　c) 冷却、稳定后的电畴分布

图 8-2　压电陶瓷的极化处理

1—镀银上电极　2—镀银下电极　3—压电陶瓷　4—电畴

5—极化高压电源　↑—细微的电畴极化方向

的固熔体，它有较高的压电常数 $[d=(200\sim500)\times10^{-12}\mathrm{C/N}]$，和较高的居里点（500℃左右），是目前经常采用的一种压电材料。在上述材料中加入微量的镧（La）、铌（Nb）或锑（Sb）等，可以得到不同性能的 PZT 材料。PZT 是工业中应用较多的压电陶瓷。

（2）非铅系压电陶瓷　为减少铅对环境的污染，人们正积极研制非铅系压电陶瓷。目前非铅系压电铁电陶瓷体系主要有 $\mathrm{BaTiO_3}$ 基无铅压电陶瓷、BNT 基无铅压电陶瓷、铌酸盐基无铅压电陶瓷、钛酸铋钠钾无铅压电陶瓷和钛酸铋锶钙无铅压电陶瓷等，它们的各项性能多已超过含铅系列压电陶瓷，是今后压电铁电陶瓷的发展方向。

3. 高分子压电材料

高分子压电材料是近年来发展很快的一种新型材料，典型的高分子压电材料有聚偏二氟乙烯（$\mathrm{PVF_2}$ 或 PVDF）、聚氟乙烯（PVF）、改性聚氯乙烯（PVC）等。其中以 PVDF 的压电常数最高，有的材料可比压电陶瓷高十几倍。其输出脉冲电压有的可以直接驱动 CMOS 集成门电路。

高分子压电材料是一种柔软的压电材料，可根据需要制成薄膜或电缆套管等形状，经极化处理后就显现出压电特性。它不易破碎，具有防水性，可以大量连续拉制，制成较大面积或较大长度，因此价格便宜。其测量动态范围可达 80dB，频率响应范围可从 0.1Hz 直至 $10^9\mathrm{Hz}$。这些优点都是其他压电材料所不具备的，因此在一些不要求测量准确度的场合，例如水声测量、防盗、振动测量等领域中获得应用。它的声阻抗与空气的声阻抗有较好的匹配，因而是很有希望的电声材料。例如，在它的两侧面施加高压音频信号时，可以制成特大口径的壁挂式低音扬声器。

高分子压电材料的工作温度一般低于 100℃，温度升高时，其灵敏度将降低。此外，高分子压电材料的机械强度不够高，耐紫外线能力较差，不宜暴晒，以免老化。

8.2　压电式传感器的测量转换电路

8.2.1　压电元件的等效电路

压电元件在承受沿敏感轴方向的外力作用时，将产生电荷，因此它相当于一个电荷发生

器。当压电元件表面聚集电荷时，它又相当于一个以压电材料为介质的电容，两电极板间的电容 C_a 为

$$C_a = \frac{\varepsilon_r \varepsilon_0 A}{\delta} \tag{8-2}$$

式中，A 为压电元件电极面面积；δ 为压电元件厚度；ε_r 为压电材料的相对介电常数；ε_0 为真空介电常数。

因此，可以把压电元件等效为一个电荷源与一个电容相并联的电荷等效电路，如图 8-3 所示，如果忽略阻值较大的漏电阻 R_a，则压电元件的端电压的有效值为

$$U_o \approx \frac{Q}{C_a} \tag{8-3}$$

a) 结构示意　　　　b) 压电元件的符号　　　c) 压电元件的等效电路

图 8-3　压电元件的结构、图形符号及等效电路

1—镀银上电极　2—压电晶体　3—镀银下电极

压电式传感器与二次仪表配套使用时，还应考虑连线电缆的分布电容 C_c、放大器的输入电阻 R_i、输入电容 C_i 等的影响。R_a、R_i 越小，C_c、C_i 越大，压电元件的输出电压 U_o 就越小。

由于外力作用在压电元件上产生的电荷只有在无泄漏的情况下才能保存，即需要二次仪表的输入测量回路具有无限大的输入电阻，这实际上是不可能的，因此压电传感器不能用于静态测量。压电元件在交变力的作用下，电荷可以不断补充，可以供给测量回路以一定的电流，故只适用于动态测量。

8.2.2　电荷放大器

压电式传感器的输出信号非常弱，一般需将电信号放大后才能检测出来。根据压电式传感器的工作原理及等效电路，它的输出可以是电荷信号，也可以是电压信号，因此与之相配的前置放大器有电压前置放大器和电荷放大器两种形式。

因为压电式传感器的内阻抗极高，所以它需要与高输入阻抗的前置放大器配合。从图 8-3 可以看到，如果使用电压放大器，其输入电压有效值为 $U_i = Q/(C_a + C_c + C_i)$，导致电压放大器的输入电压与屏蔽电缆线的分布电容 C_c 及放大器的输入电容 C_i 有关，它们均是变数，会影响测量结果，故目前多采用性能稳定的电荷放大器（电荷-电压转换器），如图 8-4 所示。

在电荷放大器电路中，C_{fi}（$i = 1$，2）在放大器输入端的密勒等效电容 $C_f' = (1 + A) C_{fi} \gg C_a + C_c + C_i$，所以 $C_a + C_c + C_i$ 的影响可以忽略，电荷放大器的输出电压仅与输入电荷和反馈电容有关，电缆长度等因素的影响很小。电荷放大器的输出电压为

a) 原理图　　　　　　　　　　　　　　b) 外观

图 8-4　电荷放大器

1—压电传感器　2—屏蔽电缆线　3—传输线分布电容　4—电荷放大器

S_C—灵敏度选择开关　S_R—带宽选择开关　$C_{fi}'-C_{fi}$ 在放大器输入端的密勒等效电容（$i=1,2$）

$C_f''-C_{fi}$ 在放大器输出端的密勒等效电容（$i=1,2$）

$$U_o \approx -\frac{Q}{C_{fi}}(i=1,2) \tag{8-4}$$

式中，Q 为压电式传感器产生的电荷；C_{fi} 为并联在放大器输入端和输出端之间的反馈电容。

便携式测振仪（内部包括电荷放大器）外形如图 8-5 所示。

图 8-5　便携式测振仪外形

1—量程选择开关　2—压电传感器输入信号插座　3—多路选择开关　4—带宽选择开关

5—带背光点阵液晶显示器　6—电池盒　7—可变角度支架

8.3　压电式传感器的应用

压电式传感器主要用于脉动力、冲击力、振动等动态参数的测量。由于压电材料可以是石英晶体、压电陶瓷和高分子压电材料等，而它们的特性不尽相同，所以用途也不一样。

石英晶体主要用于精密测量，多作为实验室基准传感器；压电陶瓷灵敏度较高，机械强度稍低，多用作测力和振动传感器；而高分子压电材料多用作定性测量。下面分别介绍几种典型应用，并对振动测量给予简介。

8.3.1 高分子压电材料的应用

1. 玻璃打碎报警装置

玻璃破碎时会发出几千赫兹甚至超声波（高于 20kHz）的振动。将高分子压电薄膜粘贴在玻璃上，可以感受到这一振动，并将电压信号传送给集中报警系统。图 8-6 示出了高分子压电薄膜振动感应片结构。

高分子薄膜厚约 0.2mm，用聚偏二氟乙烯（PVDF）薄膜裁制成 10mm×20mm 大小。在它的正、反两面各喷涂透明的二氧化锡导电电极，也可以用热印制工艺制作铝薄膜电极，再用超声波焊接上两根柔软的电极引线，并用保护膜覆盖。

使用时，用瞬干胶将高分子压电薄膜粘贴在玻璃上。当玻璃遭暴力打碎的瞬间，压电薄膜感受到剧烈振动，表面产生电荷 Q，并在两个输出引脚之间产生窄脉冲电压。脉冲信号经放大后，用电缆输送到集中报警装置，产生报警信号。

由于感应片很小且透明，不易察觉，所以可安装在贵重物品柜台、展览橱窗、博物馆及家庭等玻璃窗角落处。

图 8-6 高分子压电薄膜振动感应片结构

1—正面透明电极   2—高分子薄膜
3—反面透明电极   4—保护膜
5—引脚   6—质量块

2. 压电式周界报警系统

周界报警系统又称线控报警系统，它警戒的是一条边界包围的重要区域。当入侵者进入防范区之内时，系统就会发出报警信号。

周界报警器最常见的是安装有报警器的铁丝网，但在民用部门也经常使用隐蔽的传感器，常用的周界报警器有以下几种形式：地音式、高频辐射漏泄电缆、红外激光遮断式、微波多普勒式及高分子压电式电缆等。高分子压电式电缆周界报警系统如图 8-7 所示。

在警戒区域的四周埋设多根以高分子压电材料为绝缘物的单芯屏蔽电缆，屏蔽层接地，它与电缆芯线之间以 PVDF 为介质构成分布电容。当入侵者踩到电缆上面的柔性地面时，该压电式电缆受到挤压，产生压电脉冲，引起报警。通过编码电路，还可以判断入侵者的大致方位。压电式电缆可长达数百米，以便警戒较大的区域，压电式电缆不易受电、光、雾、雨水等干扰，成本也比采用微波等方法低。

3. 交通监测

将高分子压电式电缆埋在公路上，可以判断车速、载荷分布、车型等。图 8-8 所示为三轴重载货车载荷分布，从图中可以判断出三个车轴的距离、每个车轴的动态载荷量等。

a) 原理框图　　　　　　　　　　　　b) 高分子压电式电缆

图 8-7　高分子压电式电缆周界报警系统

1—铜芯线（分布电容内电极）　2—管状高分子压电塑料绝缘层

3—铜网屏蔽层（分布电容外电极）　4—橡胶保护层（承压弹性元件）

8.3.2　陶瓷压电式传感器的应用

压电陶瓷多制成片状，称为压电片。压电片通常是两片（或两片以上）粘结在一起，由于压电片上的电荷是有极性的，所以有串联和并联两种接法，一般常用的是并联接法，如图 8-9 所示。其总面积及输出电容 $C_并$ 是单片电容 C 的 2 倍，但输出电压 $U_并$ 仍等于单片电压 U，极板上的总电荷 $Q_并$ 为单片电荷 Q 的 2 倍，即 $C_并 = 2C$、$U_并 = U$、$Q_并 = 2Q$。

图 8-8　三轴重载货车载荷分布

压电片在传感器中必须有一定的预紧力，因为这样首先可以保证压电片在受力时，始终受到压力，其次能消除两压电片之间因接触不良而引起的非线性误差，保证输出与输入作用力之间的线性关系。但是这个预紧力也不能太大，否则将会影响其灵敏度。压电式传感器主要用于动态力、振动加速度的测量。

图 8-9　压电片的并联接法

1. 压电式动态力传感器

图 8-10 所示为压电式单向动态力传感器的外形及结构，它主要用于变化频率不太高的动态力的测量，如车床动态切削力的测量。被测力通过传力上盖使压电片在沿轴方向受压力作用而产生电荷，两块压电片沿轴向反方向叠在一起，中间是一个片形电极，它收集负电荷。两压电片正电荷侧分别与传感器的传力上盖及底座相连，因此两块压电片被并联起来，提高了传感器的灵敏度。片形电极通过电极引出插头将电荷输出，电荷 Q 与所受的动态力成正比。只要用电荷放大器测出 ΔQ，就可以测知 ΔF。

a) 单向动态力传感器外形　　　b) 三维切削力传感器外形　　　　　c) 内部结构

图 8-10　压电式单向动态力传感器

1—刚性传力上盖　2—压电片　3—电极　4—电极引出插头　5—绝缘材料　6—底座

压电式单向动态力传感器的测力范围与压电片的尺寸有关。例如一片直径为 18mm，厚度为 7mm 的压电片，可承受 5kN 的力，固有振动频率可达数十千赫兹。

2. 单向动态力传感器的应用

图 8-11 所示为利用单向动态力传感器测量刀具切削力的示意图，压电式单向动态力传感器位于车刀前端的下方。

切削前，虽然车刀紧压在传感器上，压电片在压紧的瞬间也会产生很大的电荷，但几秒之后，电荷就通过电路的漏电阻中和掉了。

切削过程中，车刀在切削力的作用下，上下剧烈颤动，将脉动力传递给单向动态力传感器。传感器的电荷变化量由电荷放大器转换成电压，再用记录仪记录下切削力的变化量。

图 8-11　刀具切削力测量示意图

1—压电式单向动态力传感器　2—刀架

3—车刀　4—工件

8.4　振动测量及频谱分析

8.4.1　振动的基本概念

物体围绕平衡位置做往复运动称为振动。根据振动对象，可分为机械振动（例如机床、电动机、泵、风机等运行时的振动）、土木结构振动（房屋、桥梁等的振动）、运输工具振动（汽车、飞机等的振动），以及枪弹发射、炸弹爆炸引起的冲击振动等。

根据振动的频率范围，可分为高频振动、低频振动和超低频振动等。

从振动信号的统计特征来看，可将振动分为周期振动、非周期振动以及随机振动等。周期振动是指经过相同的时间间隔，其振动特征量重复出现的振动，包括简谐振动和复杂周期振动。复杂周期振动是由一些不同频率的简谐分量合成的振动。非周期振动的时域函数是一个衰减函数，冲击振动是最常见的非周期振动。随机振动是一种非确定性振动，事先无法确定其振幅、频率及相位的瞬时值，但有一定的统计规律性。

振动测量主要是研究上述各种振动的特征、变化规律以及分析产生振动的原因，从而找出解决问题的方法。

物体振动一次所需的时间称为周期，用 T 表示，单位为 s。每秒振动的次数称频率，用 f 表示，单位为 Hz。频率是分析振动的最重要内容之一。振动物体的位移用 x 表示，偏离平衡位置的最大距离称为振幅，用 A_p 表示，单位为 mm。振动的速度用 v 表示，单位为 m/s；加速度用 a 表示，单位为 m/s^2。

8.4.2 测振传感器的分类

测振用的传感器又称拾振器，有接触式和非接触式之分。接触式测振传感器中又有磁电式、电感式、压电式等。非接触式测振传感器中又有电涡流式、电容式、霍尔式、光电式等。图 8-12 所示为测振系统的力学模型。

图 8-12 测振系统的力学模型

1—振动体基座 2—壳体 3—阻尼器 4—质量块（惯性体） 5—弹簧 6—标尺

当测振系统自身的固有振动频率 $f_0 \geqslant 5f$ 时，质量块与被测振动体 A 一起振动，质量块与被测振动体 A 所感受到的振动加速度基本一致，这样的测振传感器称为加速度传感器。

8.4.3 压电式振动加速度传感器的原理及结构

压电式振动加速度传感器原理及结构如图 8-13 所示。当传感器与被测振动加速度的机

a) 原理图　　　b) 中心压缩压电式　　　c) 环形剪切压电式　　　d) 外形

图 8-13 常用的压电式振动加速度传感器

1—基座 2—引出电极 3—压电片 4—质量块 5—弹簧 6—壳体 7—固定螺孔

件紧固在一起后，传感器受机械运动的振动加速度作用，压电片受到质量块惯性引起的压力，其方向与振动加速度方向相反，大小由 $F=ma$ 决定。惯性引起的压力作用在压电片上产生电荷。电荷由引出电极输出，由此将振动加速度转换成电参量。弹簧是给压电片施加预紧力的，预紧力的大小基本不影响输出电荷的大小。若预紧力不够，而加速度又较大，质量块将与压电片敲击碰撞。但预紧力也不能太大，否则会引起压电片的非线性误差。常用的压电式加速度传感器的结构多种多样，图 8-13b 就是其中的一种，称为中心压缩压电式加速度传感器，这种结构有较高的固有振动频率（符合 $f_0 > 5f$），可用于较高频率的测量（几千至几十千赫兹），它是目前应用较多的一种结构。除此之外，还有环形剪切压电式加速度传感器等，如图 8-13c 所示。

8.4.4 压电式振动加速度传感器的性能指标

1. 灵敏度 K

压电式振动加速度传感器属于自发电型传感器，它的输出为电荷量，以 pC（皮库仑）为单位，$1pC = 10^{-12}C$，而输入量为加速度，单位为 m/s^2，所以灵敏度以 $pC/(m/s^2)$ 为单位。但是在振动测量中，往往用标准重力加速度 g（$g \approx 9.8m/s^2$）作为加速度的单位，这是检测行业的一种习惯用法，大多数测量振动的仪器都用 g 作为加速度单位，并在仪器的面板以及说明书中标出，灵敏度的范围为 $10 \sim 100pC/g$。

目前，许多压电式振动加速度传感器已和电荷放大器做在同一个壳体中，它的输出是电压，所以许多压电式振动加速度传感器的灵敏度单位为 mV/g，通常为 $10 \sim 1000mV/g$。

灵敏度并不是越高越好。灵敏度低的传感器可用于动态范围很宽的振动测量，例如打桩机的冲击振动、汽车的撞击试验、炸弹的贯穿延时引爆等。而高灵敏度的压电传感器可用于微弱振动的测量，例如用于寻找地下管道的泄漏点（水管漏水处可发出几千赫兹的振动）、测量桥梁、楼房、桩基的受激振动，以及用于分析精密机床床身的振动以提高加工准确度等。

2. 频率范围

大多数压电式振动加速度传感器的频率范围为 $0.1Hz \sim 10kHz$。某压电式振动加速度传感器的频率响应如图 8-14 所示。

3. 动态范围

常用的测量范围为 $(0.1 \sim 100)g$。测量冲击振动时，应选用测量范围为 $(100 \sim 10000)g$ 的振动加速度传感器；测量桥梁、地基等微弱振动时，往往要选择 $(0.001 \sim 10)g$ 高灵敏度的低频振动加速度传感器。

8.4.5 压电式振动加速度传感器的安装及使用

理论上，压电式振动加速度传感器应与被测振动体刚性连接，但在安装使用中有如下几种连接方法：

1）用于长期监测振动机械的压电式振动加速度传感器应采用双头螺柱牢固地固定在监视点上，如图 8-15a 所示。

图 8-14 某压电式振动加速度传感器的频率响应

a) 双头螺柱固定　　　　b) 磁铁吸附　　　　c) 胶水粘贴　　　　d) 手持探针式

图 8-15　压电式振动加速度传感器安装使用方法

1—压电式振动加速度传感器　2—双头螺柱　3—磁铁　4—黏合剂　5—顶针

2）短时间监测低频微弱振动时，可用磁铁将钢质传感器底座吸附在监测物上，如图 8-15b 所示。

3）测量更微弱的振动时，可以用环氧树脂或瞬干胶将传感器牢牢地粘贴在监测点上，如图 8-15c 所示。但要注意，传感器底座与被测体之间的胶层越薄越好，否则将会使高频响应变差，使用频率上限降低。

4）在对许多测试点进行定期巡检时，也可采用手持探针式加速度传感器。使用时，用手握住传感器，用顶针紧紧地抵触在监测点上，如图 8-15d 所示。此方法使用方便，但测量误差较大，重复性差，使用频率上限将降低到 1000Hz 以下。

8.4.6　压电式振动加速度传感器在汽车中的应用

模块 7 中曾提到差动电容式加速度传感器可以用于汽车碰撞时使气囊迅速充气。利用压电式振动加速度传感器也可以实现同样的目的，具体方法请读者自行思考。下面介绍压电式振动传感器在汽车发动机点火时间控制中的作用。

汽车发动机中的气缸点火时刻必须十分精确，如果恰当地将点火时间提前一些，即有一个提前角，就可使气缸中汽油与空气的混合气体得到充分燃烧，使转矩增大，排放减少。但提前角太大或压缩比太高时，混合气体燃烧受到干扰或自燃，就会产生冲击波，以超音速撞击气缸壁，发出尖锐的金属敲击声，称为爆燃（俗称敲缸或爆震），可能使火花塞、活塞环熔化损坏，使缸盖、连杆、曲轴等部件过载、变形。

将类似于图 8-13 的压电式振动加速度传感器旋在气缸体的侧壁上，当发动机发生爆燃时，传感器产生共振，输出尖脉冲信号（5kHz 左右）并送到汽车发动机的电控单元（ECU），进而推迟点火时刻，尽量使点火时刻接近爆燃区而不发生爆燃，又能使发动机输出尽可能大的转矩。

8.4.7　振动的频谱分析

1. 时域图形

使用示波器可以看到振动加速度的波形图。图 8-16 所示为使用压电式振动加速度传感器测量一台振动剧烈的空调压缩机时的振动波形，图中横坐标为时间轴，因此称为时域图。在这个波形图中可以看到，它的幅度变化明显地存在着周期为 1s 的振动，还能隐隐约约地看到它还包含其他频率高得多的周期振动。除此之外，无法从这些杂乱无章的波形中得到更多的信息，也无法用频率计一一测出这些复杂的频率分量。

图 8-16　空调压缩机在 720r/min 带负载时的时域图形

2. 频域图形

如果将时域图经过快速傅里叶变换（FFT），就能在计算机显示器上显示出另一种坐标图，它的横坐标为频率 f，纵坐标可以是加速度，也可以是振幅或功率等。它反映了在频率范围之内，对应于每一个频率的振动分量的大小，这样的图形称为频谱图或频域图。专门用于测量和显示频谱的仪器称为频谱仪。

用频谱仪将图 8-16 的时域图经 FFT 后就可以得到图 8-17 所示频谱图。从图中可以看到，这台压缩机在 $f=0.86\text{Hz}$ 时存在很窄的尖峰电压，称为谱线，人们感觉到压缩机的低频颤动就是接近 1Hz 的振动造成的，它会使人的心脏感到难受。从频谱图中还可以看到，在 24.9Hz、50Hz 以及其他频率点上还存在高低不一的谱线。依靠这些谱线，可以根据"故障分析技术"分析振动的原因和解决方案。

图 8-17　空调压缩机在 720r/min 带负载时的频谱图

3. 依靠频谱分析法进行故障诊断

图 8-18 所示为用压电式振动加速度传感器测量手扶拖拉机发动机活塞振动的时域图和频谱图（又称频域图）。从时域图可以看出，活塞的振动不是简谐振动（不是正弦波形），其中必定包括了其他的振动分量。从频谱仪得到的频谱图（见图 8-18b）中可以清楚地看到，活塞的振动是由 5Hz 和 10Hz 等多个振动分量合成的。10Hz 的幅值大约是 5Hz 幅值的 1/2。

根据图 8-18 所示的发动机活塞振动谱线，可以尝试依靠频谱分析法进行该拖拉机的故障诊断。有经验的工程师会发现：f_2 的存在说明发动机的燃气压缩比不正确；在 f_1 和 f_2 的两侧还出现较多的小谱线——将其称为边带，说明是发动机减速齿轮磨损严重，导致啮合不良……以上故障分析必须依靠长期的经验积累，并保存正常和各种非正常的频谱图档案，以便检修时对比。当与正常运行状态下的频谱图相比较时，若发现出现新的谱线（见图 8-18b

a) 时域图

b) 频域图

图 8-18 手扶拖拉机发动机活塞振动的时域图和频域图

中的 f_3），就要考虑该机械是否发生了某些新的故障。

例 某钢管厂的轧辊减速器振动很大，现将压电式振动加速度传感器固定在减速器箱体上，如图 8-19 所示。测试得到的时域信号（使用示波器）和频域信号（使用频谱仪）如图 8-20 所示，请作频谱分析和故障诊断。

a) 减速器的传动连接   b) 减速器的振动测试

图 8-19 减速器的故障测试

1—电动机 2—联轴器 3—减速器 4—压电式振动加速度传感器 5—负载

a) 时域图　　　　　　　　　　b) 频域图

图 8-20　减速箱振动时域图、频域图

解　从图 8-20a 的时域图中只能看到杂乱无章的信号，无法得到有意义的结论。而从图 8-20b 的频域图上可以看到，在 70Hz 左右有一较高的谱线。要想知道 70Hz 谱线是何原因造成的，就必须知道电动机的转速和减速器的减速比。

用转速表测得此时的电动机转速约为 220r/min，相当于 3.66r/s。查阅该减速器的资料得知：其中只有两只齿轮，小齿轮 19 齿，大齿轮 36 齿。将转速乘以小齿轮齿数，其结果与该谱线基本吻合（3.66×19≈70），故 70Hz 左右的谱线为齿轮的啮合频率。该频率两旁出现许多小谱线（称为边带），这说明小齿轮磨损严重。而图 8-20b 中的 140Hz 约为啮合频率的 2 倍（由于电动机抖动，所以不可能是 70Hz 的整数倍），而 210Hz 是啮合频率的 3 倍频，这两根谱线均较高，根据以往的经验，可判断齿面啮合得不好。

从图 8-20b 中还可以看到许多与大齿轮（36 齿）有关的频率，可以逐一分析产生这些谱线的原因。比如，40Hz 处还有一根很高的谱线，可以说明是由大齿轮的某一个齿破损引起的。

频谱分析之后，可预先准备好有关机械配件，用最短的时间更换损坏的零件以减少停工时间，然后重新做频谱分析，就可以发现某些谱线已经消失。

在调试时，还可以看到有一些谱线随着减速器固定螺钉的旋紧，以及联轴器、电动机角度的调整而逐渐降低高度，依靠频谱仪可以将机械设备调整到最佳的状态。这些都是频谱分析在故障分析和现场实时调试中的应用，因此应多在工作中逐渐积累频谱分析的经验和资料，以便发生事故时能很快地排除故障，减小损失。

上述频谱分析的方法还可以用在电冰箱、空调、汽车等领域的生产、研究中，判定产生噪声和振动的原因，提高产品的竞争能力。

习　题　8

一、单项选择题

1. 将超声波（机械振动波）转换成电信号是，利用压电材料的（　　）；蜂鸣器中发出"嘀…嘀…"声的压电片发声原理是利用压电材料的（　　）。

A. 应变效应　　　B. 电涡流效应　　　C. 压电效应　　　D. 逆压电效应

2. 在实验室作检验标准用的压电式仪表应采用（　　）压电材料；能制成薄膜，粘贴在一个微小探头上、用于测量人的脉搏的压电材料应采用（　　）；用在压电式振动加速度传感器中测量振动的压电材料应采用（　　）。

A. PTC B. PZT C. PVDF D. SiO_2

3. 使用压电陶瓷制作的力或压力传感器可测量（　　）。

A. 人的体重 B. 车刀的压紧力

C. 车刀在切削时感受到的切削力的变化量 D. 自来水管中的水的压力

4. 动态力传感器中，两片压电片多采用（　　）接法，可增大输出电荷量；在电子打火机和煤气灶点火装置中，多片压电片采用（　　）接法，可使输出电压达上万伏，从而产生电火花。

A. 串联 B. 并联 C. 既串联又并联

5. 测量人的脉搏应采用灵敏度 K 约为（　　）的 PVDF 压电式传感器；家用电器（已包装）做跌落试验以检查是否符合国家标准时，应采用灵敏度 K 为（　　）的压电式传感器。

A. $10V/g$ B. $1V/g$ C. $100mV/g$

二、计算题

1. 用压电式振动加速度传感器及电荷放大器测量振动加速度，若传感器的灵敏度 $K=70pC/g$（g 为重力加速度），电荷放大器灵敏度为 $10mV/pC$，求：

1）输入 $3g$（平均值）加速度时，电荷放大器的输出电压 $\overline{U}_o$（平均值，不考虑正负号）。

2）计算此时该电荷放大器的反馈电容 C_f。

2. 图 8-21 所示为振动式黏度计的原理示意。导磁的悬臂梁 6 与电磁铁心 3 组成激振器。压电片 4 粘贴于悬臂梁上，振动板 7 固定在悬臂梁的下端，并插入到被测黏度的黏性液体中。请分析该黏度计的工作原理，并填空。

1）当励磁线圈接到 10Hz 左右的交流激励源 u_i 上时，电磁铁心产生_____ Hz（两倍的激励频率）的交变_____，并对_____产生交变吸力。由于它的上端被固定，所以它将带动振动板 7 在_____里来回振动。

图 8-21 振动式黏度计原理示意
1—交流励磁电源 2—励磁线圈 3—电磁铁心 4—压电片 5—质量块 6—悬臂梁 7—振动板 8—黏性液体 9—容器

2）液体的黏度越高，对振动板的阻力就越_____，振动板的振幅 A_p 就越_____，所以它的加速度 $a=A_p\omega^2\sin\omega t$ 就越_____，因此质量块 5 对压电片 4 所施加的惯性力 $F=ma$ 就越_____，压电片的输出电荷量 Q 或电压 u_o 就越_____。压电片的输出反映了液体的黏度。

3）该黏度计的缺点是与温度 t 有关。温度升高，大多数液体的黏度变_____，所以将带来测量误差。

3. 两根高分子压电式电缆 A、B（外形见 8-7b）相距 $L=2m$，平行埋设于柏油公路的路面下约 50mm，如图 8-22 所示。它可以用来测量车速及汽车的载重，并根据存储在计算机内部的档案数据，判定汽车的车型。

现有一辆超重车辆以较快的速度压过测速传感器，两根 PVDF 压电式电缆的输出信号如图 8-22b 所示，求：

a) PVDF压电式电缆埋设示意   b) A、B压电式电缆的输出信号波形

图 8-22   PVDF 压电式电缆测速原理

1—公路   2—PVDF 压电式电缆（A、B 共两根）   3—车轮

1）估算车速。

2）估算汽车前后轮间距 d（可据此判定车型）。轮距与哪些因素有关？

3）说明载重量 m 以及车速 v 与 A、B 压电式电缆输出信号波形的幅度或时间间隔之间的关系。

扩展阅读

造 血 通 脉

  中国是世界上最大的能源生产国和消费国。在能源这个关系国家繁荣发展、人民生活改善、社会长治久安的战略领域，中国的态度是明确的——着力推动能源生产利用方式变革，建设一个清洁低碳、安全高效的现代能源体系。这背后，一个个超级装备正成为造血通脉的利器。在全球最高等级特高压工程的起点，可以揭开核心重器——换流变压器的制造诀窍。在全球最大的单体煤液化基地，能够见证高等级空分装置的中外比拼。在中国最大的页岩气开采现场，更可探索压裂车小身材大力气的秘密。从全球最薄的新能源电池，到全球独一无二的核电双胞胎工程，中国的新能源技术已经全面发力。

  2015 年以来，中国海洋经济年均增速高达 7.44%，高于同期世界经济增速 3.8 个百分点，中国海洋生产总值首次突破 7 万亿元（2018 年数据）。海洋正为中国经济提供澎湃动力。第一艘国产航母下水；第一次可燃冰试开采成功；从海上粮仓，到海上油气田；从海水淡化，到海上风场。依海富国，以海强国，建设海洋强国，创新发展的"蓝色中国梦"正越来越近。全球最大的深海钻井平台蓝鲸系列的制造；"深海勇士号"探索深海4500m 区域的神秘资源；全球第一座海洋牧场，世界上最先进的吹砂造陆设备；全球起重能力最强的海上巨无霸，世界上最先进的远洋货船，世界上最完备的海洋运输舰队——大国重器，挺进深蓝。

超声波传感器

学习目标

知识目标：

1. 掌握超声波的传播方式和传播特性。
2. 了解超声波传感器的结构和工作原理。
3. 掌握超声波传感器的典型应用。

能力目标：

1. 能选用合适的超声波传感器进行流量的测量。
2. 能使用超声波传感器进行物位、液位的测量。
3. 能使用超声波传感器进行无损检测。

超声波传感器是将超声波信号转换成其他能量信号（通常是电信号）的传感器。超声波是振动频率高于20kHz的机械波，它具有频率高、波长短、绕射现象小、方向性好以及能够成为射线而定向传播等特点。超声波对液体、固体的穿透能力很强，尤其是在不透明的固体中。超声波碰到杂质或分界面时会产生显著反射形成反射回波，碰到活动物体时能产生多普勒效应。超声波传感器广泛应用在工业、国防、生物医学等领域。

9.1 超声波的物理基础

9.1.1 声波的分类

声波是一种机械波，当它的振动频率在20Hz~20kHz范围内时，可为人耳所感觉，称为可闻声波。低于20Hz的机械振动人耳不可闻，称为次声波，但许多动物却能感受到，比如地震发生前的次声波就会引起许多动物的异常反应。

频率高于20kHz的机械振动波称为超声波。超声波有许多不同于可闻声波的特点。比如，它的指向性很好、能量集中，因此穿透能力强，能穿透几米厚的钢板而能量损失不大。

在遇到两种介质的分界面（例如钢板与空气的交界面）时，能产生明显的反射和折射现象，这一现象类似于光波。超声波的频率越高，其声场指向性就越好，与光波的反射、折散特性就越接近。声波的频率分布如图9-1所示。

图 9-1　声波的频率分布

9.1.2　超声波的传播方式

超声波的传播波形主要可分为纵波、横波及表面波等几种。

（1）纵波　质点的振动方向与波的传播方向一致，这种波称为纵波，又称压缩波，如图 9-2a 所示。质点的运动过程如图 9-2b 所示。纵波能够在固体、液体、气体中传播，人讲话时产生的声波就属于纵波。纵波在钢材中的传播如图 9-2c 所示。

（2）横波　质点的振动方向与波的传播方向垂直，这种波称为横波，如图 9-2d 所示。它是固体介质受到交变剪切应力作用时产生的剪切形变，所以又称剪切波，它只能在固体中传播。

（3）表面波　固体的质点在固体表面的平衡位置附近做椭圆轨迹的振动，使振动波只沿着固体的表面向前传播，如图 9-2e 所示。

图 9-2　纵波、横波和表面波的示意图
1—超声波发生器　2—钢材　3—耦合剂

9.1.3　声速、波长与指向性

1. 声速

声波的传播速度取决于介质的弹性系数、密度以及声阻抗。声阻抗是描述介质传播声波特性的一个物理量。表9-1给出了几种常用材料的声速与密度、声阻抗的关系。

表 9-1　几种常用材料的声速与密度、声阻抗的关系（环境温度为 0℃）

材料	密度 $\rho/(10^3 kg \cdot m^{-3})$	声阻抗 $Z/(MPa \cdot s \cdot m^{-1})$	纵波声速 $c_L/(km \cdot s^{-1})$	横波声速 $c_S/(km \cdot s^{-1})$
钢	7.7	460	5.9	3.2
铜	8.9	420	4.7	2.2
铝	2.7	170	6.3	3.1
有机玻璃	1.18	32	2.7	1.20
甘油	1.27	24	1.9	—
水(20℃)	1.0	14.8	1.48	—
润滑油	0.9	12.8	1.4	—
空气	0.0012	4×10^3	0.34	—

固体的横波声速约为纵波声速的 1/2，且与频率关系不大。表面波的声速约为横波声速的 90%，故又称表面波为慢波。温度越高，声速越慢。

2. 波长

超声波的波长 λ 与频率 f 的乘积恒等于声速 c，即

$$\lambda f = c \tag{9-1}$$

例如，将一束频率为 5MHz 的超声（纵波）射入钢板，查表 9-1 可知，纵波在钢中的声速 $C_L = 5.9km/s$，所以此时的波长 λ 仅为 1.18mm，如果是可闻声波，其波长将大数千倍。

3. 指向性

超声源发出的超声波束以一定的角度向外扩散，如图 9-3 所示。在声束横截面的中轴线上，超声波最强，且随着扩散角度的增大而减小。指向角 θ 与超声源的直径 D 以及波长 λ 之间的关系为

$$\sin\theta = 1.22\lambda/D \tag{9-2}$$

图 9-3　声场指向性及指向角

1—超声源　2—轴线　3—指向角　4—等强度线

例 9-1　设超声源的直径 $D = 20mm$，射入钢板的超声波（纵波）频率为 5MHz，求指向角 θ。

解
$$\sin\theta = 1.22\lambda/D = \frac{1.22 \times 1.18}{20} \approx 0.07$$

所以 $\theta \approx 4°$，可见该超声源的指向性是十分尖锐的。

人声的频率（几百赫兹）比超声波低得多，波长 λ 很长，指向角就非常大，所以可闻声波不太适用于检测领域。

9.1.4 声波的入射与衰减

1. 倾斜入射时的反射与折射

当一束光线照到水面上时，有一部分光线会被水面所反射，剩余的光线射入水中，但前进的方向有所改变，称为折射。与此相似，当超声波以一定的入射角从一种介质传播到另一种介质的分界面上时，一部分反射回原介质，称为反射波；另一部分则透过分界面，在另一介质内继续传播，称为折射波或透射波，如图9-4所示。图中，P_c为入射波，它在声阻抗不同的两个介质界面上可产生反射波P_r。入射波进入介质之后，可产生折射波P_s。超声波的入射角α与反射角α_r以及折射角β之间遵循类似光学的反射定律和折射定律。

如果入射声波的入射角α足够大，将导致折射角$\beta = 90°$，则折射声波只能在介质分界面传播，折射波形将转换为表面波，这时的入射角称为临界角。如果入射声波的入射角α大于临界角，将导致声波的全反射。

2. 垂直入射时的反射与透射

前文已经述及，当声波从一种质介质进入另一种介质时，在两种不同介质的结合面（界面）上可产生反射声波和透射声波，如图9-5所示。反射和透射的比例与组成界面的两种介质的密度及声阻抗Z有关：

1）当介质1与介质2的声阻抗相等或十分接近时，不产生反射波，可视为全透射。

2）当超声波从密度低的介质射向密度高的介质时，大部分能量进入密度高的介质。

3）当超声波从密度高的介质射向密度低的介质时，大部分能量被反射回密度高的介质，而只有一小部分泄漏到密度低的介质中。

图9-4 超声波的反射与折射图

图9-5 超声波垂直入射示意图

3. 声波在介质中的衰减

由于多数介质中都含有微小的结晶体或不规则的缺陷，超声波在非理想介质中传播时，在众多的晶体交界面或缺陷界面上会引起散射，从而使沿入射方向传播的超声波声强下降。其次，由于介质的质点在传导超声波时，存在弹性滞后及分子内摩擦，它将吸收超声波的能量，并将之转换成热能；又由于传播超声波的材料存在各向异性结构，使超声波发生散射，随着传播距离的增大，声强将越来越弱，如图9-6所示。

介质中的声强衰减与超声波的频率及介质的密度、晶粒粗细等因素有关。晶粒越粗或密度越小，衰减越快；频率越高，

图9-6 超声波在介质中的衰减
1—超声探头 2—耦合剂 3—试件
4—被测试点

衰减也越快。气体的密度很小，因此衰减较快，尤其在超声波频率较高时衰减更快。所以，在空气中传导的超声波的频率选得较低，约数十千赫兹，而在固体、液体中则选用较高的频率（MHz 数量级）。

9.2 超声波换能器及耦合技术

超声波换能器有时又称超声波探头。超声波换能器根据工作原理不同有压电式、磁致伸缩式及电磁式等数种，在检测技术中主要采用压电式换能器。换能器又分为直探头、斜探头、双探头、表面汲探头、聚焦探头、冲水探头、水浸探头、空气传导探头以及其他专用探头等，如图 9-7 所示。

a) 单晶直探头　　　b) 双晶直探头　　　c) 斜探头

图 9-7　超声波探头结构

1—接插件　2—外壳　3—阻尼吸收块　4—引线　5—压电片　6—保护膜
7—隔离层　8—延迟块　9—有机玻璃斜楔块　10—试件　11—耦合剂

图 9-7 中，一般不直接将探头放在被测介质（特别是粗糙金属）表面来回移动，目的是为了防止磨损。更重要的是，由于超声探头与被测物体接触时，在工件表面不平整的情况下，探头与被测物体表面间必然存在一层空气薄层，空气的密度很小，将引起三个界面间强烈的杂乱反射波，造成干扰，而且空气也会对超声波造成很大的衰减。因此，必须将接触面之间的空气排挤掉，使超声波能顺利地入射到被测介质中。在工业中，经常使用一种称为耦合剂的液体物质，使之充满在接触层中，起到传递超声波的作用。常用的耦合剂有水、润滑油、甘油、水玻璃、胶水、化学浆糊等。耦合剂的厚度应尽量薄一些，以减小耦合损耗。

有时为了减少耦合剂的成本，还可在探头的侧面，加工一个自来水接口，工作时自来水通过此孔压入到保护膜和试件之间的空隙中，使用完毕后将水迹擦干即可。这种探头称为水冲探头。

9.2.1 以固体为传导介质的超声探头

1. 单晶直探头

用于固体介质的单晶直探头（俗称直探头）的结构如图 9-7a 所示。压电片采用 PZT 压电陶瓷材料制作，外壳用金属制作，保护膜用于防止压电片磨损。保护膜可以用三氧化二铝、碳化硼等硬度很高的耐磨材料制作。阻尼吸收块用于吸收压电片背面的超声脉冲能量，防止杂乱反射波的产生，提高分辨力。阻尼吸收块用钨粉、环氧树脂等混合体制成。

发射超声波时，将500V以上的高压电脉冲加到压电片5上，利用逆压电效应，使压电片发射出一束频率落在超声范围内、持续时间很短的超声振动波。向上发射的超声振动波被阻尼吸收块所吸收，而向下发射的超声波垂直透射到图9-7a中的试件10内。假设该试件为钢板，其底面与空气交界，到达钢板底部的超声波绝大部分能量被底部界面所反射。反射波经过一个短暂的传播时间回到压电片5。利用压电效应，压电片将机械振动波转换成同频率的交变电荷量和电压。由于衰减等原因，该电压通常只有几十毫伏，因此还要加以放大才能在显示器上显示出反射脉冲的波形和幅值。

从以上分析可知，超声波的发射和接收虽然均是利用同一块压电片，但时间上有先后之分，所以单晶直探头处于分时工作状态，必须用开关来切换这两种不同的状态。

2. 双晶直探头

双晶直探头结构如图9-7b所示。它由两个单晶探头组合而成，装配在同一壳体内，其中一片压电片发射超声波，另一片压电片接收超声波。两压电片之间用一片吸声性能强、绝缘性能好的薄片加以隔离，使超声波的发射和接收互不干扰。略有倾斜的压电片下方还设置有延迟块，它用有机玻璃或环氧树脂制作，能使超声波延迟一段时间后才入射到试件中，可减小试件接近表面处的盲区，提高分辨能力。双晶直探头的结构虽然复杂些，但检测准确度比单晶直探头高，且超声信号的反射和接收的控制电路较单晶直探头简单。

3. 斜探头

有时为了使超声波能倾斜入射到被测介质中，可选用斜探头，如图9-7c所示。压电片粘贴在与底面成一定角度（如30°、45°等）的有机玻璃斜模块上，压电片的上方用吸声性强的阻尼吸收块覆盖。当斜模块与不同材料的被测介质（试件）接触时，超声波产生一定角度的折射，倾斜入射到试件中去，折射角可通过计算求得。

4. 聚焦探头

由于超声波的波长很短（mm数量级），所以它也像光波一样可以被聚焦成十分细的声束，其直径可小到1mm左右，可以分辨试件中细小的缺陷，这种探头称为聚焦探头，是一种很有发展前途的新型探头。

聚焦探头可采用曲面压电片来发出聚焦的超声波；也可以采用两种不同声速的塑料来制作声透镜；还可以利用类似光学反射镜的原理制作声凸面镜来聚焦超声波。如果将双晶直探头的延迟块按上述方法加工，也可具有聚焦功能。

5. 箔式探头

使用聚偏二氟乙烯（PVDF）高分子薄膜制作的薄膜式探头称为箔式探头，可以获得直径为0.2mm的超细声束，用在医用诊断仪器上可以获得清晰度很高的图像。

9.2.2 以空气为传导介质的超声探头

由于空气的声阻抗是固体声阻抗的几千分之一，所以空气超声探头的结构与固体传导探头有很大的差别。此类超声探头的发射换能器和接收换能器一般是分开设置的，两者结构也略有不同。图9-8所示为空气传导型超声波发射换能器和接收换能器（简称为发射器和接收器或超声探头）的结构示意图。发射器的压电片上粘贴了一只锥形共振盘，以提高发射效率和方向性。接收器在共振盘上还增加了一只阻抗匹配器，以滤除噪声、提高接收效率。配套的空气传导型超声波发射器和接收器的有效工作范围可达几米至几十米。

a) 超声波发射器　　　　　　　　　b) 超声波接收器

图 9-8　空气传导型超声波发射器和接收器的结构

1—外壳　2—金属丝网罩　3—锥形共振盘　4—压电片　5—引脚　6—阻抗匹配器　7—超声波束

9.3　超声波传感器的应用

　　根据超声波的出射方向及发射器与接收器安装方向的不同，超声波传感器可分为透射型和反射型两种基本类型，如图 9-9 所示。当超声波发射器与接收器分别置于被测物两侧时，这种类型称为透射型。透射型可用于遥控器、防盗报警器、接近开关等。超声波发射器与接收器置于同侧时，这种类型称为反射型。反射型可用于接近开关、测距、测液位或料位、金属无损检测以及测厚等。

　　超声波根据其波形不同，可分为连续波和脉冲波。连续波是指持续时间较长的超声振动。而脉冲波是持续时间只有几十个重复脉冲的超声振动。为了提高分辨力、减少干扰，超声波传感器多采用脉冲超声波。

　　下面简要介绍超声波传感器的几种应用。

a) 透射型　　　　　　b) 反射型

图 9-9　超声波应用的两种基本类型

1—超声波发射器　2—被测物　3—超声波接收器

9.3.1　超声波流量计

　　检测流量的仪器有很多，如热丝式气体流量计、风速仪、差压节流式流量计等，超声波流量计虽然成本比上述流量计高，但有许多突出的优点，因此它的使用必将越来越广泛。

　　图 9-10 所示为超声波流量计原理图，在被测管道上下游的一定距离上，分别安装两对超声波发射和接收探头 (F_1, T_1)、(F_2, T_2)，其中 (F_1, T_1) 的超声波是顺流传播的，而 (F_2, T_2) 的超声波是逆流传播的。根据这两束超声波在液体中传播速度的不同，通过测量两接收探头上超声波传播的时间差 Δt、相位差 $\Delta\varphi$ 或频率差 Δf 等方法，可测量出流体的平

均速度及流量。

时间差的测量可用标准脉冲计数器来实现，称为时间差法。在这种方法中，流量与声速 c 有关，而声速一般随介质的温度变化而变化，因此将造成温漂。如果使用下述的频率差法测量流量，则可克服温度的影响。

频率差法测量流量的原理如图 9-11 所示，F_1、F_2 是完全相同的超

图 9-10　超声波流量计原理图

声探头，安装在管壁外面，通过电子开关的控制，交替地作为超声波发射器与接收器使用。

a) 透射原理图　　　　　　　b) 反射型超声流量计

图 9-11　频率差法流量测量

首先，由 F_1 发射出第一个超声脉冲，它通过管壁、流体及另一侧管壁被 F_2 接收，此信号经放大后再次触发 F_1 的驱动电路，使 F_1 发射第二个超声脉冲，以此类推。设在一个时间间隔 t_1 内，F_1 共发射了 n_1 个脉冲，脉冲的重复频率 $f_1=n_1/t_1$。

在紧邻的另一个相同时间间隔 $t_2(t_2=t_1)$ 内，与上述过程相反，由 F_2 发射超声脉冲，而 F_1 作为接收器，同理可以测得 F_2 的脉冲重复频率为 f_2。经推导，顺流发射频率 f_1 与逆流发射频率 f_2 的频率差 Δf 为

$$\Delta f = f_1 - f_2 \approx \frac{\sin 2\alpha}{D} v \qquad (9\text{-}3)$$

式中，α 为超声波束与流体的夹角；v 为流体的流速；D 为流体横截面的直径。

由式 (9-3) 可知，Δf 只与被测流体流速 v 成正比，而与声速 c 无关，所以以频率法温漂较小。发射探头和接收探头也可如图 9-11b 所示那样，安装在管道的同一侧。

超声波流量计的最大特点是：探头可装在被测管道的外壁，实现非接触测量；既不干扰流场，又不受流场参数的影响。其输出与流量基本上呈线性关系，测量误差一般可在 ±1% 之内，其价格不随管道直径的增大而增加，因此特别适合大口径管道和混有杂质的或具有腐蚀性的液体的测量。液体流速还可采用超声多普勒法测量，具体内容可参阅相关资料。

9.3.2　超声波测厚

测量厚度的方法很多，比如可以用电感式测微器、电涡流式测厚仪（只能测小于

0.5mm 的金属厚度）、容栅式游标卡尺等。超声波测厚仪具有便携、测量速度快的优点，缺点是测量准确度与温度及材料的材质有关。

图 9-12 所示为便携式超声波测厚仪的测厚原理及使用方法，它可用于测量金属、有机玻璃、硬塑料等材料的厚度。

a) 测厚原理　　　　　　b) 使用方法

图 9-12　超声波测厚仪

1—双晶直探头　2—引线电缆　3—入射波　4—反射波　5—试件　6—试件的声速设定　7—标准试块

从图 9-12 中可以看到，双晶直探头左边的压电晶片发射超声脉冲，经探头底部的延迟块延时后，超声脉冲进入被测试件，到达试件底面时，被反射回来，并被右边的压电晶片所接收。只要测出从发射超声脉冲到接收超声脉冲所需的时间 t（扣除经两块延迟块引入的延时时间），再乘上被测体的声速 c（常数），就是超声脉冲在被测件中所经历的来回距离，也就代表了厚度 δ，即

$$\delta = \frac{1}{2}ct \tag{9-4}$$

只要从发射到接收这段时间内使计数电路计数，便可以显示数字。使用双晶直探头可以使信号处理电路趋于简化。探头内部的延迟块可减小杂乱反射波的干扰。对于不同材质的试件，由于其声速 c 各不相同，所以测试前必须将 c 值从面板中输入。

9.3.3　超声波测量液体的密度

图 9-13 所示为超声波测量液体密度的原理。图中测量室长度为 L，根据 $c = 2L/t$ 的关系

图 9-13　超声波测量液体密度的原理

（t 为探头从发射到接收到超声波所需的时间），可以求得超声波的声速 c。实验证明，超声波在液体中的传播速度 c 与液体的密度有关，因此可通过 t 的大小反映出液体的密度，对密度进行在线测量，并能对过程进行自动控制。

9.3.4 超声波测量液位和物位

在液位上方安装空气传导型超声发射器和接收器，如图 9-14 所示，按超声脉冲反射原理，根据超声波的往返时间就可以测出液体的液位。如果液面晃动，就会由于反射波散射而使超声波接收困难，此时可用直管将超声传播路径限定在某一空间内。由于空气中的声速随温度改变会造成温漂，所以在传送路径中还设置了一个反射性良好的小板作为标准参照物，以便计算修正。上述方法除了可以测量液位外，也可以测量粉状物体和粒状物体的物位。

图 9-14 超声波液位计原理

1—液面 2—直管 3—空气超声探头 4—反射小板 5—电子开关

例 9-2 超声波液位计原理如图 9-14 所示，从显示屏上测得 $t_0 = 2\text{ms}$，$t_{h1} = 5.6\text{ms}$。已知水底与超声探头的间距 h_2 为 10m，反射小板与探头的间距 h_0 为 0.34m，求液位 H。

解 由于

$$c = \frac{2h_0}{t_0} = \frac{2h_1}{t_{h1}}$$

所以有

$$\frac{h_0}{t_0} = \frac{h_1}{t_{h1}}$$

故

$$h_1 = \frac{t_{h1}}{t_0}h_0 = \frac{5.6\text{ms}}{2\text{ms}} \times 0.34\text{m} \approx 0.95\text{m}$$

所以液位为

$$H = h_2 - h_1 = 10\text{m} - 0.95\text{m} = 9.05\text{m}$$

9.3.5 超声波报警器

图 9-15 所示为超声波报警器原理框图，其中上部分为发射部分，下部分为接收部分，它们装在同一块电路板上。发射器发射出频率 $f = 40\text{kHz}$ 左右的连续超声波（空气超声探头选用 40kHz 工作频率时可获得较高的灵敏度，并可避开环境噪声干扰），如果有人进入信号的有效区域，相对速度为 v，从人体反射回接收器的超声波将由于多普勒效应，而发生频率

偏移 Δf。

图 9-15　超声波报警器原理框图

所谓多普勒效应，是指当超声波源与传播介质之间存在相对运动时，接收器接收到的频率与超声波源发射的频率将有所不同。产生的频偏 $\pm\Delta f$ 与相对速度的大小及方向有关。当高速行驶的火车向我们逼近并掠过时，所产生的变调声就是多普勒效应引起的。接收器将收到两个不同频率所组成的差拍信号（40kHz 以及偏移的频率 40kHz $\pm\Delta f$），这些信号经 40kHz 选频放大器放大，并经检波器检波后，由低通滤波器滤去 40kHz 信号，而留下 Δf 的多普勒信号。此信号经低频放大器放大后，由检波器转换为直流电压，去控制声、光报警器。

利用多普勒效应可以排除墙壁、家具的影响（它们不会产生 Δf），只对运动的物体起作用。由于振动和气流也会产生多普勒效应，故该防盗报警器多用于室内。根据本装置的原理，还能运用多普勒效应去测量运动物体的速度，液体、气体的流速，以及用于汽车防碰、防追尾等。

9.4　无损检测

9.4.1　无损检测的基本概念

1. 材料的缺陷

人们在使用各种材料，尤其是金属材料的长期实践中，观察到大量的断裂现象，这曾给人类带来许多灾难事故，涉及舰船、飞机、轴类、压力容器、宇航器、核设备等。

实际金属材料的强度比理论计算值要低 2~3 个数量级。究其原因，是因为金属原子间的结构不是理想晶体，存在着大量微观和宏观的缺陷。微观缺陷如杂质原子、晶格错位、晶界等；宏观缺陷则是材料和构件在冶炼、铸造、锻造、焊接、轧制和热处理等加工过程中产生的，例如气孔、夹渣、裂纹和焊缝等。由于这些微观和宏观缺陷的存在，大大降低了材料和构件的强度。

2. 无损检测方法及分类

对上述缺陷的检测手段，有破坏性试验和无损检测。由于无损检测以不损坏被检验对象为前提，所以可以在设备运行过程中进行连续监测。

无损检测的方法多种多样，可依具体对象，选择一种或几种方法来综合评定检测结果。例如，对铁磁材料，可采用磁粉检测法；对导电材料，可采用电涡流法；对非导电材料，可采用荧光染色渗透法。以上几种方法只能检测材料表面及接近表面的缺陷。

采用放射线（X射线、中子）照相检测法，可以检测材料内部的缺陷，但对人体有较大的危险，且设备复杂，不利于现场检测。

超声检测是目前应用十分广泛的无损检测手段，它既可检测材料表面的缺陷，又可检测内部几米深的缺陷，这是X射线检测所达不到的深度。

3. 超声检测分类

超声检测目前可分为A、B、C等几种类型。

（1）A型超声检测　A型超声检测的结果以二维坐标图形式呈现，横坐标为时间轴，纵坐标为反射波强度。可以从二维坐标图上分析出缺陷的深度、大致尺寸，但较难识别缺陷的性质、类型。

（2）B型超声检测　B型超声检测的原理类似于医学上的B超，它将探头的扫描距离作为横坐标，检测深度作为纵坐标，以屏幕的辉度（亮度）来反映反射波的强度。它可以绘制被测材料的纵截面图形。探头的扫描可以是机械式的，更多的是用计算机来控制一组发射压电片阵列（线阵），完成与机械式移动探头相似的扫描动作，但扫描速度更快，定位更准确。

（3）C型超声检测　目前发展最快的是C型超声检测，它类似于医学上的CT扫描原理。计算机控制探头中的三维压电片阵列（面阵），使探头在材料的纵、深方向上扫描，因此可绘制出材料内部缺陷的横截面图，这个横截面与扫描声束相垂直。横截面图上各点的反射波强可对应几十种颜色，在计算机的高分辨率彩色显示器上显示出来，经过复杂的算法可以得到缺陷的立体图像和每一个断面的切片图像。利用三维动画原理，分析员可以在屏幕上控制该立体图像，以任意角度来观察缺陷的大小和走向。

当需要观察缺陷的细节时，还可以对该缺陷图像进行放大（放大倍数可达几十倍），并显示出图像的各项数据，如缺陷的面积、尺寸和性质。对每一个横断面，都可以做出相应的解释并评判其是否超出设定标准。

每一次扫描的原始数据都可记录并存储，可以在以后的任何时刻调用，并打印检测结果。

下面介绍最常用的A型超声检测原理，B型和C型超声检测的信息请参阅有关文献。

9.4.2　A型超声检测

A型超声检测仪外形如图9-16所示。A型超声检测采用超声脉冲反射法，而脉冲反射法根据波形不同又可分为纵波检测、横波检测和表面波检测等。

1. 纵波检测

测试前，先将探头插入检测仪的连接插座上。检测仪面板上有一个荧光屏，通过荧光屏可知工件中是否存在缺陷、缺陷大小及缺陷位置。工作时，探头放于被测工件上，并在工件上来回移动进行检测。探头发出的超声波，以一定速度向工件内部传播，如工件中没有缺陷，则超声波传到工件底部便产生反射，反射波到达表面后再次向下反射，周而复始，在荧光屏上出现始脉冲T和一系列底脉冲B_1、B_2、B_3…，如图9-16a所示。B波的高度与材料对超声波的衰减有关系，可以用于判断工件的材质、内部晶体结构等微观情况。

a) 台式A型超声检测仪　　　　　　　　　　b) 便携式A型超声检测仪

图 9-16　A型超声检测仪外形

1—探头电缆插头/座　2—工作方式选择　3—衰减细调　4—衰减粗调　5—发射波 T
6—第一次底反射波 B_1　7—第二次底反射波 B_2　8—第五次底反射波 B_5　9—扫描时间调节
10—扫描时间微调　11—脉冲 x 轴位置设定　12—报警扬声器　13—直探头

此后，可减小显示器的横坐标轴扫描时间，使荧光屏上只出现始脉冲 T 和一个底脉冲 B，如图 9-17a 所示。如工件中有缺陷，一部分超声脉冲在缺陷处产生反射，另一小部分继续传播到工件底面产生反射，在荧光屏上除出现始脉冲 T 和底脉冲 B 外，还出现缺陷脉冲 F，如图 9-17b 所示。荧光屏上的水平亮线为扫描线（时间基线），其长度与工件的厚度成正比（可调整），通过判断缺陷脉冲在荧光屏上的位置（div 数×扫描时间），可确定缺陷在工件中的深度，也可通过缺陷脉冲幅度的高低差别来判断缺陷的大小。如缺陷面积大，则缺陷脉冲的幅度就高，而 B 脉冲的幅度就低。通过移动探头还可确定缺陷大致长度和走向。

例 9-3　图 9-17b 中，显示器的 x 轴为 10μs/div（div 即每格），现测得 B 波与 T 波的距离为 10 格，F 波与 T 波的距离为 3.5 格。求：1）t_δ 及 t_F；2）钢板的厚度 δ 及缺陷与表面的距离 x_F。

解　1）$t_\delta = 10\mu s/div \times 10div = 100\mu s = 0.1ms$

$t_F = 10\mu s/div \times 3.5div = 35\mu s = 0.035ms$

2）查表 9-1 得到纵波在钢构件中的声速 $c = 5.9 \times 10^3 m/s$，则

$$\delta = ct_\delta/2 = 5.9 \times 10^3 m/s \times (0.1 \times 10^{-3}s)/2 \approx 0.3m$$

$$x_F = ct_F/2 = 5.9 \times 10^3 m/s \times (0.035 \times 10^3 s)/2 \approx 0.1m$$

2. 横波检测

使用直探头检测，当超声波束中心线与缺陷截面垂直时，探测灵敏度最高。但如遇到图 9-18 所示纵深方向的缺陷时，则不能真实反映缺陷的大小，甚至有可能漏检。这时若用斜探头探测，则检测效果较佳。

a) 无缺陷时超声波的反射及显示波形　　　　b) 有缺陷时超声波的反射及显示波形

图 9-17　直探头纵波检测

a) 横波在试件中的传播　　　　　　　　b) 缺陷回波

图 9-18　斜探头横波检测

1—工件　2—斜探头　3—斜楔块　4—缺陷（焊渣或气孔）　5—V 形焊缝中的焊料

　　斜探头发出的超声波（纵波）以较大的倾斜角进入工件后，将转换为两个波束：一束仍为纵波，另一束为横波。由于纵波的声速比横波大一倍，所以折射角也比横波大一倍。控制探头的倾斜角，就可以使探头只接收横波，而对纵波（在这里成为干扰）"视而不见"，所以斜探头检测又称为横波检测。

　　如果整块工件都没有大的缺陷，则横波在钢板的上下表面之间逐次反射，直至到达工件的端面为止。所以只要调节显示器的横坐标轴扫描时间（ms/div），就可以很快地将整个工件粗检一遍。在有怀疑之处，再用直探头仔细探测。当工件内的缺陷性质、取向事先不能确定时，为了保证检测质量，应采用一套不同的探头进行反复探测，最后打印出探测结果的详细报告。图 9-18b 示出了两块钢板电弧焊的焊缝中存在焊渣时的缺陷波形。检测结束后，应及时将耦合剂擦拭干净。

　　以上列举的仅为超声波传感器应用的一小部分，而且仅属检测方面。实际上，超声波在其他领域还有许多应用，如用超声波进行液体雾化、机械加工、清洗及焊接等；将超声波传感器装在渔船上可帮助渔民探测渔群；将超声波传感器装在汽车上可帮助驾驶人倒车，也可用超声波传感器测量车距等，这里就不一一列举了。

<h2 style="text-align:center">习　题　9</h2>

一、单项选择题

1. 人讲话时，声音从口腔沿水平方向向前方传播，则沿传播方向的空气分子（　　　）。

A. 从口腔附近通过振动，移动到听者的耳朵

B. 在原来的平衡位置前后振动而产生横波

C. 在原来的平衡位置上下振动而产生横波

D. 在原来的平衡位置前后振动而产生纵波

2. 一束频率为1MHz的超声波（纵波）在钢板中传播时，它的波长约为（　　　），声速约为（　　　）。

A. 5.9m　　　　　B. 340m　　　　　C. 5.9mm　　　　　D. 1.2mm

E. 5.9km/s　　　F. 340m/s

3. 超声波频率越高，（　　　）。

A. 波长越短，指向角越小，方向性越好

B. 波长越长，指向角越大，方向性越好

C. 波长越短，指向角越大，方向性越好

D. 波长越短，指向角越小，方向性越差

4. 超声波在有机玻璃中的声速比在水中的声速（　　　），在有机玻璃中的声速比在钢中的声速（　　　）。

A. 大　　　　　　B. 小　　　　　　C. 相等　　　　　D. 无法确定

5. 超声波从水（密度小的介质）中以45°倾斜角入射到钢（密度大的介质）中时，折射角（　　　）于入射角。

A. 大于　　　　　B. 小于　　　　　C. 等于　　　　　D. 无法确定

6. 单晶直探头发射超声波时，是利用压电片的（　　　），而接收超声波时是利用压电片的（　　　），发射在（　　　），接收在（　　　）。

A. 压电效应　　　B. 逆压电效应　　C. 电涡流效应　　　D. 先

E. 后　　　　　　F. 同时

7. 对钢板进行检测时，超声波的频率多为（　　　），在房间中利用空气探头进行超声防盗时，超声波的频率多为（　　　）。

A. 20Hz～20kHz　B. 35～45kHz　　C. 0.5～5MHz　　　D. 100～500MHz

8. 进行大面积钢板检测时，耦合剂应选（　　　）为宜；对机床床身进行检测时，耦合剂应选（　　　）为宜；给人体做B超时，耦合剂应选（　　　）。

A. 自来水　　　　B. 润滑油　　　　C. 液状石蜡　　　D. 化学浆糊

9. A型超声检测时，显示图像的x轴为（　　　），y轴为（　　　）；而B型超声检测时，显示图像的x轴为（　　　），y轴为（　　　），辉度为（　　　）。

A. 时间轴　　　　　　　　　　　B. 扫描距离

C. 反射波强度　　　　　　　　　D. 探伤的深度

E. 探头移动的速度

10. 在A型超声检测中，F波幅度较高，与T波的距离较接近，说明（　　　）。

A. 缺陷横截面面积较大，且较接近探测表面

B. 缺陷横截面面积较大，且较接近底面

C. 缺陷横截面面积小，但较接近探测表面

D. 缺陷横截面面积较小，但较接近底面

11. 对处于钢板深部的缺陷，宜采用（　　　）检测；对处于钢板表面的缺陷，宜采用（　　　）检测。

A. 电涡流式　　　B. 超声波　　　C. 测量电阻值

二、计算题

1. 在图 9-11 所示超声波流量测量中，流体密度 $\rho = 0.9t/m^3$，管道直径 $D = 1m$，$\alpha = 45°$，测得 $\Delta f = 10Hz$，求：

1）管道横截面面积 A。

2）流体流速 v。

3）体积流量 q_V。

4）质量流量 q_m。

5）1h 的累积流量 $q_{总}$。

2. 利用 A 型超声检测仪（纵波探头）测量某一根钢制直径为 0.5m、长约数米的轴的长度，从图 9-17 的显示器中测得 B 波与 T 波的时间差 $t_\delta = 1.2ms$，求轴的长度。

三、简答题

图 9-19 所示为汽车倒车防碰超声装置。请根据学过的知识，分析该装置的工作原理，并说明该装置还可以有其他哪些用途。

图 9-19　汽车倒车防碰超声装置

扩展阅读

赢 在 互 联

大数据、云计算、移动互联网，以新一代信息技术为代表的科技革命风起云涌，它们正以前所未有的力量，改变着人类的思维、生产、生活和学习方式。中国的网民规模已达7.51 亿，占全球网民总数的 1/5。互联网普及率达到 54.3%，超出全球平均水平 4.6 个百分点。建设网络强国的愿景已经织就，信息装备和技术正成为这个东方大国赢得未来的强大驱动力。从"缺芯少屏"到"芯屏器和"，从世界上最长的单根无接头海底光缆、中国自主研发的第一台 7nm 芯片刻蚀机到中国第一条柔性屏生产线。从 5G 通信技术到人脸识别技术，从智慧大脑到智慧云端，赢在互联时代的中国重器，已经崭露头角。

霍尔式传感器

霍尔式传感器是根据霍尔效应制作的一种磁场传感器。霍尔效应是磁电效应的一种,这一现象是霍尔于 1879 年在研究金属的导电机理时发现的。后来发现半导体、导电流体等也有这种效应,而半导体的霍尔效应比金属强得多。利用这一现象,人们制成了各种霍尔元件,它们被广泛地应用于工业自动化、检测及信息处理等方面。霍尔效应是研究半导体材料性能的基本方法。通过霍尔效应实验测定的霍尔系数,能够判断半导体材料的导电类型、载流子浓度及载流子迁移率等重要参数。

10.1 霍尔元件的工作原理及特性

10.1.1 霍尔元件的工作原理

如图 10-1a 所示,将金属或半导体薄片置于磁感应强度为 B 的磁场中,磁场方向垂直于薄片,当有电流流过薄片时,在垂直于电流和磁场的方向上将产生电动势 E_H,这种现象称为霍尔效应,该电动势称为霍尔电动势,上述半导体薄片称为霍尔元件。

N 型霍尔元件是在掺杂浓度很低、电阻率很大的 N 型衬底上用杂质扩散法制作出

图 10-1　霍尔元件

图 10-1b 所示 N$^+$导电区（a~b 段），它的厚度非常薄，电阻值为几百欧；在 a~b 导电薄片的两侧，对称地用杂质扩散法制作出霍尔电动势引出端 c、d，因此它是四端元件。其中一对（即 a、b 端）称为激励电流端，另一对（即 c、d 端）称为霍尔电动势输出端，c、d 端一般应处于侧面的中点。

这里以 N 型半导体霍尔元件为例来说明霍尔式传感器的工作原理。图 10-1a 中，在激励电流端通入电流 I，并将薄片置于磁场中。设该磁场垂直于薄片，磁感应强度为 B，这时电子（运动方向与电流方向相反）将受到洛伦兹力 F_L 的作用，向内侧偏移，该侧形成电子的堆积，从而在薄片的 c、d 方向产生电场 E。随后的电子一方面受到洛伦兹力 F_L 的作用，另一方面又同时受到该电场力 F_E 的作用。（从图 10-1a 可以看出，这两种力的方向恰好相反）。电子积累越多，F_L 也越大，而洛伦兹力保持不变。最后，当 $|F_E| = |F_L|$ 时，电子的积累达到动态平衡。这时，在半导体薄片 c、d 方向的端面之间建立的电动势 E_H 就是霍尔电动势。

由实验可知，流入激励电流端的电流 I 越大、作用在薄片上的磁感应强度 B 越强，霍尔电动势也就越高。霍尔电动势 E_H 可表示为

$$E_H = K_H I B \tag{10-1}$$

式中，K_H 为霍尔元件的灵敏度。

若磁感应强度 B 不垂直于霍尔元件，而是与其法线成某一角度 θ，则此时作用于霍尔元件上的有效磁感应强度是其法线方向（与薄片垂直的方向）的分量，即 $B\cos\theta$，这时的霍尔电动势为

$$E_H = K_H I B \cos\theta \tag{10-2}$$

从式（10-2）可知，霍尔电动势与输入电流 I、磁感应强度 B 成正比，且当 B 的方向改变时，霍尔电动势的方向也随之改变。如果所施加的磁场为交变磁场，则霍尔电动势为同频率的交变电动势。

目前常用的霍尔元件材料是 N 型硅，它的霍尔灵敏度、温度特性、线性度均较好，而锑化铟（InSb）、砷化铟（InAs）、锗（Ge）等也是常用霍尔元件材料，砷化镓（GaAs）是新型霍尔元件材料，今后将逐渐得到应用。近年来，已采用外延离子注入工艺或溅射工艺制造出了尺寸小、性能好的薄膜型霍尔元件，如图 10-1b 所示。它由衬底、十字形薄膜、引线

（电极）及塑料外壳等组成。它的灵敏度、稳定性、对称性等均比老工艺优越得多，目前已得到广泛的应用。

霍尔元件的壳体可用塑料、环氧树脂等制造，封装后的外形如图 10-1d 所示。

10.1.2 特性参数

（1）输入电阻 R_i 霍尔元件两激励电流端的直流电阻称为输入电阻，阻值从几十欧到几百欧，视元件的不同型号而定。温度升高，输入电阻变小，从而使输入电流 I_{ab} 变大，最终引起霍尔电动势变大。为了减小这种影响，最好采用恒流源作为激励源。

（2）输出电阻 R_o 两个霍尔电动势输出端之间的电阻称为输出电阻，阻值与输入电阻为同一数量级。它也随温度的改变而改变。选择适当的负载电阻 R_L 与之匹配，可以使由温度引起的霍尔电动势的漂移减至最小。

（3）最大激励电流 I_m 由于霍尔电动势随激励电流的增大而增大，故在应用中总希望选用较大的激励电流。但激励电流增大，元件的温度升高，会引起霍尔电动势的温漂增大，因此每种型号的元件均规定了相应的最大激励电流，它的数值从几毫安至几十毫安不等。

（4）灵敏度 K_H $E_H = K_H IB$，单位为 $mV/(mA \cdot T)$。

（5）最大磁感应强度 B_M 磁感应强度超过 B_M 时，霍尔电动势的非线性误差将明显增大，B_M 的数值一般小于零点几特斯拉（$1T = 10^4 Gs$），如图 10-3 所示。

（6）不等位电动势 在额定激励电流下，当外加磁场为零时，霍尔元件输出端之间的开路电压称为不等位电动势，它是由四个电极的几何尺寸不对称引起的，使用时多采用电桥法来补偿不等位电动势引起的误差。

（7）霍尔电动势温度系数 在一定磁感应强度和激励电流的作用下，温度每变化 1℃时，霍尔电动势变化的百分数称为霍尔电动势温度系数，它与霍尔元件的材料有关，一般约为 0.1%/℃。在要求较高的场合，应选择低温漂的霍尔元件。

10.2 霍尔集成电路

随着微电子技术的发展，目前霍尔元件多已集成化。霍尔集成电路（又称霍尔 IC）有许多优点，如体积小、灵敏度高、输出幅度大、温漂小、对电源稳定性要求低等。

霍尔集成电路可分为线性型和开关型两大类。

（1）线性型霍尔集成电路 线性型霍尔集成电路将霍尔元件和恒流源、线性差动放大器等做在一个芯片上，输出电压为伏级，比直接使用霍尔元件方便得多，如图 10-2 所示。线性型霍尔集成电路的输出特性如图 10-3 所示。

图 10-4 和图 10-5 分别为差动输出线性型霍尔集成电路 UGN3501M 的外形、内部电路及其输出特性。当其感受到的磁感应强度为零时，引脚 1 相对于引脚 8 的输出电压等于零；当感受的磁场为正向（磁钢的 S 极对准 UGN3501M 的正面）时，输出电压为正；磁场为反向时，输出电压为负。UGN3501M 的引脚 5、6、7 外接一只微调电位器后，就可以微调并消除"不等位电势"引起的差动输出零点漂移。如果要将引脚 1、8 的输出电压转换成单端输出，就必须将引脚 1、8 接到差动减法放大器的正负输入端上，以消除引脚 1、8 对地的共模干扰电压影响。

图 10-2　线性型霍尔集成电路

图 10-3　线性型霍尔集成电路的输出特性

a) 双列直插封装　　　b) 内部电路

图 10-4　差动输出线性型霍尔集成电路的外形及电路框图

（2）开关型霍尔集成电路　开关型霍尔集成电路将霍尔元件、稳压电路、放大器、施密特触发器、OC 门（集电极开路输出门）等做在同一个芯片上。当外加磁感应强度超过规定工作点时，OC 门由高阻态变为导通状态，输出变为低电平；当外加磁感应强度低于释放点时，OC 门重新变为高阻态，输出高电平。这类器件中较典型的有 UGN3020、UGN3022 等，如图 10-6 所示。开关型霍尔集成电路的输出电压特性曲线如图 10-7 所示，具有施密特特性的 OC 门输出状态与磁感应强度变化之间的关系见表 10-1。

图 10-5　差动输出线性型霍尔集成电路的输出特性

有一些开关型霍尔集成电路还有双稳态电路，这种器件的特点是必须施加相反极性的磁

a) 外形　　　b) 内部电路

图 10-6　开关型霍尔集成电路

图 10-7　开关型霍尔集成电路的输出电压特性曲线

场，电路的输出才能翻转回高电平，也就是说具有"锁键"功能。这类器件又称为锁键型霍尔集成电路，如 UGN3075 等。

表 10-1　具有施密特特性的 OC 门输出状态与磁感应强度变化之间的关系

B/T		磁感应强度 B 的变化方向及数值
		$0→0.02→0.024→0.03→0.02→0.016→0$
OC 门输出状态	接上拉电阻时	高电平 低电平 低电平 低电平 低电平 高电平 高电平
	不接上拉电阻时	高阻态 高阻态 低电平 低电平 低电平 高阻态 高阻态

10.3　霍尔式传感器的应用

由 10.1 节的分析可知，霍尔电动势是关于 I、B、θ 三个变量的函数（$E_H = K_H IB\cos\theta$），利用这个关系可以使其中两个量不变，将第三个量作为变量，或者固定其中一个量，将其余两个量都作为变量。三个变量的多种组合使得霍尔式传感器具有非常广阔的应用领域。归纳起来，霍尔式传感器主要有下列三个方面的用途：

1）维持 I、θ 不变，则 $E_H = f(B)$。这方面的应用有：测量磁感应强度的特斯拉计、测量转速的霍尔式转速表、磁性产品计数器、霍尔式角编码器以及基于微小位移测量原理的霍尔式加速度计、微压力计、汽车无触点电子点火装置等。

2）维持 I、B 不变，则 $E_H = f(\theta)$。这方面的应用有角位移测量仪等。

3）维持 θ 不变，则 $E_H = f(IB)$，即传感器的输出 E_H 与 I、B 的乘积成正比。这方面的应用有模拟乘法器、霍尔式功率计等。

10.3.1　霍尔式特斯拉计

特斯拉计（又称高斯计）用于测量和显示被测量物体在空间上一个点的静态或动态（交变）磁感应强度。它基于霍尔效应，由霍尔探头和放大器、显示器、计算机通信接口等构成。测量结果可换算为单位面积平均磁通密度、磁能积、矫顽力、剩余磁通密度、剩余磁化强度及气隙磁场等，能够判别磁场的方向。

在使用中，霍尔探头放置于被测磁场中，磁力线的垂直分量穿过霍尔元件的测量平面，从而产生与被测磁感应强度成正比的霍尔电动势，再根据设置的转换系数，由液晶显示器显示出 B 值。

在 SI 单位制中，磁感应强度 B 的单位是特斯拉，在 CGS 单位制中，磁感应强度的单位是高斯。特斯拉与高斯的换算关系为 1T = 10000Gs。特斯拉计的读数以"毫特斯拉"以及"千高斯"为单位，可以相互切换。当感受的磁场为反向（磁铁的 N 极对准霍尔元件的正面）时，输出为负。霍尔式特斯拉计实物如图 10-8 所示。

图 10-8　霍尔式特斯拉计实物

10.3.2 霍尔式转速表

图 10-9 所示为霍尔式转速表原理示意图，在被测转速的转轴上安装一个齿盘，也可选取机械系统中的一个齿轮，将线性型霍尔元件及磁路系统靠近齿盘，齿盘的转动使磁路的磁阻随气隙的改变而周期性地变化，霍尔元件输出的微小脉冲信号经隔直、放大、整形后，就可以确定被测转轴的转速，可用于汽车的 ABS。

10.3.3 霍尔式无刷电动机

传统的直流电动机使用换向器来改变转子（或定子）的电流的方向，以维持电动机的正常运转。霍尔式无刷电动机取消了换向器和电刷，而采用霍尔元件来检测转子和定子之间的相对位置，其输出信号经放大、整形后触发电子线路，从而控制电枢绕组中电流的换向，维持电动机的正常运转。霍尔式无刷电动机的结构如图 10-10 所示。

图 10-9 霍尔式转速表原理示意图
1—磁铁 2—霍尔元件 3—齿盘

图 10-10 霍尔式无刷电动机的结构
1—定子底座 2—定子铁心 3—霍尔元件 4—电枢绕组 5—外转子 6—转轴 7—磁极

由于无刷电动机不存在电火花及电刷磨损等问题，所以它在录像机、光驱、移动硬盘等电器中得到越来越广泛的应用。

10.3.4 霍尔式接近开关

之前曾介绍过接近开关的基本概念，用霍尔 IC 也能实现接近开关的功能，但是它只能检测铁磁材料，并且还需要建立一个较强的闭合磁场。下面以霍尔式接近开关为例，说明其在检测运动部件工作状态位置中的应用。各类霍尔式接近开关如图 10-11 所示。

图 10-11b 中，磁极的轴线与霍尔元件的轴线在同一直线上。当磁铁随运动部件移动到距霍尔式接近开关几毫米时，霍尔 IC 的输出由高电平变为低电平，经驱动电路使继电器吸合或释放，控制运动部件停止移动（否则将撞坏霍尔 IC），起到限位的作用。

a) 实物

b) 接近式

c) 滑过式

d) 分流翼片式

图 10-11 霍尔式接近开关

1—运动部件 2—软铁分流翼片

图 10-11c 中，磁铁随运动部件运动，当磁铁与霍尔 IC 的距离小于某一数值时，霍尔 IC 输出由高电平跳变为低电平。与图 10-11b 不同的是，当磁铁继续运动时，与霍尔 IC 的距离又重新拉大，霍尔 IC 输出重新跳变为高电平，且不存在损坏霍尔 IC 的可能。

图 10-11d 中，磁铁和霍尔 IC 保持一定的间隙，均固定不动。软铁制作的分流翼片与运动部件联动。当它移动到磁铁与霍尔 IC 之间时，磁力线被屏蔽（分流），无法到达霍尔 IC，所以此时霍尔 IC 输出跳变为高电平。改变分流翼片的宽度，可以改变霍尔 IC 的高电平与低电平的占空比。这种方法的准确度优先于图 10-11b、c 所示方法。

10.3.5 霍尔式电流传感器

霍尔式电流传感器是近十几年发展起来的新一代电力传感器，它具有常规电流互感器无法比拟的优点。例如，它能够测量直流和脉动电流，弱电回路与主回路隔离，能够输出与被测电流波形相同的"跟随电压"，容易与计算机及二次仪表对接。此外还有准确度高、线性度好、响应时间短、频带宽、不易产生过电压等优点，因而广泛应用于电力逆变、传动、冶金等自动控制系统中的电流的检测和控制、高压隔离等场合。

1. 霍尔式电流传感器的工作原理

霍尔式电流传感器用环形（也可以是方形）导磁材料制作铁心，套在被测电流所流过的导线（也称电流母线）上，将导线电流产生的磁场聚集在铁心中；再在铁心的某个位置切割出一个与霍尔式电流传感器厚度相等的气隙，将霍尔 IC 紧紧地夹在气隙中央。导线通电后，磁力线集中通过铁心中的霍尔 IC，霍尔 IC 输出与被测电流成正比的输出电压 U_S 或电流 I_S，这样的测量方法称为开环测量。导线与霍尔元件只有磁场的联系，加强绝缘工艺后，两者之间的耐压值可达 10kV（50Hz），有较好的电气隔离性。霍尔式电流传感器需要正负电源才能进行电流的转换。霍尔式电流传感器的温漂大约为 $1 \times 10^{-4}/℃$，准确度为 $0.1\% \sim 2.5\%$。磁强计霍尔式电流传感器工作原理如图 10-12 所示。

图 10-12　磁强计霍尔式电流传感器工作原理

2. 技术指标及换算

霍尔式电流传感器必须符合 JB/T 7490—2007，可以测量高达 20kA 的电流；电流的波形可以是高达 100kHz 的正弦波和电工技术较难测量的中频窄脉冲；它的低频端可以一直延伸到直流电（DC）。响应时间可达 $1\mu s$，电流跟踪速率（di/dt）大于 $20A/\mu s$。

基于技术嫁接的原因，在工程中，霍尔式电流传感器的技术指标套用交流电流互感器的技术指标。将被测电流称为一次电流 I_P，将霍尔式电流传感器的输出电流称为二次电流 I_S（磁强计式霍尔式电流传感器中并不一定存在二次绕组）。

霍尔式电流传感器中，I_S 一般设置为较小的数值，"$4 \sim 20mA$" 为霍尔式电流传感器的优选值，也可以是 $100 \sim 500mA$。

在霍尔式电流传感器中，N_P 被定义为一次绕组的匝数，一般 $N_P = 1$（1 匝）；N_S 为厂商所设定的二次绕组的匝数，套用交流电流互感器的"匝数比"和"电流比"的概念来定义 N_P/N_S 和 I_S/I_P。匝数比 $i = N_P/N_S$，额定电流比 $K_N = I_{PN}/I_{SN}$。

根据磁场有关定律，同一个铁心中的一次绕组与二次绕组必须有相等的"安匝数"，即

$$I_P N_P = I_S N_S \quad 或 \quad \frac{N_P}{N_S} = \frac{I_S}{I_P} \tag{10-3}$$

依据霍尔式电流传感器的额定技术参数和输出电流 I_S 以及式（10-3），可以计算得到被测电流 I_P。

如果将一只负载电阻（有时也称为取样电阻）R_S 串联在霍尔式电流传感器二次绕组的输出电流端和公共参考端之间，就可以在取样电阻两端得到一个与一次电流 I_S（被测电流）成正比、大小为几伏的电压输出信号 U_S，并且可以快速跟踪一次电流的变化。霍尔式电流传感器的一次电路与二次电路之间的击穿电压可以高于 6kV（取决于铁心外壳的塑料绝缘层的耐压强度），有很好的隔离作用，所以可以将二次输出电压直接接到微处理器或计算机电路。但是，当被测电流大于 30A 时，如果铁心的截面面积太小，铁心就容易饱和，并严重发热。

工程中更多地使用一种磁平衡霍尔式电流传感器。磁平衡霍尔式电流传感器的铁心上绕有二次绕组，二次绕组与负载电阻 R_S 串联。霍尔电动势经放大并转换成与被测电流 I_P 成正比的输出电流 I_S，I_S 流经多匝的二次绕组后，在铁心中所产生的磁通与一次电流 I_P 所产生的磁通相互抵消，所以铁心不易饱和。霍尔元件在测量中起到指示零磁通的作用，属于闭环测量，可减小温漂等影响。

磁平衡霍尔式电压传感器的工作原理与磁平衡霍尔式电流传感器类似，一次绕组的匝数较多，通过大功率限流电阻接到被测电压回路上，可以测量 1000V 交直流电压，起隔离作用。利用霍尔式电流传感器、霍尔式电压传感器的原理，还可以设计出霍尔式电功率计。

例　设某型号霍尔式电流传感器的额定电流比 $K_N = I_{PN}/I_{SN} = 300 : 0.3$ （可以从铭牌上得到），匝数比 $i = N_P/N_S = 1/1000$，$N_P = 1$，二次负载电阻 $R_S = 30\Omega$。通电后，用数字电压表测得二次输出电压 $U_S = 4.5V$ （本例中均为有效值），求：

1）一次额定电流 I_{PN}。2）流过 R_S 的二次电流 I_S。3）被测电流 I_P。

解　1）由额定电流比 $K_N = 300 : 0.3$ 可知，$I_{PN} = 300A$

2）$I_S = U_S/R_S = 4.5V \div 30\Omega = 0.15A$

3）根据式（10-3），被测电流为

$$I_P = \frac{N_S}{N_P} I_S = \frac{1000}{1} \times 0.15A = 150A$$

测量之前，还需要在被测电流等于零的情况下，测量出零点失调电流 I_{OE}（几微安）或零点失调电压 U_{OE}（几毫伏）。测量时，从霍尔式传感器的输出电流或输出电压中，预先扣除零点失调电流 I_{OE} 或零点失调电压 U_{OE}。

因某种原因造成霍尔式电流传感器的工作电源故障时，则霍尔式电流传感器的铁心有可能产生较大的剩磁，影响测量准确度。在排除故障后，铁心必须进行"退磁"。退磁的方法是：在不加工作电源和被测电流的情况下，在铁心上临时绕制几十匝线圈，接通几伏的50Hz "退磁交流电流"，再缓慢减小其值，直至为零，注意不能突然切断退磁电流。

霍尔式传感器的用途还有许多。例如，可利用廉价的霍尔元件制作电子琴的按键；可利用低温漂的霍尔集成电路制作霍尔式液位计等。

习　题　10

一、单项选择题

1. 属于四端元件的是（　　）。

A. 应变片　　　　　　B. 压电晶片　　　　　　C. 霍尔元件　　　　　　D. 热敏电阻

2. 公式 $E_H = K_H IB\cos\theta$ 中的 θ 是指（　　）。

A. 磁力线与霍尔薄片平面之间的夹角

B. 磁力线与霍尔元件内部电流方向的夹角

C. 磁力线与霍尔薄片的垂线之间的夹角

D. 磁力线与地球磁场之间的夹角

3. 磁场垂直于霍尔薄片，磁感应强度为 B，但磁场方向与图 10-1 相反（$\theta = 180°$）时，霍尔电动势（　　），因此霍尔元件可用于测量交变磁场。

A. 绝对值相同，符号相反　　　　　　　　B. 绝对值相同，符号相同

C. 绝对值相反，符号相同　　　　　　　　D. 绝对值相反，符号相反

4. 霍尔元件采用恒流源激励是为了（　　）。

A. 提高灵敏度　　　　B. 克服温漂　　　　C. 减小不等位电动势

5. 减小霍尔元件的输出不等位电动势的办法是（　　）。

A. 减小激励电流　　　　B. 减小磁感应强度　　　　C. 使用电桥型调零电位器

6. 多将开关型霍尔 IC 制作成具有施密特特性是为了（　　），其回差（迟滞）越大，它的（　　）能力就越强。

A. 增加灵敏度　　　　B. 减小温漂　　　　C. 抗机械振动干扰　　　D. 抗电磁干扰

7. 当 OC 门的基极输入为低电平、集电极不接上拉电阻时，集电极的输出为（　　　）。

A. 高电平　　　　　B. 低电平　　　　　C. 高阻态　　　　　　D. 对地饱和导通

8. 为保证测量准确度，图 10-3 中的线性型霍尔 IC 的磁感应强度以不超过（　　　）为宜。

A. 0T　　　　　　　B. ±0.11T　　　　　C. ±0.15T　　　　　　D. ±110Gs

9. 欲将图 10-4 中运放输出的双端输出信号（对地存在较高的共模电压）变成单端输出信号，应选用（　　　）运放电路。

A. 反相加法　　　　B. 同相　　　　　　C. 减法差动　　　　　D. 积分

二、简答题

请在分析图 10-8~图 10-12 之后，说出在这几个霍尔式传感器的应用实例中，哪几个只能采用线性型霍尔集成电路，哪几个可以用开关型霍尔集成电路。

三、计算题

1. 请参考图 10-9 回答以下问题：

1）计算机测得霍尔式传感器输出脉冲的频率为 110Hz，$z = 60$，求齿轮的转速 n（单位为 r/min）。

2）该转速表能够判断齿轮的正反转吗？为什么？

2. 设某型号霍尔式电流传感器的额定电流比 $K = I_{PN}/I_{SN} = 500 : 0.3$，$N_P = 1$，求：

1）一次额定电流值 I_{PN} 为多少。

2）一次电流为额定电流值 I_{PN} 时，二次额定电流 I_{SN} 为多少。

3）测得二次电流 $I_S = 50mA$ 时，被测电流 I_P 为多少。

扩展阅读

智 造 先 锋

作为世界第一制造大国，中国 500 多种主要工业产品中有 220 多种产量位居世界第一。《中国制造 2025》的动员令发出，制造业与互联网深度融合，智能制造为经济注入新动能。从百年梦想川藏铁路工程，到孟加拉国帕德玛大桥的千年圆梦；从中国高铁拉动一个个产业基地，到中国核工业产业链上一个个尖兵，它们托起了冶金、轴承、型材、精密仪器等数十个高端装备行业的自主创新。从海上科学城"远望七号"实施远洋测控，和地面测控系统形成体系，助力航天梦的实现，到神威太湖之光打造世界上速度最快的超级计算机，站在历史的新起点，中国正在向现代化强国进发。

信息化、工业化不断融合，以机器人技术为代表的智能装备产业蓬勃兴起。2017 年，中国继续成为全球第一大工业机器人市场，销量突破 12 万台，约占全球总产量的 1/3。连续 9 年成为全球高端数控机床第一消费大国，全球 50% 的数控机床装在了中国的生产线上。让互联网、大数据、人工智能和实体经济深度融合，在这个国家科技创新优先重点发展的领域，中国企业正努力制造出全新的装备。中国第一套全流程数字化仿真系统、中国第一部超精密加工数控系统、全球最大的砂芯 3D 打印机、世界上最大的工程机械工厂的智能化改造，在这个世界上最大、最完备的工业体系内，智能制造正成为先锋，引领中国工业制造一场前所未有的变革。

模块11

热电偶温度传感器

学习目标

知识目标：

1. 掌握温度测量的相关概念。
2. 了解热电偶传感器的结构和工作原理。
3. 了解热电偶温度传感器的结构和性能。
4. 掌握热电偶温度传感器的典型应用。

能力目标：

1. 能选用热电偶温度传感器进行温度测量。
2. 能正确对热电偶的冷端进行温度补偿。
3. 能正确使用热电偶的配套仪器。

热电偶是温度测量仪表中常用的测温元件，它直接测量温度，并把温度信号转换成热电动势信号，通过电气仪表（二次仪表）转换成被测介质的温度。各种热电偶的外形常因需要而极不相同，但是它们的基本结构却大致相同，通常由热电极、绝缘套保护管和接线盒等部分组成，热电偶通常和显示仪表、记录仪表及电子调节器配套使用。

热电偶测温的主要优点有：

1）热电偶温度传感器属于自发电型传感器，因此测量时可以不使用外加电源，直接驱动动圈式仪表。

2）结构简单、使用方便，热电偶的电极不受大小和形状的限制，可按照需要选择。

3）测温范围广，高温热电偶测温能力可达 1800℃ 以上，低温热电偶测温能力可达 −260℃。

4）测量准确度较高，各温区中的误差均符合国际计量委员会的标准。

本模块首先介绍温度测量的基本概念，然后分析热电偶的工作原理、分类及应用。

11.1 温度测量的基本概念

温度是一个和人们生活环境有着密切关系的物理量，也是一个在生产、科研、生活中需要测量和控制的重要物理量。在之前的内容中曾简单介绍过用于温度测量的铂热电阻，这里将系统地介绍有关温度、温标、测温方法等一些基本知识。

11.1.1 温度的物理基础

1. 温度的概念

温度是表征物体冷热程度的物理量。温度概念是以热平衡为基础提出的。如果两个相接触的物体的温度不相同，那么它们之间就会产生热交换，热量将从温度高的物体向温度低的物体传递，直到两个物体达到相同的温度为止。

温度的微观概念是：温度标志着物质内部大量分子的无规则运动的剧烈程度。温度越高，表示物体内部分子热运动越剧烈。

2. 温标

温标是衡量温度高低的标尺，是描述温度数值的统一表示方法。温标明确了温度的单位、定义、固定点的数值等参数。各类温度计的刻度均由温标确定。国际上规定的温标有：摄氏温标、华氏温标及热力学温标等。

（1）摄氏温标　摄氏温标把在标准大气压下冰的熔点定为 0℃，把水的沸点定为 100℃。在这两固定点间划分 100 个等分（1990 国际温标规定是 1/99.971 等分），每一等分为 1℃，符号为 t。

（2）华氏温标　华氏温标规定在标准大气压下，冰的熔点定为 32℉，水的沸点定为 212℉，两固定点间划分 180 个等分，每一等分为 1℉，符号为 θ。它与摄氏温标的关系式为

$$\theta/\text{℉} = 1.8t/\text{℃} + 32 \tag{11-1}$$

例如，摄氏温度为 20℃时，华氏温度 $\theta = (36 + 32)$℉ = 68℉。现在一些国家在日常生活中仍然使用华氏温标。

（3）热力学温标　热力学温标是建立在热力学第二定律基础上的温标，是由开尔文（Kelvin）根据热力学定律总结出来的，它的符号是 T，其单位是开（K）。

热力学温标规定，分子运动停止（即没有热的存在）时的温度为 0K，水的三相点（气、液、固三态同时存在且进入平衡时的温度）的温度为 273.16K，把从 0K 到水的三相点之间的温度均分为 273.16 格，每格为 1K。

由于以前曾规定冰点的温度为 273.15K，所以现在沿用这个规定，热力学温标和摄氏温标的换算为

$$t/\text{℃} = T/\text{K} - 273.15 \tag{11-2}$$

或

$$T/\text{K} = t/\text{℃} + 273.15 \tag{11-3}$$

例如，100℃的热力学温度 $T = (100 + 273.15)$K = 373.15K。

（4）1990 国际温标（ITS-90）　国际计量委员会在 1968 年建立了一种国际协议性温标，即 IPTS-68 国际温标，这种温标与热力学温标基本吻合，其差值符合规定的范围，而且复现性好（在全世界用相同的方法，可以得到相同的温度值），所规定的标准仪器使用方便、容易制造。

在 ITS-68 国际温标的基础上，根据第 18 届国际计量大会的决议，从 1991 年 1 月 1 日开始在全世界范围内采用 1990 年国际温标，简称 ITS-90 国际温标。

ITS-90 国际温标定义了一系列温度的固定点，以及测量和重现这些固定点的标准仪器和计算公式。例如，规定了氢的三相点为 13.8033K，氧的三相点为 54.3584K，汞的三相点为 234.3156K，水的三相点为 273.16K（0.01℃）等。

ITS-90 国际温标规定了不同温度段的标准测量仪器。例如在极低温度范围，用气体体积热膨胀温度计来定义和测量；在氢的三相点和银的凝固点之间，用铂电阻温度计来定义和测量；而在银凝固点以上，用光学辐射温度计来定义和测量等。

11.1.2　温度测量及传感器分类

常用的各种材料和元器件的性能大都会随着温度的变化而变化，具有一定的温度效应。其中一些稳定性好、温度灵敏度高、能批量生产的材料就可以作为温度传感器。

温度传感器的分类方法很多，按照用途可分为基准温度计和工业温度计；按照测量方法可分为接触式和非接触式；按工作原理可分为膨胀式、电阻式、电热式和辐射式等；按输出方式可分为自发电型和非电测型等。总之，温度测量的方法很多，而且直到今天，人们仍在不断地研究性能更好的温度传感器。人们根据成本、准确度、测温范围及被测对象的不同，选择不同的温度传感器。表 11-1 列出了常用温度传感器的种类及特点。

表 11-1　常用温度传感器的种类及特点

所利用的物理现象	传感器类型	测温范围/℃	特点
体积热膨胀	气体温度计 液体压力温度计 玻璃水银温度计 双金属片温度计	−250~1000 −200~350 −50~350 −50~300	不需要电源，耐用，但感温部件体积较大
接触热电动势	钨铼热电偶 铂铑热电偶 其他热电偶	1000~2100 200~800 −200~1200	自发电型，标准化程度高，品种多，可根据需要选择，需进行冷端温度补偿
电阻的变化	铂热电阻 热敏电阻	−200~900 −50~200	标准化程度高，但需要接入桥路才能得到电压输出
PN 结电压	硅半导体二极管 （半导体集成温度传感器）	−50~150	体积小，线性好，但测温范围小
温度-颜色	示温涂料 液晶	−50~1300 0~100	面积大，可得到温度图像，但易衰老，准确度低
光辐射 热辐射	红外辐射温度计 光学高温温度计 热释电温度计 光子探测器	−50~1500 500~3000 0~1000 0~3500	非接触式测量，反应快，但易受环境及被测体表面状态影响，标定困难

11.2　热电偶温度传感器的工作原理

11.2.1　热电效应

1821 年，德国物理学家赛贝克（T. J. Seebeck）用两种不同金属组成闭合回路，并用酒精灯加热其中一个接触点（称为结点），发现放在回路中的指南针发生了偏转，如图 11-1 所示。如果用两盏酒精灯对两个结点同时加热，指南针的偏转角反而减小。显然，指南针的偏转说明回路中有电动势产生并有电流在回路中流动，电流的强弱与两个结点的温差有关。

据此，赛贝克发现和证明了：两种不同材料的导体 A 和 B 组成的闭合回路，当两个结点温度不相同时，回路中将产生电动势。这种物理现象称为热电效应。两种不同材料的导体所组成的测温回路称为"热电偶"，组成热电偶的导体称为"热电极"，热电偶所产生的电动势称为热电动势。热电偶的两个结点中，置于温度为 T 的被测对象中的结点称之为测量端，又称为工作端或热端；而置于参考温度为 T_0 的另一结点称之为参考端，又称自由端或冷端。

图 11-1　热电偶原理图
1—工作端　2—热电极 A　3—热电极 B
4—指南针　5—参考端

热电偶产生的热电动势 $E_{AB} = (T, T_0)$ 主要由接触电动势组成。

将两种不同的金属互相接触，由于不同金属内自由电子的密度不同，在两金属 A 和 B 的接触点处会发生自由电子的扩散现象。自由电子将从密度大的金属 A 扩散到密度小的金属 B，使 A 失去电子带正电，B 得到电子带负电，直至在结点处建立起充分强大的电场，能够阻止电子的继续扩散，从而达到动态平衡为止，从而建立起稳定的热电动势。这种在两种不同金属的结点处产生的热电动势称为珀尔帖（Peltier）电动势，又称接触电动势。它的数值取决于两种导体的自由电子密度和接触点的温度，而与导体的形状及尺寸无关。

由于热电偶的两个结点均存在珀尔帖电动势，所以热电偶所产生的总的热电动势是两个结点温差 ΔT 的函数 f_{AB}，如图 11-2 所示。

其中
$$E_{AB}(T, T_0) = f_{AB}(T, T_0) = f_{AB}(\Delta T) \tag{11-4}$$

由式（11-4）可以得出下列几个结论：

1）如果热电偶两结点温度相同，则回路总的热电动势必然等于零。两结点温差越大，热电动势越大。

2）如果热电偶两电极材料相同，即使两端温度不同（$T \neq T_0$），但总输出热电动势仍为零。因此必须由两种不同材料才能构成热电偶。

$$E_{AB}(T, T_0) = e_{AB}(T) - e_{AB}(T_0)$$

$A(n_A > n_B)$

$e_{AB}(T)$ 　 T 　 T_0 　 $e_{AB}(T_0)$

$(T > T_0)$

B

图 11-2　热电偶的热电动势示意图

3）式（11-4）中未包含与热电偶的尺寸形状有关的参数，所以热电动势的大小只与材料和结点温度有关，而热电偶的内阻与其长短、粗细、形状有关。热电偶越细，内阻越大。

如果以摄氏温度为单位，$E_{AB} = (T, T_0)$ 也可以写成 $E_{AB} = (t, t_0)$，其物理意义略有不同，但热电动势的数值是相同的。

11.2.2　中间导体定律

若在热电偶回路中插入中间导体，只要中间导体两端温度相同，则对热电偶回路的总热电动势无影响，这就是中间导体定律，如图 11-3a 所示。如果在热电偶回路中插入多种导体（HNi、Cu、Sn、NiMn…），如图 11-3b 所示，只要保证插入的每种导体的两端温度相同，则对热电偶的热电动势也无影响。

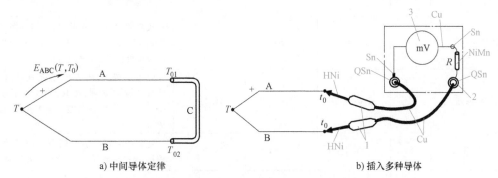

a) 中间导体定律　　　　　b) 插入多种导体

图 11-3　具有中间导体的热电偶回路

1—毫伏表的镍铜表棒　2—磷铜接插件　3—漆包线动圈表头

HNi—镍黄铜　QSn—锡磷青铜　Sn—焊锡　NiMn—镍锰铜电阻丝　Cu—纯铜导线

利用热电偶来实际测温时，连接导线、显示仪表和接插件等均可看成是中间导体，只要保证这些中间导体两端的温度各自相同，则对热电偶的热电动势没有影响。由此可见，中间导体定律对热电偶的实际应用是十分重要的，在使用热电偶及各种仪表时，应尽量使上述元器件两端的温度相同，以减少测量误差。

11.3　热电偶的种类及结构

11.3.1　热电极材料和通用热电偶

热电极和热电偶的种类繁多，我国从 1991 年开始采用国际计量委员会规定的"1990 年国际温标"（简称 ITS-90）的新标准。按此标准，共有 8 种标准化的通用热电偶，见表 11-2。表 11-2 所列热电偶中，写在前面的热电极为正极，写在后面的热电极为负极。对于每一种热电偶，还制定了相应的分度表，并且有相应的线性化集成电路与之对应。所谓分度表，就是热电偶自由端（冷端）温度为 0℃时，反映热电偶工作端（热端）温度与输出热电动势之间对应关系的表格。

表 11-2　8 种国际通用热电偶特性表

名称	分度号	测温范围/℃	100℃时的热电动势/mV	1000℃时的热电动势/mV	特点
铂铑 30-铂铑 6[①]	B	50~1820	0.033	4.834	熔点高,测温上限高,性能稳定,准确度高,100℃以下热电动势小,所以可不必考虑冷端温度补偿;价格昂贵,热电动势小,线性差;只适用于高温域的测量

(续)

名称	分度号	测温范围/℃	100℃时的热电动势/mV	1000℃时的热电动势/mV	特点
铂铑 13-铂	R	−50~1768	0.647	10.506	使用上限较高,准确度高,性能稳定,复现性好;但热电动势较小,不能在金属蒸气和还原性气氛中使用,在高温下连续使用时特性会逐渐变坏,价格昂贵;多用于精密测量
铂铑 10-铂	S	−50~1768	0.646	9.587	优点同铂铑 13-铂热电偶,但性能不如铂铑 13-铂热电偶;长期以来曾经作为国际温标的法定标准热电偶
铂铑-镍硅	K	−270~1370	4.096	41.276	热电动势大,线性好,稳定性好,价格便宜;但材质较硬,在 1000℃以上长期使用会引起热电动势漂移;多用于工业测量
镍铬硅-镍硅	N	−270~1300	2.744	36.256	这是一种新型热电偶,各项性能均比铂铑-镍硅热电偶好,适宜于工业测量
镍铬-铜镍(康铜)	E	−270~800	6.319	—	热电动势比铂铑-镍硅热电偶大50%左右,线性好,价格便宜;但不能用于还原性气氛;多用于工业测量
铁-铜镍(康铜)	J	−210~760	5.269	—	价格便宜,在还原性气体中较稳定;但纯铁易被腐蚀和氧化;多用于工业测量
铜-铜镍(康铜)	T	−270~400	4.279	—	价格便宜,加工性能好,离散性小,性能稳定,线性好,准确度高,铜在高温时易被氧化,测温上限低;多用于低温域测量;可作为−200~0℃温域的计量标准

① 铂铑 30 表示该合金含质量分数分别为 70% 的铂及 30% 的铑,以下类推。

图 11-4 为几种常用热电偶的热电动势与温度的关系曲线。从图中可以看到,在 0℃ 时,它们的热电动势均为零,这是因为绘制热电动势温度曲线或制定分度表时,总是将冷端置于 0℃ 这一规定环境中。

从图 11-4 中还可以看到,B、R、S 等热电偶在 100℃ 时的热电势几乎为零,故其只适合高温测量。多数热电偶的输出都是非线性(斜率 K_{AB} 不为常数的)的,但国际计量委员会已对这些热电偶的每一摄氏度的热电动势做了非常精密的测试,并向全世界公布了它们的分度表($t_0 = 0℃$)。使用前,只要将这些分度表输入计算机中,由计算机根据测得的热电动势自动查表就可获得被测温度值。

图 11-4 常用热电偶的热电动势与温度的关系曲线

11.3.2 热电偶的结构型式

1. 装配式热电偶

装配式热电偶主要用于测量气体、蒸气和液体等介质的温度。这类热电偶已做成标准形式，包括棒形、角形、锥形等，强度高、安装方便。从安装固定方式来看，有固定法兰式、活动法兰式、固定螺栓式、焊接固定式和无专门固定式等几种。装配式热电偶的外形和测量管道中流体温度时的常见安装方法如图11-5和图11-6所示。

a) 固定螺栓式   b) 固定法兰式

图 11-5 装配式热电偶

图 11-6 装配式热电偶在管道中的安装方法

1—热电偶 2—管道 3—绝热层

2. 铠装式热电偶

铠装式热电偶是一种由金属保护套管、绝缘材料和热电极三者组合成一体的特殊结构的热电偶。它是在薄壁金属套管（金属铠）中装入热电极，在两根热电极之间及热电极与管壁之间牢固充填无机绝缘物（MgO 或 Al_2O_3），使它们之间相互绝缘，使热电极与金属铠成为一个整体。它可以做得很细很长，而且可以弯曲。热电偶的套管外径最细能达 0.5mm，长度可达 100m 以上，如图 11-7 所示。

铠装式热电偶具有响应速度快、可靠性高、耐冲击、比较柔软、挠性好、便于安装等优点，因此特别适用于复杂结构（如狭小弯曲管道内）的温度测量。

3. 薄膜式热电偶

薄膜式热电偶如图 11-8 所示，它是用真空蒸镀的方法，把热电极材料蒸镀在绝缘基板

图 11-7 铠装式热电偶

图 11-8 薄膜式热电偶

1—工作端 2—薄膜热电极 3—绝缘基板

4—引脚接头 5—引出线（相同材料的热电极）

上而制成的。它的测量端既小又薄，厚度可以薄到几微米，且热容量小，响应速度快，便于敷贴，适用于测量微小面积上的瞬变温度。

11.4 热电偶冷端的延长和温度补偿

11.4.1 热电偶冷端的延长

实际测温时，由于热电偶长度有限，自由端温度将直接受到被测物温度和周围环境温度的影响。例如，热电偶安装在电炉壁上，而自由端放在接线盒内，电炉壁周围温度不稳定，波及接线盒内的自由端时，就会造成测量误差。虽然可以将热电偶做得很长，但这将提高测量系统的成本，是很不经济的。工业中一般采用补偿导线来延长热电偶的冷端，使之远离高温区。

补偿导线测温电路如图 11-9 所示，补偿导线（A′、B′）是两种不同材料的、相对比较便宜的金属（多为铜或铜的合金）导体。它们的自由电子密度比与所配接型号的热电偶的自由电子密度比相等，所以补偿导线在一定的环境温度范围内，如 $0 \sim 100℃$，与所配接的热电偶的灵敏度相同，即具有相同的温度-热电动势关系，也就是

$$E_{A'B'}(t, t_0) = E_{AB}(t, t_0) \tag{11-5}$$

图 11-9 利用补偿导线延长热电偶的冷端

使用补偿导线的好处是：

1）它将自由端从温度波动区延长到温度相对稳定区 t_0，使指示仪表的示值（毫伏数）变得稳定起来。

2）购买补偿导线比使用相同长度的热电极（A、B）便宜许多，可节约大量贵金属。

3）补偿导线多是用铜或铜的合金制作的，所以单位长度的直流电阻比直接使用很长的热电极小得多，可减小测量误差。

4）由于补偿导线通常用塑料（聚氯乙烯或聚四氟乙烯）作为绝缘层，其自身又为较柔软的铜合金多股导线，所以易弯曲，便于敷设。

必须指出的是，使用补偿导线仅能延长热电偶的冷端，虽然总的热电势在多数情况下会比不用补偿导线时有所提高，但从本质上看，这并不是由温度补偿引起的，而是冷端远离高温区造成两端温差变大的缘故，故将其称为"补偿导线"只是一种习惯用语。真正的冷端补偿方法将在后续内容介绍。

使用补偿导线时必须注意4个问题：

1）两根补偿导线与热电偶两个热电极的结点必须具有相同的温度。

2）各种补偿导线只能与相应型号的热电偶配用。

3）必须在规定的温度范围内使用。

4）极性切勿接反。

常用热电偶补偿导线的特性见表 11-3。

表 11-3　常用热电偶补偿导线的特性

型号	配用热电偶 正-负	补偿导线 正-负	导线外皮颜色		100℃ 热电动势 /mV	20℃时的电阻率 /Ω·m
			正	负		
SC	铂铑 10-铂	铜-铜镍	红	绿	0.646±0.023	0.05×10⁻⁶
KG	镍铬-镍硅	铜-康铜	红	蓝	4.096±0.063	0.52×10⁻⁶
WC5/26	钨铼 5-钨铼 26	铜-铜镍	红	橙	1.451±0.051	0.10×10⁻⁶

11.4.2 热电偶的冷端温度补偿

由热电偶测温原理可知，热电偶的输出热电动势是热电偶两端温度 t 和 t_0 差值的函数，当冷端温度 t_0 不变时，热电动势与工作端温度呈单值函数关系。各种热电偶温度与热电动势关系的分度表都是在冷端温度为 0℃ 时制成的，因此用热电偶测量时，若要直接应用热电偶的分度表，就必须满足 $t_0 = 0℃$ 的条件。但在实际测温中，冷端温度常随环境温度而变化，这样 t_0 不但不是 0℃，而且也不恒定，因此将产生误差，一般情况下，冷端温度均高于 0℃，所以热电势总是偏小。所以，人们研究出多种消除或补偿这个损失的方法，常用有以下几种。

1. 冷端恒温法

1）将热电偶的冷端置于装有冰水混合物的恒温容器中，使冷端的温度保持在 0℃ 不变。此法也称冰浴法，它消除了 $t_0 \neq 0℃$ 而引入的误差，由于冰融化较快，所以一般只适用于实验室中。冰浴法接线图如图 11-10 所示。

2）将热电偶的冷端置于电热恒温器中，恒温器的温度略高于环境温度的上限（如 40℃）。

3）将热电偶的冷端置于恒温空调房中，使冷端温度恒定。

应该指出，除了冰浴法是使冷端温度保持在 0℃ 外，后面两种方法只是使冷端维持在某一恒定（或变化较小）的温度上，因此后两种方法仍必须采用下述几种方法予以修正。

2. 计算修正法

当热电偶的冷端温度 $t_0 \neq 0℃$ 时，由于热端与冷端的温差随冷端的变化而变化，所以测得的热电动势 $E_{AB}(t, t_0)$ 与冷端为 0℃ 时测得的热电动势 $E_{AB}(t, 0℃)$ 不等。若冷端温

图 11-10　冰浴法接线图

1—被测流体管道　2—热电偶　3—接线盒　4—补偿导线　5—铜质导线　6—毫伏表
7—冰瓶　8—冰水混合物　9—试管　10—新的冷端

度高于0℃，则 $E_{AB}(t, t_0) < E_{AB}(t, 0℃)$，计算并修正测量误差的方法为

$$E_{AB}(t,0℃) = E_{AB}(t,t_0) + E_{AB}(t_0,0℃) \tag{11-6}$$

式中，$E_{AB}(t, t_0)$ 为毫伏表直接测得的热电动势毫伏数。

修正时，先测出冷端温度 t_0，然后从该热电偶分度表中查出 $E_{AB}(t_0, 0℃)$（此值相当于损失掉的热电动势），并把它加到所测得的 $E_{AB}(t, t_0)$ 中。根据式（11-6）求出 $E_{AB}(t, 0℃)$（此值是已得到补偿的热电动势），根据此值再在分度表中查出相应的温度值。计算修正法共需要查分度表两次。若冷端温度低于0℃，由于查出的 $E_{AB}(t_0, 0℃)$ 是负值，所以仍可用式（11-6）计算修正。

例　用镍铬-镍硅（K）热电偶测炉温时，其冷端温度 $t_0 = 30℃$，在直流毫伏表上测得的热电动势 $E_{AB}(t, 30℃) = 38.505\text{mV}$，试求炉温为多少。

解　查镍铬-镍硅热电偶 K 分度表，得到 $E_{AB}(30℃, 0℃) = 1.203\text{mV}$，根据式（11-6）有

$$E_{AB}(t,0℃) = E_{AB}(t,30℃) + E_{AB}(30℃,0℃) = 38.505\text{mV} + 1.203\text{mV} = 39.708\text{mV}$$

反查 K 分度表，求得 $t = 960℃$。

该方法适用于热电偶冷端温度较恒定的情况。在智能化仪表中，查表及运算过程均可由计算机完成。

3. 仪表机械零点调整法

当热电偶与动圈式仪表配套使用时，若热电偶的冷端温度比较恒定，且对测量准确度要求又不太高时，可将动圈式仪表的机械零点调整至热电偶冷端所处的 t_0 处，这相当于在输入热电动势前就给仪表输入一个热电势 $E_{AB}(t_0, 0℃)$。这样，仪表在使用时所指示的值约为 $E_{AB}(t, t_0) + E_{AB}(t_0, 0℃)$。

进行仪表机械零点调整时，首先必须将仪表的电源及输入信号切断，然后调节仪表面板上的螺钉，使指针指到 t_0 的刻度上。当气温变化时，应及时修正指针的位置。此方法虽有一定的误差，但非常简便，在动圈式仪表上经常采用。

4. 利用半导体集成温度传感器测量冷端温度

在计算修正法中，首先必须测出冷端温度 t_0，才有可能按照公式进行计算修正。现在普遍使用半导体集成温度传感器（简称温度 IC）来测量室温。温度 IC 具有体积小、集成度

高、准确度高、线性好、输出信号大、不需要进行温度标定、热容量小和外围电路简单等优点。只要将温度 IC 置于热电偶冷端附近，将温度 IC 的输出电压进行简单换算就能得到热电偶的冷端温度，从而用计算修正法进行冷端温度补偿。典型的半导体温度传感器有 AD590、AD7414、AD22100、LM35、LM74、LM76、LM77、LM83、LM92、DS1820、MAX6675、TMP03 和 TMP35 等系列，具体情况读者可查阅有关资料。

11.5　热电偶的配套仪表及应用

11.5.1　热电偶的配套仪表

我国生产的热电偶均符合 ITS-90 国际温标所规定的标准，其一致性非常好，国家又规定了与每一种标准热电偶配套的仪表，它们的显示值为温度，而且均已线性化。

这类仪表多具有以下功能：

1）双屏显示。主屏显示测量值，副屏显示控制设定值。

2）输入分度号切换。仪表的输入分度号可按键切换（如 K、R、S、B、N、E 等）。

3）量程设定。测量量程和显示分辨力由按键设定。

4）控制设定。上限、下限或上上限、下下限等各控制点值可在全量程范围内设定，上、下限控制回差值也可分别设定。

5）继电器功能设定。内部的数个继电器可根据需要设定成上限控制（报警）方式或下限控制（报警）方式，有多个报警输出模块。

6）断线保护输出。可预先设定各继电器在传感器输入断线时的保护输出状态（ON/OFF/KEEP）。

7）全数字操作。仪表的各参数设定、准确度校准均采用按键操作，无须电位器调整，掉电不丢失信息，还具有数字滤波功能。

8）冷端补偿。范围为 0~60℃。

9）接口功能。许多型号的仪表还带有计算机总线接口和打印接口。

与热电偶配套的 XMT 型仪表面板及接线如图 11-11 所示。

a）XMT型仪表面板　　　　　　　　b）XMT型仪表背面接线端子

图 11-11　与热电偶配套的 XMT 型仪表面板及接线

根据测量时是否与被测对象接触，可分为接触式测量和非接触式测量。例如，用多普勒雷达测速仪测量汽车超速与否、利用红外线辐射成像仪测量供电变压器的表面温度，就属于非接触式测量。非接触式测量不影响被测对象的运行工况，是目前发展的趋势。

11.5.2 热电偶的应用

1. 金属表面温度的测量

对于机械、冶金、能源及国防等领域，金属表面温度的测量是非常普遍而复杂的问题。例如，热处理操作中锻件、铸件以及各种余热利用的热交换器表面、气体蒸气管道、炉壁面等表面温度的测量。根据对象特点，测温范围从几百摄氏度到一千多摄氏度不等，而测量方法通常采用直接接触测温法。

直接接触测温法是指采用各种型号及规格的热电偶（视温度范围而定），用黏合剂或焊接的方法，将热电偶与被测金属表面（或去掉表面后的浅槽）直接接触，然后把热电偶接到显示仪表上组成测温系统。

图 11-12 所示为适合不同壁面的热电偶使用方式。如果金属壁比较薄，那么一般可用黏合剂将热电偶丝粘贴在被测元件表面，如图 11-12a 所示。为减少误差，在紧靠测量端的地方应加足够长的保温材料保温。

a) 将热电偶丝粘贴在被测元件表面　　b) 测量端从斜孔内插入　　　　c) 测量端从原有的孔内插入

图 11-12　适合不同壁面的热电偶使用方式

1—功率元件　2—散热片　3—薄膜热电偶　4—绝热保护层　5—车刀　6—激光加工的斜孔
7—露头式铠装热电偶　8—薄壁金属保护套管　9—冷端　10—工件

如果金属壁比较厚，且机械强度又允许，则对于不同壁面，测量端的插入方式有：从斜孔内插入，如图 11-12b 所示；利用被测元件原有的孔（如电动机起吊螺孔），将热电偶从孔槽内插入，如图 11-12c 所示。

WREM、WRNM 型表面热电偶专供测量 0～800℃ 范围内各种不同形状固体的表面温度，常作为锻造、热压、局部加热、电动机轴瓦、塑料注射机、金属淬火和模具加工等现场测温的有效工具。表面热电偶外形如图 11-13a 所示。使用时，将表面热电偶的热端紧压在被测物体表面，待热平衡后读取温度数据。表面热电偶的冷端插头材料与对应的补偿导线的材料相同，不影响测量结果，但要注意，插头与插座的正负极不要接反。热电偶冷端延长中的接线盒也经常采用图 11-13b 所示热电偶插头/插座代替。

2. 热电堆在红外线探测器中的应用

红外线辐射可引起物体的温度上升，将热电偶置于红外辐射的聚焦点上，可根据其输出

a) 表面热电偶外形

b) 热电偶插头/插座

图 11-13 表面热电偶外形及热电偶插头/插座

的热电动势来测量入射红外线的强度。

单根热电偶的输出十分微弱，为了提高红外线探测器的探测效应，可以将许多对热电偶相互串联起来，即第一根的负极接第二根的正极，第二根的负极再接第三根的正极，依次类推。将它们的冷端置于环境温度中，热端发黑（提高吸热效率），集中在聚焦区域，就能成倍地提高输出热电动势，这种接法的热电偶称为热电堆，如图 11-14 所示。

图 11-14 热电堆原理图

习　题　11

一、单项选择题

1. 两端密闭的弹簧管中的气体温度升高后，气体对容器内壁的压强随之增大，弹簧管的截面趋向于圆形，截面的短轴力图伸长，长轴缩短。截面形状的改变导致弹簧管趋向伸直，一直到与压力的作用相平衡为止，使弹簧管撑直，这种现象可用于测量温度。从微观上分析，弹簧管内部压强随温度增大的原因是（　　）。

A. 气体分子的无规则运动加剧，撞击容器内壁的能量增大

B. 气体分子的直径增大

C. 气体分子之间的排斥力增大

D. 气体分子对容器壁的碰撞后的动量总和减小

2. 正常人的体温为 37℃，则此时的华氏温度约为（　　），热力学温度约为（　　）。

A. 32℉，100K　　B. 99℉，236K　　C. 99℉，310K　　D. 37℉，310K

3. （　　）的数值越大，热电偶的输出热电动势就越大。

A. 热端直径　　　　　　　　　　　B. 热端和冷端的温度

C. 热端和冷端的温差　　　　　　　D. 热电极的电导率

4. 测量钢液的温度，最好选择（　　）热电偶；测量钢退火炉的温度，最好选择（　　）热电偶；测量汽轮机高压蒸汽（200℃左右）的温度，且希望灵敏度高一些，选择（　　）热电偶为宜。

A. R　　　　　　B. B　　　　　　C. S　　　　　　D. K　　　　　　E. E

5. 测量 CPU 散热片的温度，应选用（　　）型的热电偶；测量锅炉烟道中的烟气温度，应选用（　　）型的热电偶；测量 100m 深的岩石钻孔中的温度，应选用（　　）型的热电偶。

A. 普通　　　　　B. 铠装　　　　　C. 薄膜　　　　　D. 热电堆

6. 镍铬-镍硅热电偶的分度号为（　　），铂铑 13-铂热电偶的分度号是（　　），铂铑 30-铂铑 6 热电偶的分度号是（　　）。

A. R　　　　　　B. B　　　　　　C. S　　　　　　D. K　　　　　　E. E

7. 在热电偶测温回路中使用补偿导线的最主要目的是（　　）

A. 补偿热电偶冷端热电动势的损失　　　B. 起冷端温度补偿作用

C. 将热电偶冷端延长到远离高温区的地方　D. 提高灵敏度

8. 图 11-9 中，热电偶新的冷端在（　　）。

A. 温度为 T 处　　B. 温度为 T_n 处　　C. 温度为 T_a 处　　D. 毫伏表接线端子上

9. 在实验室中测量金属的熔点时，冷端温度补偿采用（　　），可减小测量误差；而在车间，用带微处理器的数字式测温仪表测量炉膛的温度时，应采用（　　）较为妥当。

A. 计算修正法　　　　　　　　　　B. 仪表机械零点调整法

C. 冰浴法　　　　　　　　　　　　D. 冷端补偿器法（电桥补偿法）

二、简答题

在炼钢厂中，有时直接将廉价热电极（易耗品，例如镍铬、镍硅热偶丝，时间稍长即熔化）插入钢液中测量钢液温度，如图 11-15 所示。试说明：

图 11-15　用浸入式热电偶测量钢液温度

1—钢液包　2-钢液　3—热电极 A、B　4—热电极接线柱

5—补偿导线　6—保护管　7—补偿导线与毫伏表的接线柱　8—毫伏表

1）为什么不必将工作端焊在一起？

2）要满足哪些条件，才不影响测量准确度？采用上述方法是利用了热电偶的什么定律？

3）如果被测物不是钢液，而是熔化的塑料行吗？为什么？

三、计算题

图 11-16 所示为镍铬-镍硅热电偶测温电路，热电极 A、B 直接焊接在钢板上（V 形焊接），A′、B′为补偿导线，Cu 为铜导线，已知接线盒 1 的温度 $t_1 = 40.0℃$，冰水温度 $t_2 = 0.0℃$，接线盒 2 的温度 $t_3 = 20.0℃$。求：

1）当 $U_x = 39.314mV$ 时，被测点的温度 t_x。

2）如果 A′、B′换成铜导线，此时 $U_x = 37.702mV$，再用计算修正法得到的 t_x。

3）直接将热电极 A、B 焊接在钢板上，此时 t_x 与 t_x' 哪一个略大一些？为什么？如何减小这一误差？

图 11-16　采用补偿导线的镍铬-镍硅热电偶测温电路

模块12

光电传感器

学习目标

知识目标：

1. 了解光电器件的分类以及工作原理。
2. 了解光电传感器四大类型的应用。
3. 掌握光电开关及其应用。
4. 了解光纤传感器的工作原理及应用。

能力目标：

1. 会选择正确的光电器件进行光电测量。
2. 能正确安装光电开关和光电断续器。
3. 能选用合适的光纤传感器进行测量。

几个世纪以来，关于光的本质，一直是物理界争论的一个课题。2000 多年前，人类已了解到光的直线传播特性，但对光的本质并不了解。1860 年，英国物理学家麦克斯韦建立了电磁理论，认识到光是一种电磁波。光的波动学说很好地说明了光的反射、折射、干涉、衍射、偏振等现象，但是仍然不能解释物质对光的吸收、散射和光电子发射等现象。1900年，德国物理学家普朗克提出了量子学说，认为任何物质发射或吸收的能量是一个最小能量单位（称为量子）的整数倍。1905 年，德国物理学家爱因斯坦用光量子学说解释了光电效应，并因此而获得 1921 年诺贝尔物理学奖。

爱因斯坦认为，光由光子组成，每一个光子具有的能量 E 正比于光的频率 f，即 $E = hf$（h 为普朗克常数），光子的频率越高（即波长越短），光子的能量就越强。比如，绿色光的光子就比红色光的光子能量强，而相同光子数目的紫外线能量比红外线的能量强得多，故紫外线可以杀死病菌、改变物质的结构等。爱因斯坦确立了光的波动粒子二象性，并为实验所证明。

光照射在物体上会产生一系列的物理或化学效应，例如植物的光合作用、化学反应中的催化作用、人眼的感光效应、取暖时的光热效应以及光照射在光电器件上的光电效应等。光电传感器是将光信号转换为电信号的一种传感器，使用这种传感器测量其他非电量（如转速、浊度、二维码等）时，只要将这些非电量转换为光信号的变化即可。此种测量方法具有反应快、非接触等优点，故在非电量检测中应用较广。本模块简单介绍光电效应，光电器件的结构、工作原理及特性，着重介绍光电传感器的各种应用。

12.1　光电效应及光电器件

光电传感器的理论基础是光电效应（Photo-electric Effect）。用光照射某一物体，可以看作物体受到一连串能量为 hf 的光子的轰击，组成该物体的材料吸收光子能量而发生相应电效应的物理现象称为光电效应。通常把光电效应分为以下三类：

1）在光线的作用下，能使电子逸出物体表面的现象称为外光电效应，基于外光电效应的光电器件有光电管、光电倍增管等。

2）在光线的作用下，能使物体的电阻率改变的现象称为内光电效应，基于内光电效应的光电器件有光敏电阻、光电二极管、光电晶体管及光控晶闸管等。

3）在光线的作用下，半导体材料产生一定方向电动势的现象称为光生伏特效应，基于光生伏特效应的光电器件有光电池等。

第一类光电器件属于玻璃真空管器件，第二、三类属于半导体器件。

12.1.1　基于外光电效应的光电器件

光电管属于外光电效应的光电器件，下面简要介绍它的工作原理。光电管及外光电效应示意图如图 12-1 所示，金属阳极 a 和阴极 b 封装在一个石英玻璃壳内，当入射光照射在阴极板上时，光子的能量传递给阴极表面的电子，当电子获得的能量（称为逸出功）足够大时，电子就可以克服金属表面对它的束缚而逸出金属表面，形成电子发射，这种电子称为"光电子"。

当光电管阳极加上适当电压（几伏至数十伏，视不同型号而定）时，从阴极表面逸出的电子被具有正电压的阳极所吸引，在光电管中形成电流，称为光电流。光电流 I_Φ 正比于光电子数，而光电子数又正比于光照度。

由于材料的逸出功不同，所以不同材料的光电管阴极对不同频率的入射光有不同的灵敏度。光电管的图形符号及测量电路如图 12-2 所示。目前紫外光光电管在工业检测中多用于紫外线测量、火焰监测等，可见光较难引起光电子的发射。

图 12-1　光电管及外光电效应示意图
1—阳极 a　2—阴极 b　3—石英玻璃外壳
4—抽气管蒂　5—阳极引脚　6—阴极
引脚　7—金属表面　8—光子　9—光致发射电子

12.1.2 基于内光电效应的光电器件

1. 光敏电阻

（1）工作原理 光敏电阻的工作原理是内光电效应。在半导体光电材料两端装上电极引线，将其封装在带有透明窗的管壳里就构成了光敏电阻，如图 12-3a 所示。为了增加有效接触面，从而提高灵敏度，两电极常做成梳状，如图 12-3b 所示，图形符号如图 12-3c 所示。

图 12-2　光电管的图形符号及测量电路

| a) 原理图 | b) 外形图 | c) 图形符号 |

图 12-3　光敏电阻

制作光敏电阻的材料有金属的硫化物、硒化物及碲化物等半导体。半导体的导电能力完全取决于半导体内载流子数目的多少。当光敏电阻受到光照时，半导体材料的表面产生自由电子，同时产生空穴对，电子空穴对的出现使电阻率变小。光照越强，产生电子空穴对就越多，阻值就越小。入射光消失，电子空穴对逐渐复合，电阻也逐渐恢复原值。

（2）特性和参数

1）暗电阻。置于室温、全暗条件下测得的稳定电阻值称为暗电阻，通常大于 $1M\Omega$。光敏电阻受温度影响甚大，温度上升，暗电阻减小，暗电流增大，灵敏度下降，这是光敏电阻的一大缺点。

2）光电特性。在光敏电阻两极电压固定不变时，光照度与电阻及电流间的关系称为光电特性。某型号光敏电阻的光电特性如图 12-4 所示，从图中可以看到，当光照度大于 100lx

| a) 光照–电阻特性曲线 | b) 光照–电流特性曲线 |

图 12-4　某型号光敏电阻的光电特性

时，它的光电特性曲线的非线性就十分严重了。由于光敏电阻光电特性为非线性，又有较大的温漂，所以不能用于光的精密测量，只能用于定性地判断有无光照，或光照度是否大于某一设定值。又由于光敏电阻的光电特性接近于人眼，所以也可以用于照相机测光元件。

3）响应时间。光敏电阻受光照后，光电流需要经过一段时间（上升时间）才能达到其稳定值。同样，在停止光照后，光电流也需要经过一段时间（下降时间）才能恢复到其暗电流值，这就是光敏电阻的时延特性。光敏电阻的上升响应时间和下降响应时间为 $10^{-3} \sim 10^{-2} s$，可见光敏电阻不能用在要求快速响应的场合。

（3）发光强度、光通量、光照度简介 发光强度的单位是国际单位制中 7 个基本单位之一，$540 \times 10^{12} Hz$（约 $0.55 \mu m$）的单色光是对人眼最敏感的黄绿色光。光源在单位时间内向周围空间辐射并引起视觉的能量，称为光通量，用符号 Φ 表示，单位为流明（lm）。一只 100W 白炽灯约可产生 1700lm 的光通量，而一只 40W 白色荧光灯管则可产生约 3000lm 的光通量。

光照度用来表示被照物体被照亮的程度。受照物体表面每单位面积（$1m^2$）上接收到的光通量称为光照度，符号为 E，单位为 lx（勒克斯）。图 12-4 所示光电特性曲线中光敏电阻的输入信号即为光照度 E，被光均匀并垂直照射平面的光照度 $E = \Phi / A$（式中，Φ 为物体表面单位面积上接收到的总光通量，A 为被照面积），所以 1lx 等效于 $1lm/m^2$。

为了使读者对光照度值有感性认识，现举几个实际情况下的光照度值供参考。20cm 远处的烛光的光照度为 $10 \sim 15$lx；40W 荧光灯正下方 1.3m 处的光照度约为 90lx；距 40W 白炽灯下 1m 处的光照度约为 30lx，加一灯罩后将增加到 300lx；晴天中午室外的光照度可达 $10000 \sim 80000$lx；晴天中午室内窗口桌面的光照度为 $2000 \sim 4000$lx；阴天中午室外的光照度约为 6000lx；黄昏室内光照度约为 10lx；满月时地面上的光照度仅为 0.2lx；一般办公室要求的光照度为 $100 \sim 200$lx；一般学习的光照度应不小于 75lx。教育部门规定，所有教室课桌面的光照度必须大于 150lx。由于瞳孔的存在，人眼对光线强弱的感觉类似于对数关系，所以在太阳光及昏暗的灯光下看书时的光照度将相差几百倍。

2. 光电二极管、光电晶体管

光电二极管、光电晶体管、光控晶闸管等统称为光电管，它们的工作原理是内光电效应。光电晶体管的灵敏度比光电二极管高，但频率特性较差，暗电流也较大。目前已研制出可由强光触发而导通的光控晶闸管，它的工作电流比光电晶体管大得多，工作电压有的可达数百伏，因此输出功率大，主要用于光控开关电路及大电流光电耦合器中。

（1）光电二极管的结构及工作原理 光电二极管结构与一般二极管的不同之处在于：光电二极管的 PN 结设置在透明管壳顶部的正下方，可以直接受到光的照射。图 12-5 所示为光电二极管外形、结构及图形符号，它在电路中处于反向偏置状态，如图 12-5c 及图 12-6 所示。

在没有光照时，由于光电二极管反向偏置，所以反向电流很小，这时的电流称为暗电流，相当于普通二极管的反向饱和漏电流。当光照射在光电二极管的 PN 结（又称耗尽层）上时，在 PN 结中产生的电子空穴对数量随之增加，光电流也相应增大，光电流与光照度成正比。目前已研制出几种新型光电二极管，它们都具有优异的特性。

1）PIN 光电二极管。它是在 P 区和 N 区之间插入一层电阻率很大的 I 层，从而减小了 PN 结的电容、提高了工作频率，响应频率可达 GHz 数量级。PIN 光电二极管的工作电压

a) 外形 b) 内部结构

c) 管芯结构 d) 结构简化图 e) 图形符号

图 12-5 光电二极管

1—负极引脚 2—管芯 3—外壳 4—玻璃聚光镜 5—正极引脚 6—N 型衬底 7—SiO_2 保护套
8—SiO_2 透明保护层 9—铝引出电极 10—P 型扩散层 11—PN 结 12—金引出线

（反向偏置电压）高达 100V 左右，光电转换效率较高，所以其灵敏度比普通的光电二极管高得多，可用作光盘的读出光电器件、光纤通信接收管等。特殊结构的 PIN 光电二极管还可用于测量紫外线等。

2）APD 光电二极管（雪崩光电二极管）。它是一种具有内部倍增放大作用的光电二极管，它的工作电压高达上百伏，工作原理有点类似于雪崩型稳压二极管。

当有一个外部光子射入其 PN 结上时，将产生一个电子空穴对。由于 PN 结上施加了很大的反向偏压，PN 结中的电场强度可达 10^4V/mm 左右，因此可将光子所产生的光电子

图 12-6 光电二极管的
反向偏置接法

加速到具有很高的动能并撞击其他原子，产生新的电子空穴对。如此多次碰撞，以致最终造成载流子按几何级数剧增的"雪崩"效应，形成对原始光电流的放大作用，增益可达几千倍，而雪崩产生和恢复所需的时间小于 1ns，所以 APD 光电二极管的工作频率可达几千兆赫兹，适用于微光信号检测及通信等，可以取代光电倍增管，但这种光电二极管噪声较大，易饱和。

（2）光电晶体管的结构及工作原理 光电晶体管有两个 PN 结，与普通晶体管相似，也

有电流增益。图 12-7 所示为 NPN 型光电晶体管的结构。多数光电晶体管的基极没有引出线，只有正负（C、E）两个引脚，所以其外形与光电二极管相似，从外观上很难区别。

光线通过透明窗口落在基区及集电结上，当电路按 12-7b 所标示电压极性连接时，集电结反偏，发射结正偏。当入射光子在集电结附近产生电子空穴对后，与普通晶体管的电流放大作用相似，集电极电流是原始光电流的 β 倍，因此光电晶体管比光电二极管的灵敏度高许多倍。

a) 管芯结构　　　　　　　　　　　　b) 结构简图

图 12-7　NPN 型光电晶体管结构

1—N$^+$ 衬底　2—N 型集电区　3—透光 SiO$_2$ 保护圈　4—集电结 J$_C$

5—P 型基区　6—发射结 J$_E$　7—N 型发射区

图 12-8a 所示为光电晶体管的图形符号。有时生产厂家还将光电晶体管与另一个普通晶体管制作在同一个管芯里，连接成复合管形式，如图 12-8b 所示，称为达林顿光电晶体管。它的灵敏度更高（$\beta=\beta_1\beta_2$），且允许输出较大的电流。但是达林顿光电晶体管的漏电流（暗电流）较大，频响较差，温漂较大。

a) 光电晶体管图形符号　　　　　　　b) 达林顿光电晶体管图形符号

图 12-8　光电晶体管的图形符号

3. 光电二极管及光电晶体管的基本特性

（1）光谱特性　不同材料的光电晶体管对于不同波长的入射光，其相对灵敏度 K_r 是不同的，即使是同一种材料（如硅光电晶体管），只要控制其 PN 结的制造工艺，也能得到不同的光谱特性。例如，硅光电器件的峰值为 0.8μm 左右，但现在已分别制出对红外光、可见光甚至蓝紫光敏感的光电晶体管，其光谱特性分别如图 12-9 中的曲线 1、2、3 所示。有时还可在光电晶体管的透光窗口上配以不同颜色的滤光玻璃，以达到光谱修正的目的，使光谱响应峰值波长根据需要而改变，据此可以制作色彩传感器。锗光电晶体管的峰值波长为1.3μm 左右，由于它的漏电流及温漂较大，已逐渐被其他新型材料的光电晶体管所代替。

目前已研制出的几种光敏材料的光谱峰值波长见表 12-1。光的波长与颜色的关系见表 12-2。广义电磁波谱（波长的大致分布）如图 12-10 所示。

图 12-9　硅光电晶体管的光谱特性

表 12-1　几种光敏材料的光谱峰值波长

材料名称	GaAsP	GaAs	Si	HgCdTe	Ge	GaInAsP	AlGaSb	GaInAs	InSb
峰值波长/μm	0.6	0.65	0.8	1~2	1.3	1.3	1.4	1.65	5.0

表 12-2　光的波长与颜色的关系

颜色	紫外	紫	蓝	绿	黄	橙	红	红外
波长/μm	10^{-2}~0.39	0.39~0.46	0.46~0.49	0.49~0.58	0.58~0.60	0.60~0.62	0.62~0.76	0.76~1000

图 12-10　广义电磁波谱

（2）伏安特性　光电晶体管在不同照度下的伏安特性与一般晶体管在不同基极电流下的输出特性相似。

（3）光电特性　图 12-11 中的曲线 1、2 分别是某种型号光电二极管、光电晶体管的光电特性，从图中可看出，光电流 I_Φ 在设定的范围内与光照度呈线性关系，光电晶体管的光电特性曲线斜率较大，说明其灵敏度较高。

（4）温度特性　温度变化对亮电流影响不大，但对暗电流的影响非常大，并且是非线性的，将给微光测量带来误差。硅光电晶体管的

图 12-11　光电二极管与光电
晶体管的光电特性

1—光电二极管的光电特性　2—光电晶体管的光电特性

温漂比光电二极管大许多，虽然硅光电晶体管的灵敏度较高，但在高准确度测量中却必须选用硅光电二极管，并采用低温漂、高准确度的运算放大器来提高灵敏度。

（5）响应时间　工业级硅光电二极管的响应时间为 $10^{-7} \sim 10^{-5}\mathrm{s}$，光电晶体管的响应时间比相应的二极管约慢一个数量级，因此当要求快速响应或入射光调制频率（明暗交替频率）较高时，应选用硅光电二极管。

图 12-12 示出了光电二极管的光脉冲响应（频率特性）。当光脉冲的重复频率提高时，由于光电二极管的 PN 结电容需要一定的充放电时间，所以它的输出电流的变化无法立即跟上光脉冲的变化，输出波形产生失真。当光电二极管的输出电流或电压脉冲幅度减小到低频时的 $1/\sqrt{2}$ 时，失真十分严重，该光脉冲的调制频率就是光电二极管的最高工作频率 f_{H}，又称截止频率。图 12-12b 中的 t_{r} 为上升时间，t_{f} 为下降时间。

a) 输入调制光脉冲　　　　b) 光电二极管脉冲响应

图 12-12　光电二极管的频率特性

由于光电晶体管基区的电荷存储效应，所以在强光照和无光照时，光电晶体管的饱和与截止需要更多的时间，对入射调制光脉冲的响应时间更慢，最高工作频率 f_{H} 更低。

12.1.3　基于光生伏特效应的光电器件

光电池能将入射光能量转换成电压和电流，属于光生伏特效应器件。从能量转换角度来看，光电池是作为输出电能的器件而工作的。例如人造卫星上就安装有展开达十几米长的太阳能光电池板。从信号检测角度来看，光电池作为一种自发电型的光电传感器，可用于检测光照的强弱，以及能引起光照强度变化的其他非电量。

1. 结构、工作原理及特性

光电池的种类较多，有硅光电池、砷化镓光电池、硒光电池、锗光电池、硫化镉光电池等。其中应用最广的是硅光电池，这是因为它有一系列优点：性能稳定、光谱范围宽、频率特性好、传递效率高、能耐高温辐射、价格便宜等。

硅光电池的材料有单晶硅、多晶硅和非晶硅。单晶硅电池转换效率高、稳定性好，但成本较高。单晶硅光电池的结构、图形符号、等效电路及外形如图 12-13 所示。硅光电池实质上是一个大面积的半导体 PN 结，基体材料多为数百微米的 P 型单晶硅，在 P 型单晶硅的表面，利用扩散法生成一层很薄的 N 型受光层，再在上面覆盖栅状透明电极。

PN 结又称阻挡层或空间电荷区，靠近 N 区的区域带正电，靠近 P 区的区域带负电。当入射光子的能量足够大时，PN 结每吸收一个光子，就会产生一个光生电子空穴对。光生电子在 PN 结的内电场作用下，漂移进入 N 区；光生空穴在 PN 结的内电场作用下，漂移进入 P 区。光生电子在 N 区的聚集使 N 区带负电，光生空穴在 P 区的集结使 P 区带正电。如果

a) 结构　　　　　　　b) 图形符号　　　　c) 等效电路　　　　　d) 外形

图 12-13　单晶硅光电池

光照是连续的，经短暂的时间（μs 数量级），PN 结两侧就有一个稳定的光生电动势 e 输出。当硅光电池接入负载后，光电流从 P 区经负载流至 N 区（自由电子从 N 区经负载流至 P 区），向负载输出功率。

2. 光电池的基本特性

（1）光谱特性　图 12-14 示出了硒、硅、锗光电池的光谱特性。随着制造业的进步，硅光电池已具有从蓝紫光到近红外线的宽光谐特性。目前许多厂家已生产出峰值波长为 $0.7\mu m$（可见光）的硅光电池，在紫光（$0.4\mu m$）附近仍有 65% ~ 70% 的相对灵敏度，这大大扩展了硅光电池的应用领域。硒光电池和锗光电池由于稳定性较差，目前应用较少。

图 12-14　光电池的光谱特性

（2）光电特性　硅光电池的负载电阻不同，输出电压和电流也不同。图 12-15 中的曲线 1 是某光电池负载开路时的开路电压 U_o 的特性曲线，曲线 2 是负载短路时的短路电流 I_Φ 的特性曲线。开路电压 U_o 与光照度的关系是非线性的，近似于对数关系，在 2000lx 光照度以上就趋于饱和。由实验测得，负载电阻越小，光电流与照度之间的线性关系就越好。当负载短路时，光电流在很大范围内与光照度呈线性关系，因此当测量与光照度成正比的其他非电量时，应把光电池作为电流源来使用；当被测非电量是开关量时，可以把光电池作为电压源来使用。

光电池事实上是一个光控恒流源。当 $R_L = 0$ 时，光电池输出的光电流 I_Φ 与光照度 E 成正比。当 R_L 开路且它的输出电压超过 PN 结的导通电压 0.6V 时，I_Φ 就通过该 PN 结形成回路，所以单个硅光电池的输出电压不可能超过 PN 结的导通电压。如果要得到较大的输出电压，必须将数块光电池串联起来。

（3）伏安特性　图 12-16 所示为某系列硅光电池的伏安特性，当 R_L 很小（例如图中所示的 500Ω 以下）时，光照度 E 每变化 100lx，其输出电流的变化间隔基本相等，说明此时 I_Φ 与 E 成正比。

当 R_L 增大时，输出电流与输出电压的非线性越来越大。当把光电池作为换能器使用时，必须选择最佳负载电阻，以得到最大功率输出。在精密测量时，必须设法使 $R_L = 0$，这就必须采用电流-电压转换电路。

图 12-15 某系列硅光电池的光电特性

1—开路电压曲线 2—短路电流曲线

图 12-16 某系列硅光电池的伏安特性

（4）光电池的温度特性 光电池的温度特性是描述光电池的开路电压 U_o 及短路电流 I_Φ 随温度变化的特性。开路电压随温度增加而下降，电压温度系数约为 $-2mV/℃$，短路电流随温度上升而缓慢增加，输出电流的温度系数较小。当光电池作为检测元件时，应考虑温度漂移的影响，采取相应措施进行补偿。

（5）频率特性 频率特性是描述入射光的调制频率与光电池输出电流间的关系。由于光电池受照射产生电子空穴对需要一定的时间，所以当入射光的调制频率太高时，光电池输出的光电流将下降。硅光电池的面积越小，PN 结的极间电容也越小，频率响应也就越好。硅光电池的频率响应可达数十千赫兹至数兆赫兹，硒光电池的频率特性较差，目前已较少使用。

12.2 光电器件的基本应用电路

光敏电阻、光电晶体管、光电池等光电器件必须根据各自的特点，使用不同的电路，才能达到最佳的使用效果。

12.2.1 光敏电阻基本应用电路

图 12-17 中，光敏电阻与负载电阻串联后，接到电源上。图 12-17a 中，当无光照时，光敏电阻 R_Φ 很大，在 R_L 上的电压降 U_o 很小。随着入射光增强，R_Φ 减小，U_o 随之增大。图 12-17b 的情况恰好与图 12-17a 相反，入射光增强，U_o 反而减小。

a) U_o 与光照变化趋势相同的电路

b) U_o 与光照变化趋势相反的电路

图 12-17 光敏电阻基本应用电路

12.2.2 光电二极管应用电路

光电二极管在应用电路中必须反向偏置，否则其电流就与普通二极管的正向电流一样，不受入射光的控制了。

图 12-6 和图 12-18 都是正确的接法。在图 12-18 中，利用反相器可将光电二极管的输出电压转换成 TTL 电平。

12.2.3 光电晶体管应用电路

光电晶体管在电路中必须遵守集电结反偏、发射结正偏的原则，这与普通晶体管工作在放大区时条件是一样的。

图 12-19 给出了两种常用的光电晶体管电路，表 12-3 列出光电晶体管的发射极输出电路与集电极输出电路的输出状态比较。

图 12-18 光电二极管的开关型应用电路

a) 发射极输出电路　　b) 集电极输出电路

图 12-19 光电晶体管的两种常用电路

表 12-3 光电晶体管的输出状态比较

电路形式	无光照时			强光照时		
	晶体管状态	I_C	U_o	晶体管状态	I_C	U_o
发射极输出	截止	0	0(低电平)	饱和	$(V_{CC}-0.3V)/R_L$	$V_{CC}-U_{CES}$(高电平)
集电极输出	截止	0	V_{CC}(高电平)	饱和	$(V_{CC}-0.3V)/R_L$	$U_{CES}(0.3V)$(低电平)

从表 12-3 可以看出，发射极输出电路的输出电压变化与光照的变化趋势相同，而集电极输出电路恰好相反。

例　图 12-20 所示为利用光电晶体管来达到强光照时继电器吸合的电路，请分析工作过程。

解　当无光照时，VT_1 截止，$I_\Phi = 0$，VT_2 也截止，继电器 KA 处于释放状态。

当有强光照射时，VT_1 产生较大的光电流 I_Φ，I_Φ 一部分流过下偏流电阻 R_{B2}（起稳定工作点作

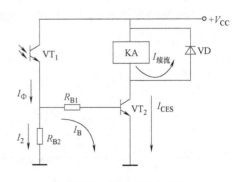

图 12-20 光控继电器电路

用），另一部分流经 R_{B1} 及 VT_2 的发射结。当 $I_B > I_{BS}(I_{BS} = I_{CS}/\beta)$ 时，VT_2 饱和，产生较大的集电极饱和电流 I_{CS}，$I_{CS} = (V_{CC} - 0.3V)/R_{kA}$，因此继电器得电并吸合。

如果将 VT_1 与 R_{B2} 位置上下对调，其结果相反，请读者自行分析。

12.2.4　光电池应用电路

为了得到光电流与光照度呈线性的特性，要求光电池的负载必须短路（负载电阻趋向于零），可是这在直接采用动圈式仪表的测量电路中是很难做到的，而采用集成运算放大器组成的 $I\text{-}U$ 转换电路能较好地解决这个矛盾。图 12-21 所示为光电池短路电流测量电路，由于运算放大器的开环放大倍数 $A_{od} \to \infty$，因此 $U_{AB} \to 0$，A 点为地电位（虚地）。从光电池的角度来看，相当于 A 点对地短路，所以其负载特性属于短路电流的性质。又因为运放反相端输入电流 $I_A \to 0$，所以 $I_{Rf} = I_\Phi$，则输出电压为

$$U_o = -U_{Rf} = -I_\Phi R_f \tag{12-1}$$

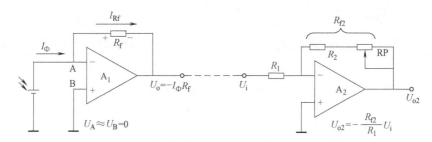

图 12-21　光电池短路电流测量电路

由式（12-1）可知，该电路的输出电压 U_o 与光电流 I_Φ 成正比，从而达到了电流-电压转换的目的。

若希望 U_o 为正值，可将光电池极性调换。当光电池用于微光测量时，I_Φ 可能较小，则可增加一级放大电路 A_2，并使用电位器 RP 微调总的放大倍数，如图 12-21 中右边的反相比例放大器电路所示。

12.3　光电传感器的应用

光电传感器属于非接触式测量，目前越来越多地用于生产的各个领域。根据被测物、光源、光电器件三者之间的关系，可以将光电传感器分为下述四种类型。

1）被测物是光源。被测物发出的光投射到光电器件上，光电器件的输出反映了光源的某些物理参数，如图 12-22a 所示。典型例子有光电高温比色温度计、光照度计、照相机曝光量控制等。

2）被测物吸收光通量。恒光源发射的光通量穿过被测物，一部分由被测物吸收，剩余部分投射到光电器件上，吸收量取决于被测物的某些参数，如图 12-22b 所示。典型例子如透明度计、浊度计等。

3）被测物的表面具有反射能力。恒光源发出的光通量投射到被测物上，然后从被测物表面反射到光电器件上，光电器件的输出反映了被测物的某些参数，如图 12-22c 所示。典

型例子如反射式光电法测转速、工件表面粗糙度测量、纸张的白度测量等。

4）被测物遮蔽光通量。恒光源发出的光通量在到达光电器件的途中遇到被测物，照射到光电器件上的光通量被遮蔽掉一部分，光电器件的输出反映了被测物的尺寸，如图 12-22d 所示。典型例子如振动测量、工件尺寸测量等。

a) 被测物是光源　　　　　　　　　　　　b) 被测物吸收光通量

c) 被测物的表面具有反射能力　　　　　　d) 被测物遮蔽光通量

图 12-22　光电传感器的几种形式

1—被测物　2—光电器件　3—恒光源

12.3.1　被测物是光源的应用实例

1. 红外线辐射测量温度

任何物体在 0K 以上时都能产生热辐射。温度较低时，辐射的是不可见的红外线，随着温度的升高，波长短的光开始丰富起来。当温度升高到 500℃ 时，开始辐射一部分暗红色的光。从 500~1500℃，辐射光颜色逐渐为红色→橙色→黄色→蓝色→白色。也就是说，1500℃ 时的热辐射中已包含了从几十微米至 0.4μm，甚至更短波长的连续光谱。如果温度再升高，比如达到 5500℃ 时，辐射光谱的上限会超过蓝色、紫色，进入紫外线区域。因此，测量光的颜色以及辐射强度，可粗略判定物体的温度。特别是在高温（2000℃ 以上）区域，已无法用常规的温度传感器来测量，即使钨铼 5-钨铼 26 热电偶的测温上限也只有 2100℃，所以超高温测量多依靠辐射原理的温度计。

辐射温度计可分为高温辐射温度计、高温比色温度计、红外辐射温度计及红外热像仪等。其中，红外辐射温度计既可用于高温测量，又可用于冰点以下的温度测量，所以是辐射温度计的发展趋势。市售的红外辐射温度计的温度测量范围可达−50~3000℃，中间分成若干个不同的规格，可根据需要选择适合的型号。图 12-23 所示为红外辐射温度计的外形和原理框图。

图 12-23a 是电动机表面温度测量示意图，测试时，按下手枪形测量仪的按钮开关，枪口即射出两束低功率的红色激光（瞄准用），被测物发出的红外辐射能量就能准确地聚焦在红外辐射温度计内部的红外光电器件（例如 InGaSa、α-Si 等）上。红外辐射温度计内部的 CPU 根据距离、被测物表面黑度辐射系数、水蒸气及粉尘吸收修正系数、环境温度以及被测物辐射出来的红外线强度等诸多参数，计算出被测物体的表面温度。其反应速度只有 0.5s，有峰值、平均值显示及保持功能，可与计算机串行通信。它广泛用于铁路机车轴温检

测，冶金、化工、高压输变电设备、热加工流水线表面温度测量，还可快速测量人体温度。

a) 表面温度测量示意图　　　　b) 内部原理框图　　　　c) 现场使用

图 12-23　红外辐射温度计

1—枪形外壳　2—红色激光瞄准系统　3—滤光片　4—聚焦透镜

当被测物不是绝对黑体时，在相同温度下，辐射能量将减少。比如十分光亮的物体只能发射或接收很少一部分光的辐射能量，因此必须根据预先标定过的温度，输入光谱黑度修正系数 ε_λ（或称发射本领系数）。上述测量方法中，必须保证被测物体的热像充满光电池的整个视场。

高温测量还经常使用一种称为光电比色温度计的仪表，其优点是：测量过程理论上与被测物表面的辐射系数（黑体系数）无关；不受视野中灰尘和其他吸光气体的影响；与距离、环境温度无关，不受镜头脏污（这在现场使用中是不可避免的）程度的影响。光电比色温度计多做成望远镜式，使用前先进行参数设置，然后对准目标，调节焦距至从目镜中看到清晰的像为止；按下锁定开关，被测参数即被记录到内部的微处理器中，经一系列运算后显示出被测温度值。

2. 热释电传感器在人体检测、报警中的应用

红外线是波长大于 $0.76\mu m$ 的不可见光。红外线检测的方法很多，如热电偶检测、光电池检测、光导纤维检测、量子器件检测等。近年来，热释电器件在红外线检测中得到了广泛应用。它可用于能产生远红外辐射的人体检测，如防盗门、宾馆大厅自动门、自动灯的控制以及辐射中红外线的物体温度的检测等。

（1）热释电效应　某些电介物质如锆钛酸铅（PZT），当表面温度发生变化时，在这些介质的表面就会产生电荷，这种现象称为热释电效应，用具有这种效应的介质制成的器件称为热释电器件。红外热释电传感器由滤光片、热释电红外敏感器件、高输入阻抗放大器等组成，如图 12-24 所示。

制作敏感器件时，先把热释电材料制成很小的薄片，再在薄片两侧镀上电极，把两个极性相反的热释电敏感器件做在同一晶片上，并且反向串联，如图 12-24c 所示。

由于环境影响而使整个晶片温度变化时，两个敏感器产生的热释电信号相互抵消，所以它对缓慢变化的信号没有输出。但如果两个热释电器件的温度变化不一致，它们的输出信号就不会被抵消。只要想办法使照射到两个热释电器件表面的红外线忽强忽弱，传感器就会有交变电压输出。

为了使热释电器件更好地吸收远红外线，需要在其表面镀覆一层能吸收远红外能量的黑色薄膜。为了防止可见光对热释电器件的干扰，必须在其表面安装一块滤光片（FT）。如果某种型号的热释电传感器用于防盗报警器，那么滤光片应选取 $7.5 \sim 14\mu m$ 波段。这是因为不同温度的物体发出的红外辐射波长不同，当人体外表温度为 $36℃$ 时，人体辐射的红外线在 $9.4\mu m$ 处最强。

热释电器件输出的交变电压信号由高输入阻抗的场效应晶体管（FET）放大器放大，并转换为低输出阻抗的电压信号。

热释电传感器用于红外防盗器时，其表面必须罩上一块由一组平行的棱柱形透镜所组成的菲涅尔透镜，如图 12-25a 所示。若从热释电器件来看，它前面的每一透镜单元都只有一个不大的视场角，而且相邻的两个单元透镜的视场既不连续，也不重叠，相隔着一个盲区。当人体在透镜总的监视范围

a) 外形

b) 分体结构

c) 内部电气接线图

d) 滤光片的光谱特性

图 12-24　红外热释电传感器

1—滤光片　2—管帽　3—敏感器件　4—放大器
5—管座　6—引脚　7—高阻值电阻 R

a) 菲涅尔透镜示意图

b) 原理框图

图 12-25　热释电型人体检测原理

1—菲涅尔透镜　2—热释电器件

（视野约 70°角）中运动时，顺次地进入某一单元透镜的视场，又走出这一视场。热释电器件对运动物体一会儿"看得见"，一会儿又变得"看不见"，再过一会儿又变得"看得见"，如此循环往复。传感器晶片上的两个反向串联热释电器件是轮流"看到"运动物体的，所以人体的红外辐射以光脉冲的形式不断改变两个热释电器件的温度，使它输出一串交变脉冲信号。当然，如果人体静止不动地站在热释电器件前面，它是"视而不见"的。

（2）对信号处理电路的要求　人体运动速度不同，传感器输出信号的频率也不同。在正常行走速度下时，由菲涅尔透镜产生的光脉冲调制频率约为 6Hz；当人体快速奔跑通过传感器面前时，可能高达 20Hz。再考虑到荧光灯的脉动频闪（人眼不易察觉）为 100Hz，所以信号处理电路中的放大器带宽不应太宽，应为 0.1~20Hz。放大器的带宽对灵敏度和可靠性有重要影响：带宽窄则干扰小，误判率小；带宽大则噪声电压大，可能引起误报警，但对快速和极慢速移动响应好。图 12-25b 所示为热释电型人体检测原理框图，目前可将图中的所有电路集成到一片厚膜电路中。

12.3.2　被测物吸收光通量的应用实例

1. 光电式浊度计

水样本的浊度是水文资料的重要内容之一，图 12-26 所示为光电式浊度计原理图。

图 12-26　光电式浊度计原理图

1—恒流源　2—半导体激光器　3—半反半透镜　4—反射镜　5—被测水样
6、9—光电池　7、10—电流/电压转换器　8—标准水样

光源发出的光线经过半反半透镜分成两束强度相等的光线，一路光线穿过标准水样 8（有时也采用标准衰减板），到达光电池 9，产生作为被测水样浊度的参比信号。另一路光线穿过被测水样 5 到达光电池 6，其中一部分光线被样品介质吸收，样品水样越混浊，光线衰减量越大，到达光电池 6 的光通量就越小。两路光信号均转换成电压信号 U_{o1}、U_{o2}，由运算器计算出 U_{o1}、U_{o2} 的比值，并进一步算出被测水样的浊度。

采用半反半透镜 3、标准水样 8 以及光电池 9 作为参比通道的好处是：当光源的光通量因种种原因有所变化或环境温度变化引起光电池灵敏度发生改变时，由于两个通道的结构完全一样，所以在最后运算 U_{o1}/U_{o2} 值（其值的范围是 0~1）时，上述误差可自动抵消，减小了测量误差。检测技术中经常采用类似方法，因此从事测量工作的人员必须熟练掌握参比和差动的概念。将上述装置略加改动，还可以制成光电比色计，用于血色素测量、化学分析等。

2. 烟雾传感器

宾馆等对防火设施有严格要求的场所均必须按规定安装烟雾传感器。火灾发生时伴随有光和热的化学反应，物质在燃烧过程中一般有下列现象发生：

1）产生热量，使环境温度升高。物质剧烈燃烧时会释放出大量的热量，这时可以用各种温度传感器来测量。但是，在燃烧速度非常缓慢的情况下，环境温度的上升是不易鉴别的。

2）产生可燃性气体。有机物在燃烧的初始阶段，首先释放出来的是可燃性气体，如CO等。

3）产生烟雾。烟雾是人们肉眼能见到的微小悬浮颗粒，其粒子直径大于10nm。烟雾有很强的流动性，可潜入烟雾传感器中，故烟雾检测是较有效检测火灾的手段。

4）产生火焰。火焰是物质产生灼烧气体而发出的光，是一种辐射能量。火焰辐射出红外线、可见光和紫外线，其中红外线和可见光不太适用于火灾报警，这是因为正常使用中的取暖设备、电灯、太阳光线都包含红外线或可见光。使用本模块第一节介绍过的紫外线管（外光电效应型），或者某些专用的半导体内光电效应型紫外线传感器，能够有效地监测火焰发出的紫外线，但应避开太阳光的照射，以免引起误动作。下面简单介绍光电直射式烟雾传感器的结构和工作原理。

图 12-27 中，红外 LED 与红外光电晶体管的峰值波长相同，称为红外对管，它们的安装孔处于同一轴线上。

无烟雾时，光电晶体管接收到 LED 发射的恒定红外线。而当火灾发生时，烟雾进入检测室，遮挡了部分红外线，使光电晶体管的输出信号减弱，经阈值判断电路后，发出报警信号。

图 12-27　光电直射式烟雾传感器
1—红外 LED　2—烟雾检测室　3—透烟孔
4—红外光电晶体管　5—烟雾

必须指出的是，室内吸烟也可能引起误报警，所以还必须与其他火灾传感器组成综合火灾报警系统，由大楼中的主计算机做出综合判断，并开启相应房间的消防设备。

12.3.3　被测物体反射光通量的应用实例

1. 反射式烟雾传感器

前面介绍的光电直射式烟雾传感器的灵敏度不高，只有在烟雾较浓时光通量才有较大的衰减。图 12-28 所示反射式烟雾传感器灵敏度较高。在没有烟雾时，由于红外对管相互垂直，烟雾检测室内又涂有黑色吸光材料，所以红外 LED 发出的红外线无法到达红外光电晶体管。当烟雾进入烟雾检测室后，烟雾的固体粒子对红外线产生漫反射（图中画出了几个微粒的反射示意图），使部分红外线能够到达光电晶体管。

在反射式烟雾传感器中，红外 LED 的激励电流不是连续的直流电，而是用 40kHz 调制的脉冲，所以红外光电晶体管接收到的光信号也是同频率的调制光。它输出的 40kHz 电信号经窄带选频放大器放大、检波后成为直流电压，再经低放和阈值比较器后输出报警信号。室内的灯光及太阳光即使泄漏进烟雾检测室，也无法通过 40kHz 选频放大器，所以不会引

a) 原理示意图   b) 外形

图 12-28 反射式烟雾传感器

1—红外 LED   2—烟雾检测室   3—透烟孔
4—红外光电晶体管   5—黑色吸光绒布   6—烟雾

起误报警。

2. 光电式转速表

转速是指每分钟内旋转物体转动的圈数，它的单位是 r/min。机械式转速表和接触式电子转速表会影响被测物的旋转速度，已不能满足自动化的要求。光电式转速表属于反射式光电传感器，它可以在距被测物数十毫米外非接触地测量其转速。由于光电元件的动态特性较好，所以可以用于高转速的测量而又不干扰被测物的转动。图 12-29 所示为光电式转速表的基本工作原理及各点波形。

红色 LED 发出的光线经聚焦透镜 2 会聚成平行光束，照射到被测旋转物 3 上，光线经事先粘贴在旋转物上的反光纸 4 反射回来，经透镜 6 聚焦后落在光电二极管 7 上。旋转物每转一圈，光电二极管就产生一个脉冲信号，经放大整形电路后得到 TTL 电平的脉冲信号，该信号在与门中和 "秒信号" 进行 "逻辑与"，所以与门在 1s 的时间间隔内输出的脉冲数就反映了旋转物的每秒转数，再经数据运算电路处理后，由数码显示器显示出每分钟的转数（即转速 n）。

以上大部分脉冲的处理过程可以通过微处理来完成，并可利用 "同步电路" 来减小 "± 1 误差"。

3. 色彩传感器

白色光源将光照在物体上时，物体表面的反射光颜色将由物体的性质决定。在许多场合，必须判定反射光的颜色，但由于人的生理和情感因素的影响，要对色彩做出准确判断以及定量描述是比较困难的。用色彩传感器就可以实现对色彩的测定，目前它在图像处理与美工、纺织、印染、涂料、食品加工、农作物生长和成熟判断等方面得到了越来越广泛的应用。

现代色度学是采用国际照明委员会（CIE）所规定的一套颜色测量原理及计算方法来确定颜色的。任何一个物体的颜色都可用红、绿、蓝（R、G、B）三原色的光功率谱的函数来表示。射入眼睛的光线刺激视网膜上对不同颜色有不同灵敏度的视觉细胞，并通过视神经

a) 光路及工作原理框图

b) 各点波形

图 12-29　光电式转速表的基本工作原理及各点波形

1—光源（红色 LED）　2、6—聚焦透镜　3—被测旋转物　4—反光纸

5—遮光罩　7—光电二极管　8—施密特整形电路　9—秒信号闸门

传送到大脑，从而使人感觉到色彩。

　　采用新型半导体材料——无定型硅（α-Si）制成的色彩传感器能得到三色信号，其结构及信号处理流程如图 12-30 所示。在玻璃基板上按顺序粘贴红、绿、蓝滤光片，分别与 R、G、B 三个输出电极处于同一轴线上。α-Si 本身的光谱灵敏度与人眼十分接近，峰值波长为 $0.5 \sim 0.6 \mu m$，而不像单晶硅那样为 $0.8 \mu m$（见图 12-14）。因此，当光线透过红、绿、蓝滤光片后，就可以分别得到三条图 12-31 所示的光谱特性曲线。

图 12-30　色彩传感器结构及信号处理流程

图 12-31　α-Si 彩色传感器的光谱灵敏度

1—红、绿、蓝滤光片　2—玻璃基板　3—α-Si　4—透明导电膜

5—公共电极　6—背面引出电极　7—遮光保护树脂　8—电流-电压转换器

α-Si 的工作原理是光生伏特效应，其输出是与接收到的光成正比的电流信号 I_R、I_G、I_B，它们分别经 I-U 转换器转换为电压信号，由计算机根据色度学原理，计算出被测物的颜色参数。

使用 α-Si 色彩传感器时必须采用日光型照明光源，在更换光源时，必须重新校正物体的色彩设定值。

12.3.4　被测物遮挡光通量的应用实例

1. 光电式带材走偏检测器

带材走偏检测器用来检测带形材料在加工过程中偏离正确位置的大小及方向，从而为纠偏控制电路提供纠偏信号。例如，在冷轧带钢厂中，带钢在某些工艺如连续酸洗、退火和镀锡等过程中易产生走偏；在其他工业部门如印染、造纸、胶片和磁带等生产过程中，也会发生类似的问题。带材走偏时，边缘经常与传送机械发生碰撞，易出现卷边，造成废品。

光电式边缘位置检测纠偏及测控原理如图 12-32 所示，LED 光源 1 发出的光线经扩束透镜 2 和平行光束透镜 3，变为平行光束，投向汇聚透镜 4，再次被汇聚成直径为 8mm 左右的光斑，落到光电池 E_1 上。在平行光束到达汇聚透镜 4 的途中，有部分光线受到被测带材 6 遮挡，从而使到达光电池的光通量 Φ 减小。

采用 I-U 电路来将光电池的短路电流转换为输出电压，$U_o = -I_{\Phi 1}R_{f1}$。图 12-32b 中的 E_1、E_2 是相同型号的光电池，E_1 作为测量元件装在带材下方，而 E_2 用遮光罩罩住，与 A_2 共同起温度补偿作用。当带材处于正确位置（中间位置）时，由运算放大器 A_1、A_2 组成的两路"光电池短路电流放大电路"的输出电压绝对值相同，即 $U_{o1} = -U_{o2}$，则减法器电路 A_3 的输出电压 U_{o3} 为零。

a) 光电检测装置　　　　　　　　b) 测量电路

图 12-32　光电式边缘位置检测纠偏及测控原理

1—LED 光源　2—扩束透镜　3—平行光束透镜　4—汇聚透镜

5—光电池 E_1　6—被测带材　7—温度补偿光电池 E_2　8—遮光罩　9—走偏指示

当带材左偏时，遮光面积减小，光电池 E_1 的受光面积增大，输出电流增加，导致 A_1 的输出电压 U_{o1} 变大，而 A_2 的输出电压 U_{o2} 不变。A_3 将这一不平衡电压加以放大，输出电压 U_{o3} 为负值，它反映了带材走偏的方向及大小。输出电压 U_{o3} 一方面由显示器显示出来，另一方面被送到比例调节阀的电磁线圈，使液压缸中的活塞向右推动开卷机构，达到纠偏的目的。

2. 光电线阵在带材宽度检测中的应用

上述光电式边缘位置检测纠偏装置是光电器件线性应用的例子，若使用光电线阵，也同样可以测量带材的边缘位置宽度。它具有数字式测量的特点——准确度高、漂移小，可不考虑光电器件的线性误差等。图 12-33 所示为光电二极管线阵在带材宽度检测中的应用实例。

光源置于钢板上方，采用特殊形状的圆柱形透镜和同样长度的窄缝，可形成薄片状的平行光源，称为"光幕"。在钢板下方的两侧，各安装一条光电二极管线阵。钢板阴影区内的光电二极管输出低电平，而亮区内的光电二极管输出高

图 12-33　光电二极管线阵在带材宽度检测中的应用实例
1—平行光源（光幕）　2—狭缝　3—被测带材　4—光电二极管线阵

电平。用计算机读取输出高电平的二极管编号及数目，再乘以光电二极管的间距就是亮区的宽度，再考虑到光电二极管线阵的总长度及安装距离 x_0，就可计算出钢板的宽度 L 及钢板的位置。如果用准确度更高的 CCD 面阵，则还可以计算出钢板的面积。利用类似原理，可制成光幕式汽车探测器、光幕式防侵入系统、光幕式安全保护系统等，这些系统的工作原理与过程请读者自行思考。

12.4　光电开关与光电断续器

光电开关与光电断续器都是用来检测物体的靠近、通过等状态的光电传感器。近年来，随着生产自动化、机电一体化的发展，光电开关及光电断续器已发展成系列产品，其品种及规格日增，用户可根据生产需要选用适当规格的产品，而不必自行设计光路和电路。

从原理上讲，光电开关及光电断续器没有太大的差别，都由红外线发射器件与光电接收器件组成，只是光电断续器是整体结构，其检测距离只有几毫米至几十毫米，而光电开关的检测距离可达几米至几十米。

12.4.1　光电开关的结构和分类

光电开关可分为两类：遮断型和反射型，如图 12-34 所示。图 12-34a 中，发射器和接收器相对安放，轴线严格对准，当有物体在两者中间通过时，红外光束被遮断，接收器接收不到红外线而产生一个负脉冲信号。遮断型光电开关的检测距离一般可达十几米。

反射型光电开关分为两种情况：反射镜反射型及被测物漫反射型（简称散射型），分别如图 12-34b、c 所示。反射镜反射型光电开关需要调整反射镜的角度以取得最佳的反射效果，它的检测距离不如遮断型。反射镜一般不用平面镜，而使用偏光三棱镜，它对安装角度的变化不太敏感，能将光源发出的光转变成偏振光（波动方向严格一致的光）反射回去。光电器件表面覆盖一层偏光透镜，只能接收反射镜反射回来的偏振光，而不响应表面光亮物体反射回来的各种非偏振光。这种设计使它也能用于检测诸如玻璃瓶等具有反光面的物体而不受干扰。反射镜反射型光电开关的检测距离一般可达几米。

散射型光电开关安装最为方便，只要不是全黑的物体均能产生漫反射。散射型光电开关的检测距离与被测物的黑度有关，一般较小，只有几百毫米。用户可根据实际需要决定所采用的光电开关的类型。

a) 遮断型

b) 反射镜反射型

c) 散射型

图 12-34　光电开关类型及应用

1—发射器　2—接收器　3—被测物　4—偏振光反射镜

5—带偏振光滤光片的接收器

光电开关中的红外光发射器一般采用功率较大的 LED，而接收器可采用光电二极管、光电晶体管或光电池。为了防止荧光灯的干扰，可选用红外 LED，并在光电器件表面加红外滤光透镜或表面呈黑色的专用红外接收管；如果要求方便瞄准（对中），亦可采用红色 LED。其次，LED 最好用中频（40kHz 左右）窄脉冲电流驱动，从而发射 40kHz 调制光脉冲。相应地，接收光电器件的输出信号经 40kHz 选频交流放大器及专用的解调芯片处理后，可以有效防止太阳光的干扰，又可减小发射 LED 的功耗。

光电开关可用于生产流水线上统计产量、检测装配件到位与否及装配质量，并且可以根据被测物的特定标记给出自动控制信号。它已广泛应用于自动包装机、自动灌装机、装配流水线等自动化机械装置中。

12.4.2　光电断续器

光电断续器的工作原理与光电开关相同，但其光电发射器、接收器做在体积很小的同一塑料壳体中，所以两者能可靠地对准，为安装和使用提供了方便，其外形如图 12-35 所示。它也可以分为遮断型和反射型两种。遮断型光电断续器（也称槽式光电断续器）的槽宽、深度及光电器件可以有各种不同的形式，并已形成系列化产品，可供用户选择。反射型光电断续器的检测距离较小，多用于安装空间较小的场合。由于检测范围小，光电断续器的 LED 可以直接用直流电驱动，亦可用 40kHz 左右的窄脉冲电流驱动。红外 LED 的正向电压降为 1.1~1.3V，驱动电流控制在 20mA 以内。

光电断续器是较便宜、简单、可靠的光电器件，它广泛应用于自动控制系统、生产流水线、机电一体化设备、办公设备和家用电器中。例如，在复印机和打印机中，它被用来检测复印纸的有无；在流水线上，用于检测细小物体的通过及物体上的标记，检测印制电路板元器件是否漏装以及检测物体是否靠近等。图 12-36 所示是用两只反射型光电断续器来检测肖特基二极管的两个引脚的长短是否有误，以便于包装和焊接。

a) 遮断型   b) 反射型

图 12-35　光电断续器

1—LED　2—红外线　3—光电器件

4—槽　5—被测物　6—透光孔

图 12-36　肖特基二极管生产流水线检测

12.5　光导纤维传感器及其应用

取一根无色有机玻璃圆棒，加热后弯曲成约 90° 圆弧形，将其一头朝向地板，用手电筒照射有机玻璃棒的上端，可以看到光线顺着弯曲的有机玻璃棒传导，从棒的下端射出，在地板上出现一个圆光斑，这就是光的全反射实验。

光导纤维简称光纤，它是以特别的工艺拉成的细丝。光纤透明、纤细，虽比头发丝还细，却具有把光封闭在其中并使光沿轴向传播的特征。1966 年，高银博士利用光的全反射原理，将 SiO_2 石英玻璃制成细长的玻璃纤维，用于传输光信号。1970 年，康宁公司制造出了损耗为 20dB/km（即光在光纤中传输 1km，发光强度衰减为原来的 1/10）的光纤。随着加工工艺的进步，目前好的光纤的损耗已接近 0.01dB/km。光导纤维的用途也越来越广泛，可用于网络通信，以便高速传递大量的信息；还可以用于建筑的照明等。

光纤传感器是近年来随着光导纤维技术的进步而发展起来的新型传感器。光纤传感器具有抗电磁干扰能力强、不怕雷击、防燃防爆、绝缘性好、柔韧性好、耐高温、质量小等特点。它的测量范围十分广泛，可用于热工参数、电工参数、机械参数、化学参数的测量，还可以在医用内窥镜、工业内窥镜等领域进行图像扫描和图像传输。

12.5.1　光纤的基本概念

1. 光的全反射

当一束光线以一定的入射角 θ_1 从介质 1 射到介质 2 的分界面上时，一部分能量反射回原介质，称为反射光；另一部分能量则透过分界面，在另一介质内继续传播，称为折射光，如图 12-37a 所示。反射光与折射光之间的相对比例取决于两种介质折射率 n_1、n_2 的比例。

a) $\theta_1 > \theta_c$ 时的情况　　　　b) $\theta_1 = \theta_c$ 时的情况　　　　c) $\theta_1 < \theta_c$ 时的情况

图 12-37　光线在两种介质界面的反射与折射

当 $n_1 > n_2$ 时，若减小 θ_1，则进入介质 2 的折射光与分界面的夹角 θ_2 也将相应减小，折射光束将趋向界面；当入射角进一步减小时，将导致 $\theta_2 = 0°$，则折射波只能在介质分界面上传播，如图 12-37b 所示。将 $\theta_2 = 0°$ 时的 θ_1 角，定义为临界角 θ_c，当 $\theta_1 < \theta_c$ 时，入射光线将发生全反射，不再进入介质 2，如图 12-37c 所示。光纤就是利用全反射的原理来高效地传输光信号的。

2. 光纤的结构及分类

目前，实用的光纤绝大多数采用由纤芯、包层和外护套三个同心圆组成的结构形式，如图 12-38 所示。纤芯的折射率大于包层的折射率，这样光线就能在纤芯中进行全反射，从而实现光的传导；外护套处于光纤的最外层，包围着包层，外护套的功能有两个：一是加强光纤的机械强度；二是保证外面的光不能进入光纤之中。图中所示的结构还有缓冲层和加强层，以进一步保护纤芯和包层。

图 12-38　光纤的结构

1—纤芯　2—包层　3—缓冲层
4—加强层　5—PVC 外护套

纤芯的直径和折射率决定了光纤的传输特性，图 12-39 示出了三种不同光纤的纤芯直径和折射率对光传播的影响。

（1）阶跃型　阶跃型光纤的纤芯折射率各点分布均匀一致，如图 12-39a 所示。

（2）梯度型　梯度型光纤的纤芯折射率呈聚焦形，即在轴线上折射率最大，离开轴线则逐步降低，至纤芯区的边沿时，降低到与包层区一样，如图 12-39b 所示。

（3）单孔型　由于单孔型光纤的纤芯直径较小（数微米），接近于被传输光波的波长，光以电磁场"模"的原理在纤芯中传导，能量损失很小，适宜远距离传输，又称为单模光纤，如图 12-39c 所示。

阶跃型和梯度型光纤的纤芯直径约为 $100\mu m$，加塑套后的外径一般小于 $1mm$，可传输一定的波长（$0.85 \sim 1.3\mu m$），有多个不同的模式在光纤中传输，所以称之为多模光纤，其

图 12-39 光纤类型及全反射形式

价格较单模光纤便宜。

3. 光纤的损耗

设计光纤传感器时，总希望光纤在传输信号的过程中损耗尽量小且稳定。光纤的损耗主要由三部分组成，如图 12-40 所示。

（1）吸收损耗 石英玻璃中的微量金属，如 Fe、Co、Cr 等对光有吸收作用。

（2）散失损耗 因光纤材料不均匀使光在传导中产生散射而造成损耗。

（3）机械弯曲变形损耗 光纤发生弯曲时，若光的入射角接近临界角，部分光将向包层外折射而造成损耗。

第（1）、（2）两项是固有损耗，第（3）项与光纤在传感器中所处的状态有关。许多物理量可以使光纤产生机械弯曲变形，造成光纤的弯曲损耗，使光纤的出射光发生变化，从而实现测量目的。

图 12-40 光纤的损耗
1—折射 2—全反射 3—散射

4. 电光与光电转换器件

光纤两端必须与光发射器和光接收器匹配。光发射器执行从电信号到光信号的转换，如图 12-41 所示，实现电光转换的器件通常是发光二极管（LED）或激光二极管（IED）。多模光纤多使用成本较低的近红外（或红色）LED 作为光发射器。LED 产生的光并不是单色光，例如，红色 LED 发出的红光是包含 $\lambda = \lambda_0 \pm 20nm$ 的混合光谱，在传导过程中的发散损耗较大，测量准确度较差；单模光纤不能使用 LED，只能采用寿命较短，但能发射单一光谱的 IED 作为光发射器。IED 与光纤耦合时，两者的轴心必须严格对准并固定，可使用专用的连接头及光纤插座来完成。

实现从光信号到电信号转换的器件是光电二极管或光电晶体管。当接收到光脉冲时，光

图 12-41　光纤与光发射器及光接收器的配合
1—发射光纤　2—接收光纤

电晶体管能给出对应的电脉冲。光电晶体管的响应通常较慢，只用于慢速测量；高速光电二极管的响应时间较快，有的仅有 1ns 左右。

单模光纤传感器的终端设备及信号处理电路比较复杂，也较昂贵，但检测效果较好。

12.5.2　光纤传感器及分类

1. 概述

光纤传感器是近年来出现的新型传感技术，是光导纤维在数字通信之外，在检测领域中的应用，可以测量如高电压、大电流、磁场、辐射、温度、压力、流量、液位、pH 值、角度、长度、位移、振动、加速度及应力等参数。

由于它有很强的抗干扰、抗化学腐蚀等能力，不存在一次仪表与二次仪表之间的接地麻烦，因此特别适合在狭小的空间、强电磁干扰、高电压环境或在潮湿的环境里工作。例如，在工厂车间里有许多大功率的电动机、产生电火花的交流接触器、产生电源畸变的晶闸管调压设备、产生很强磁场干扰的感应电炉等，在这些场合采用电气测量就会遇到电磁感应引起的噪声问题；在可能产生化学泄漏或可燃性气体溢出的场合，会遇到腐蚀和防爆的问题。在这些环境恶劣的场所，选用光纤传感器就较合适。

当然，光纤传感器也有缺点，如光纤质地较脆、机械强度低；要求比较高的切断、连接技术；分路、耦合比较麻烦等。

2. 光纤传感器分类

从广义上讲，凡是采用了光导纤维的传感器都可称为光纤传感器。例如，可以将前面模块中学过的传感器输出信号经 LED 转换成光信号，再耦合到光纤端部，光纤作为光的传输线，将被测量传送到二次仪表中去。在这种传感器系统中，传统的传感器和光纤结合起来，大大提高了传输过程中的抗电磁干扰能力，可实现遥测和远距离传输。光纤在这种传感器测量系统中仅起信号传输作用，所以本书不讨论这种形式的光纤传感器。

本节提到的光纤传感器是指光纤自身传感器。所谓光纤自身传感器，就是将光纤自身作为敏感元件（也称测量臂），直接接收外界的被测量。被测量引起光纤的长度、折射率、直径等方面的变化，从而使得在光纤内传输的光被调制。若将光看成简谐振动的电磁波，则光可以被调制的参数有四个，即振幅（强度）、相位、波长和偏振方向。

（1）强度调制型光纤传感器　强度调制型光纤传感器是应用较多的光纤传感器，它的结构比较简单，可靠性高，但灵敏度稍低，目前有许多产品已达到商品化的阶段。图 12-42 所示为强度调制型光纤传感器的几种形式。

1）反射式。反射式的基本结构如图 12-42a 所示，当被测表面前后移动时，引起反射发光强度发生变化。利用该原理，可进行位移、振动、压力等参数的测量。

图 12-42 强度调制型光纤传感器的几种形式

1—传感器光纤 2—参考臂光纤 3—半反半透镜（分束镜）
4—光电探测器 A 5—光电探测器 B 6—透镜 7—变形器 8—辐射体

2）遮光式。遮光式的基本结构如图 12-42b 所示，不透光的被测物部分遮挡在两根传感臂光纤的聚焦透镜之间，当被测物上下移动时，引起另一根传感臂光纤接收到的发光强度发生变化。利用该原理，也可进行位移、振动、压力等参数的测量。

3）吸收式。吸收式的基本结构如图 12-42c 所示，透光的吸收体遮挡在两根光纤之间，当被测物理量引起吸收体对光的吸收量改变时，将引起光纤接收到的发光强度发生变化。利用该原理，可进行温度等参数的测量。

4）微弯式。微弯式的基本结构如图 12-42d 所示，将光纤放在两块齿形变形器之间，当变形器受力时，将引起光纤弯曲变形，使光纤损耗增大，光电检测器接收到的发光强度变小。利用该原理，可进行压力、力、质量、振动等参数的测量。

5）接收光辐射式。接收光辐射式的基本结构如图 12-42e 所示，在这种形式中，被测体本身为光源，传感器本身不设置光源，根据光纤接收到的光辐射强度来检测与辐射有关的被测量。这种结构的典型应用是利用黑体受热发出红外辐射来检测温度，还可用于检测放射线等。

6）荧光激励式。荧光激励式的基本结构如图 12-42f 所示，在这种形式中，传感器的光源为紫外线，紫外线照射到某些荧光物质上时，就会激励出荧光，荧光的强度与材料自身的各种参数有关。利用这种原理，可进行温度、化学成分等参数的测量。

大部分强度调制型光纤传感器都属于传光型传感器，对光纤的要求不高，但希望耦合进入光纤的光强尽量大些，所以一般选用较大芯径的多模光纤，甚至可以使用塑料光纤。强度调制型光纤传感器的信号检测电路比较简单，可使用前面介绍的光电检测电路。

（2）相位调制型光纤传感器 某些被测量作用于光纤时，将引起光纤中光的相位发生变化。由于光的相位变化难以用光电器件直接检测出来，因此通常要利用光的干涉效应，将光相位的变化量转换成光干涉条纹的变化来检测，所以相位调制型光纤传感器有时又称为干涉型光纤传感器。

相位调制型光纤传感器的灵敏度极高，并具有大的动态范围。一个好的光纤干涉系统可以检测出 10^{-4}rad 的微小相位变化。例如，在相位调制型光纤温度传感器中，温度每变化 1℃，就可使长 1m 的光纤中光的相位变化 100rad，所以该系统理论上可以达到 10^{-6}℃ 的分辨力，这样的分辨力是其他传感器所难以达到的。当然，环境参数的变化也必然对这样灵敏的系统造成干扰，因此系统必须考虑适当的补偿措施，例如采用差动结构或图 12-26 介绍过的参比通道等。相位调制型光纤传感器的结构比较复杂，且需要使用激光（ILD）及单模光纤。图 12-43 所示为双路光纤干涉仪的工作原理。

将光纤测量臂输出的光与不受被测量影响的另一根光纤（也称参考臂）的参考光做比较，根据比较结果可以计算出被测量。

图 12-43　双路光纤干涉仪的工作原理

1—ILD　2—分束镜　3—透镜　4—参考光纤（参考臂）
5—传感光纤（测量臂）　6—敏感头　7—干涉条纹　8—光电读出器

双路光纤干涉仪必须设置两条光路，一束光通过敏感头，受被测量影响；另一路通过参考光纤，它的光程是固定的。在两束光的汇合投影处，测量臂传输的光与参考臂传输的光将因相位不同而产生明暗相间的干涉条纹。当外界因素使传感光纤中的光产生光程差 Δl 时，干涉条纹将发生移动（见图 12-43 中的 y 方向），移动的数目 $m=\Delta l/\lambda$（λ 为光的波长）。所谓的外界因素可以是被测的压力、温度、磁致伸缩、应变等物理量。根据干涉条纹的变化量，就可检测出被测量的变化，常见的检测方法有条纹计数法等。

12.5.3　光纤传感器的应用举例

1. 光纤液位传感器

光纤液位传感器是利用了强度调制型光纤反射式原理制成的，其工作原理如图 12-44 所示。

LED 发出的红光被聚焦射入入射光纤中，并在光纤中长距离全反射，最终到达球形端部。有一部分光线透出端面，另一部分经端面反射回出射光纤，被另一根接收光纤末端的光电二极管 VD 接收（图中未画出）。

当球形端面与液体接触时，因为液体的折射率比空气大，通过球形端面的光透射量增加而反射量减少，由后续电路判断反光量是否小于阈值，就可判断传感器是否与液体接触。该液位传感器的缺点是液体在透明球形端面的黏附现象会造成误判。另外，不同液体的折射率

图 12-44　光纤液位传感器工作原理

不同，对反射光的衰减量也不同，例如水将引起-6dB 左右的衰减，而油可引起-30dB 的衰

减，因此必须根据不同的被测液体调整相应的阈值。

光纤液位传感器在高压变压器冷却油液位检测报警电路中的应用如图 12-45 所示。因为光纤传感器不会将高电压引入计算机控制系统，所以绝缘问题较易解决。

图 12-45　光纤液位传感器用于高压变压器冷却油的液位检测

1—鹅卵石　2—冷却油　3—高压变压器　4—高压绝缘子
5—冷却油液位指示窗口　6—光纤液位传感器　7—连通器

当变压器冷却油液体低于光纤液位传感器的球形端面时，出射光纤的接收光电二极管接收到的光量减少。当 U_o 小于阈值 U_R 时，报警器报警。如果要检测上、下限油位，可设置两个光纤液位传感器，具体实现过程请读者自行思考。

2. 光纤混凝土应变传感器

光纤混凝土应变传感器是利用强度调制型光纤原理制成的，如图 12-46 所示。

图 12-46　光纤混凝土应变传感器

1—入射光纤　2—气隙　3—出射光纤　4—钢板　5—混凝土　6—光源光纤连接头　7—传导光纤连接头

测量光纤作为应变传感器固定在钢板上,入射光纤左端的光纤插头与光源光纤(图中未画出)连接,出射光纤右端的插头与传导光纤(图中未画出)连接。当钢板由四个螺栓固定在混凝土表面时,它将随混凝土一起受到应力而产生应变,引起入射光纤与接收光纤之间的距离变大,使光电检测器接收到的发光强度变小,测量电路根据受力前后的光强变化计算出对应的应力,若应力超标,将产生报警信号。

钢板也可埋入混凝土构件内进行长期监测,测量信号通过光纤进行远程传输(可超过40km),监测现场无须供电,从这个意义上讲,该传感器属于无源传感器。

3. 光纤温度传感器

光纤温度传感器是利用强度调制型光纤荧光激励式原理制成的,如图12-47所示。

LED将$0.64\mu m$的可见光耦合投射到入射光纤中,感温黑色壳体左端的空腔中充满彩色液晶,入射光经液晶散射后耦合到出射光纤中。当被测温度t升高时,液晶的颜色变暗,出射光纤得到的光强变弱,经光电晶体管及放大器后,得到的输出电压U_o与被测温度t呈某一函数关系。光纤温度传感器特别适用于远距离防爆场所的环境温度检测。

图 12-47 光纤温度传感器

1—感温黑色壳体 2—液晶 3—入射光纤 4—出射光纤

4. 光纤高温传感器

光纤高温传感器是利用强度调制型光纤接收光辐射式原理制成的。光纤高温传感器包括端部掺杂质的高温蓝宝石单晶光纤探头、光电探测器和辐射信号处理系统,如图12-48所示。

图 12-48 光纤高温传感器

1—黑体腔 2—蓝宝石高温光纤 3—光纤耦合器 4—低温耦合光纤 5—滤光器
6—传导光纤 7—通信接口 8—辐射信号处理系统及显示器 9—多路输入端子

当光纤高温传感器端部温度达到 400℃ 以上时，由于黑体腔被加热而引起热辐射（红外光），蓝宝石高温光纤收集黑体腔的红外热辐射，红外线经蓝宝石高温光纤传输并耦合进入低温光纤，然后射入末端的光电二极管（两者轴线对准）。光电二极管接收到的红外信号经过光电转换、信号放大、线性化处理、A-D 转换、微处理器处理后，给出待测温度。为实现多点测量，加入多路开关，通过微处理器控制，选择测点顺序。

该光纤高温传感器的测温上限可达 1800℃，在 800℃ 以上时，灵敏度优于 1℃；在 1000℃ 以上时，可分辨温度优于 0.1℃，对于铸造、热处理的工艺和质量控制具有积极的意义。

5. 光纤声压传感器

光纤声压传感器是利用双路光纤干涉原理制成的，如图 12-49 所示。

图 12-49　光纤声压传感器

1—声源　2—光纤线圈　3—干涉镜

激光束用分束镜分成两束，A 束通过由多圈光纤组成的声波探测器，B 束作为激光的相位比较基准。当有声波作用于由光纤线圈组成的声波探测器时，光纤线圈随声波而伸缩，这样 A 束光纤的相位发生变化。A、B 两束光产生干涉，光学相位检波器输出与被测声波成一定函数的输出电压 $U_{\Delta\Phi}$。这种干涉型的光纤声压传感器能检测出 10^{-6} rad 的微小相位差，因此灵敏度很高。

6. 光纤大电流传感器

光纤大电流传感器是利用双路光纤干涉原理制成的，如图 12-50 所示。

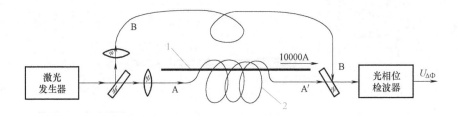

图 12-50　光纤大电流传感器

1—大电流导线　2—涂敷磁致伸缩材料的光纤线圈

由电工理论可知，通电导线周围存在感生磁场，磁场强度 H 与电流 I 成正比，通过对磁场的测量可间接获得电流值。

将磁致伸缩材料涂敷在光纤表面，并将光纤绕在通有大电流的导线上，大电流导线周围产生磁场，由于磁致伸缩效应，光纤线圈伸缩，导致两根光纤的光束产生干涉条纹，干涉条纹的相位差 φ 与被测电流有关，检测出 $\Delta\varphi$ 就可确定被测电流的大小。由于光纤的绝缘电阻非常大，所以光纤大电流传感器非常适用于超高压测量。

7. 光纤高电压传感器

光纤高电压传感器测量交流高电压的原理如图 12-51 所示。

光纤绕在棒状压电陶瓷（锆钛酸铅晶体，PZT）上，PZT 两端施加交流高电压。PZT 在高压电场作用下产生电致伸缩，使光纤随 PZT 的长度和直径变化而产生变形，光电探测器测得这一变化，输出与被测高电压呈一定函数关系的输出电压 U_o。

由于 PZT 和光纤的绝缘电阻很大，所以适用于高电压的测量，其结构和体积比高压电压互感器小得多。

图 12-51　光纤高电压传感器

1—被测高压电线　2—棒状压电
陶瓷 PZT　3—光纤线圈

习　题　12

一、单项选择题

1. 晒太阳取暖利用了（　　）；人造卫星的光电池板利用了（　　）；植物的生长利用了（　　）。

A. 光电效应　　　　B. 光化学效应　　　　C. 光热效应　　　　D. 感光效应

2. 蓝光的波长比红光（　　），相同光子数目的蓝光能量比红光（　　）。

A. 长　　　　　　B. 短　　　　　　C. 大　　　　　　D. 小

3. 光电二极管属于（　　），光电池属于（　　）。

A. 外光电效应　　B. 内光电效应　　　C. 光生伏特效应　　D. 光热效应

4. 光电二极管在测光电路中应处于（　　）偏置状态，而光电池通常处于（　　）偏置状态。

A. 正向　　　　　B. 反向　　　　　　C. 零

5. 光纤通信中，与出射光纤耦合的光电器件应选用（　　）。

A. 光敏电阻　　　B. PIN 光电二极管　　C. APD 光电二极管　D. 光电晶体管

6. 温度上升，光敏电阻、光电二极管、光电晶体管的暗电流（　　）。

A. 增加　　　　　B. 减小　　　　　　C. 不变

7. 普通型硅光电池的峰值波长为（　　），落在（　　）区域。

A. 0.8m　　　　　B. 8mm　　　　　　C. 0.8μm　　　　　D. 0.8nm

E. 可见光　　　　F. 近红外线　　　　G. 紫外线　　　　　H. 远红外线

8. 欲精确测量光的照度，光电池应配接（　　）。

A. 电压放大器　　B. A-D 转换器　　　C. 电荷放大器　　　D. I-U 转换器

9. 欲利用光电池为手机充电，需将数片光电池（　　）起来，以提高输出电压，再将几组光电池（　　　　）起来，以提高输出电流。

    A. 并联   B. 串联   C. 短路   D. 开路

10. 欲利用光电池在灯光（约200lx）下驱动液晶计算器（1.5V）工作，设每片光电池的带载输出电压约为0.4V，则必须将（　　　　）片光电池串联起来才能正常工作。

    A. 2   B. 3   C. 4   D. 20

11. 光导纤维是利用光的（　　　　）原理来远距离传输信号的。

    A. 光的偏振   B. 光的干涉   C. 光的散射   D. 光的全反射

12. 光纤通信应采用（　　　　）作为光纤的光源；光纤水位计采用（　　　　）作为光纤的光源较为经济。

    A. 白炽灯   B. LED   C. LCD   D. ILD

13. 要测量高压变压器的三相绝缘子是否过热，应选用（　　　　）；要监视银行大厅的人流，应选用（　　　　）。

    A. 热敏电阻   B. 数码摄像机   C. 红外热像仪   D. 热电偶

14. CCD数码相机的像素越高，分辨率就越（　　　　），每张照片占据的存储器空间就越（　　　　）。

    A. 高   B. 低   C. 大   D. 小

二、简答题

1. 某光电开关电路如图12-52a所示，VD_1 光电特性如图12-11所示，史密特反相器CD40106的输入-输出特性如图12-52b所示，请分析填空。

a) 电路   b) 74HC14(CD40106)的输入-输出特性

图 12-52 光电开关

1）当无光照时，VD_1 _____（导通/截止），I_Φ 为 _____，U_i 为 _____，所以 U_o 为 _____ 电平，约为 _____ V，设 VT_1 的 $U_{BE} = 0.7V$，则 I_B 约为 _____ mA，设 VT_1 的 $\beta = 200$，集电极饱和电压降 U_{CES} 为 0.3V，继电器KA的线圈直流电阻 R_K 为 100Ω，则晶体管的饱和电流 I_{CES} 为 _____ mA。若KA的额定工作电流为45mA，则KA必定处于 _____（吸合/释放）状态。

2）若光照增强，从图12-52b可以看出，当 U_i _____（大/小）于 _____ V时，施密特反相器翻转，U_o 跳变为 _____ 电平，KA _____。

3）若希望在光照度很小的情况下KA动作，R_L 应 _____（变大/变小），此时应将RP往 _____（上/下）调。RP称为调 _____ 电位器。

4）图中的 R_2 起_____作用，VT_1 起_____（电压/功率）放大作用，VD_2 起_____作用，保护_____在 KA 突然失电时不致被继电器线圈的反向感应电动势所击穿，因此 VD_2 又称为_____二极管。

2. 某光电晶体管在强光照时的光电流为 2.5mA，选用的继电器吸合电流为 50mA，直流电阻为 200Ω。现欲设计两个简单的光电开关，其中一个是有强光照时继电器吸合（得电）；另一个相反，是在有强光照时继电器释放（失电）。请分别画出两个光电开关的电路图（只允许采用普通晶体管放大光电流），并标出各电阻值以及选用的电源电压值及电源极性。

3. 压力机工作时，工人稍不留神就有可能机器的冲头弄伤手。请选用两种以上的传感器来同时探测工人的手是否处于危险区域（冲头下方）。只要有一个传感器输出有效（即检测到手未离开该危险区），则不让冲头动作，或使正在动作的冲头惯性轮制动。请以文字形式，谈谈你的检测控制方案，以及必须同时设置两个传感器组成"或"逻辑的关系和必须使用两只手（左右手）同时操作冲床开关的必要性。

4. 请你在课后回家打开家中的自来水表，观察其结构及工作过程，然后考虑如何利用学到的光电测转速原理，在自来水表玻璃外面安装若干电子元器件，使之变成数字式自来水表，并具备累积流量测量和显示的功能。请查阅有关资料，以文字形式写出你的设计方案。

5. 请观察自动玻璃门，谈谈如何利用热释电传感器及其他元器件实现玻璃门的自动开闭。

6. 请根据图 12-28 的基本原理，设计一个汽车烟雾报警器，安装在小型汽车车厢里。当车内有人吸烟时，自动起动抽风机，将烟排出车外。请画出测控原理框图，简要说明其工作原理，并画出控制电路。

三、计算题

1. 某光电池的有效受光面积为 $2mm^2$，光电特性如图 12-15 所示，测量电路如图 12-21 所示。求：

1）设 $R_f = 10k\Omega$，当光照度为 10000lx 时，输出电压 U_o 为多少。

2）设 $R_1 = 10k\Omega$，$R_{f2} = 1M\Omega$，则第二级运放的放大倍数 K_2 是多少。

3）当光照度为 25lx 时，第二级运放的输出电压 U_{o2} 约为多少。

2. 在一片 0.5mm 厚的不锈钢圆片边缘，用线切割机加工出等间隔的透光缝，缝的总数 $N_1 = 60$，如图 12-53 所示。将该薄圆片置于光电断续器（具体介绍见 12-35a）的槽内，并随旋转物转动。用计数器对光电断续器的输出脉冲进行计数，在 10s 内测得计数脉冲数 N 如图 12-53 所示（计数时间从清零以后开始计算，10s 后自动停止）。求：

1）流过光电断续器左侧的发光二极管电流 I_{VL} 为多少（注：红外发光二极管的正向电压降 $U_{VL} = 1.2V$）。

2）光电断续器的输出脉冲频率 f 约为多少。

3）旋转物平均每秒约转多少圈，平均每分钟约转多少圈。

4）数码显示器的示值与转速 n 之间是什么关系。

5）如果为加工方便，将不锈钢圆片缝的总数减少，使 $N_1 = 6$，则转速与数码显示器的示值之间是几倍的关系。

图 12-53　利用光电断续器测量转速和圈数

1—光电断续器　2—不锈钢薄圆片　3—透光缝　4—旋转物转轴

扩展阅读

中 国 超 算

超级计算机是 1929 年《纽约世界报》中最先报道出的一个名词,它是将大量的处理器集中在一起以处理庞大的数据量,同时运算速度比常规计算机快许多倍。但是从结构上看,超级计算机和普通计算机都是大同小异的,而这种并行化处理使得人们可以对庞大数据进行处理,进而影响到各个行业运行,其意义十分重大。1976 年,美国克雷公司推出了世界上首台运算速度达每秒 2.5 亿次的超级计算机,突出表现一国科技实力,堪称集万千宠爱于一身的高科技宠儿,在诸如天气预报、生命科学的基因分析、核业、军事、航天等高科技领域大展身手,让各国科技精英竞折腰,从此各国都开始着手研发亿亿级超级计算机。

一般来说,超级计算机的运算速度平均每秒 1000 万次以上,存储容量在 1000 万位以上。如美国的 ILLIAC-Ⅳ、日本的 NEC、欧洲的尤金、中国的"银河"计算机,都属于巨型计算机。巨型计算机的发展是电子计算机的一个重要发展方向,它的研制水平标志着一个国家的科学技术和工业发展的程度,体现着国家经济发展的实力。一些发达国家正在投入大量资金和人力、物力,研制运算速度达几百万亿次的超级大型计算机。

2009 年,我国国防科技大学发布峰值性能为每秒 1.206 千万亿次的"天河一号"超级计算机,成为美国之后第二个可以独立研制千万亿次超级计算机的国家。尤其 2016 年"神威·太湖之光"的出现,更是标志我国进入超算世界领先地位。超级计算机可以代表一个国家在信息数据领域的综合实力,甚至可以说影响到国家在世界科学技术上的地位,不仅如此,在大数据时代,超级计算机的实际应用也越来越广泛。2019 年 6 月 17 日上午,第 53 届全球超算 TOP500 名单在德国法兰克福举办的"国际超算大会"(ISC)上发布,中国超算"神威·太湖之光"和"天河二号"分列三、四名。

模块13

数字式位置传感器

学习目标

知识目标：

1. 了解位置测量的几种方式。
2. 了解绝对式和增量式角编码器的测量原理。
3. 了解光栅、磁栅和容栅的工作原理与计算。

能力目标：

1. 能选择合适的测量方式对位置进行测量。
2. 能正确安装角编码器。
3. 会利用角编码器测量电机的转速与位置。

在用普通机床进行零件加工时，操作人员要控制进给量以保证零件的加工尺寸，如长度、高度、直径、角度及孔距等，一般通过读取操作手柄上的刻度盘数值或机床上的标尺来获取加工尺寸。在加工高精度的零件时，零件的加工质量与机床本身的精度和操作者的经验有直接的联系。在用刻度盘读数时，往往还要将机床停下来，反复调整，这样就会影响加工效率及精度。如果有一种检测装置能自动地测量出直线位移或角位移，并用数字形式显示出来，那么就可实时地读取位移数值，从而提高加工效率及精度。本模块所讲述的数字式位置传感器就能完成上述任务。

几十年来，世界各国都在致力于发展数字位置测量技术，寻找理想的测量元件和信息处理技术。早在1874年，物理学家瑞利就发现了构成计量光栅基础的莫尔条纹，但直到20世纪50年代初，英国FERRANTI公司才成功地将计量光栅用于数控铣床。与此同时，美国FARRAND公司发明了感应同步器，20世纪60年代末，日本SONY公司发明了磁栅数显系统，20世纪90年代初，瑞士SYLVAC公司又推出了较为廉价的容栅数显系统。目前，数字位置测量的直线位移分辨力可达0.1μm，角位移分辨力可达0.1″，并正朝着大量程、自动补偿、测量数据处理高速化的方向发展。

数字式位置传感器一方面应用于测量工具中，使传统的游标卡尺、千分尺、高度尺等实现了数显化，让读数过程变得既方便、又准确；另一方面，数字式位置传感器还广泛应用于数控机床中，通过测量机床工作台、刀架等运动部件的位移，进行位置伺服控制。与此同时，数字式位置传感器在机床数显改造上得到了越来越多的应用，这是提高我国机床技术水平的一条途径。

本模块将从结构、原理、应用等方面介绍几种常用的数字式位置传感器，如角编码器、光栅式传感器、磁栅式传感器、容栅式传感器等，它们均能直接给出数字脉冲信号，所以称之为数字式位置传感器。它们既有很高的准确度，又可测量很大的位移量，这是前几个模块介绍过的其他位置传感器，如电感式传感器、电容式传感器等无法比拟的。

13.1 位置测量的方式

位置测量主要是指直线位移和角位移的精密测量。机械、设备的工作过程多与长度和角度发生关系，存在着位置或位移测量问题。随着科学技术和生产工艺的不断发展，人们对位置检测提出了高准确度、大量程、数字化和高可靠性等一系列要求。数字式位置传感器正好能满足这种要求，目前得到广泛应用的有角编码器、光栅、磁栅和容栅等测量技术。

数字式位置测量就是将被测的位置量以数字的形式来表示，具有以下特点：

1）被测的位置量被直接转变为脉冲个数或编码，便于显示和处理。

2）测量精度取决于分辨力，和量程基本无关。

3）输出脉冲信号的抗干扰能力强。

数字式位置传感器可以单独组成数字显示装置（简称数显表），专门用于位置测量和测量结果显示，也可以和数控系统（一种专门用于机床控制的计算机系统）组成位置控制系统。

13.1.1 直接测量和间接测量

位置传感器有直线式和旋转式两大类。若位置传感器所测量的对象就是被测量本身，即直线式传感器测直线位移，旋转式传感器测角位移，则该测量方式为直接测量。例如，直接用于直线位移测量的直线光和长磁栅等，直接用于角度测量的角编码器、圆光栅、圆磁栅等。

若旋转式位置传感器测量的回转运动只是中间值，由它再推算出与之关联的移动部件的直线位移，则该测量方式为间接测量，图 13-1 所示为直接测量和间接测量示意图。

图 13-1 中，丝杠的正、反向旋转通过螺母带动运动部件做正、反向直线运动。若测量对象为运动部件的直线位移，则安装在移动部件上的直线式位置传感器即为直接测量，如图 13-1a 所示；而安装在丝杠上的旋转式位置传感器通过测量丝杠旋转的角度可间接获得移动部件的直线位移，即为间接测量，如图 13-1b 所示。

例 13-1　设丝杠螺距=6.00mm（当丝杠转一圈360°时，螺母移动的直线距离），旋转式位置传感器测得丝杠旋转角度为 7290°，求螺母的直线位移 x。

解　螺母的直线位移为

$$x = (6mm \div 360°) \times 7290° = 121.50mm$$

a) 直接测量　　　　　　　　　　　b) 间接测量

图 13-1　直接测量和间接测量示意图

1—导轨　2—运动部件　3—直线式位置传感器的随动部件
4—直线式位置传感器的固定部件　5—旋转式位置传感器　6—丝杠-螺母副

　　用直线式位置传感器进行直线位移的直接测量时，传感器必须与直线行程等长，测量范围受传感器长度的限制，但测量精度高；而用旋转式位置传感器进行间接测量时则无长度限制，但由于存在着直线与旋转运动的中间传递误差，如机械传动链中的间隙等，故测量精度不及直接测量高。能够将旋转运动转换成直线运动的机械传动装置除了丝杠-螺母副外，还有齿轮-齿条、带-带轮等传动装置。

13.1.2　增量式和绝对式测量

　　增量式测量的特点是只能获得位移增量。在图 13-1 中，部件每移动一个基本长度或角度单位，位置传感器便发出一个输出信号，此信号通常是脉冲形式。这样，一个脉冲所代表的基本长度或角度单位就是分辨力，对脉冲计数，便可得到位移量。

　　例 13-2　在图 13-1a 中，若增量式测量系统的每个脉冲代表 0.01mm，直线光栅式传感器发出 200 个脉冲，求工作台的直线位移 x。

　　解　根据题意，工作台每移动 0.01m，直线光栅式传感器便发出 1 个脉冲，计数器就加 1 或减 1。当计数值为 200 时，工作台移动了

$$x = 200 \times 0.01\text{mm} = 2.00\text{mm}$$

　　增量式位置传感器必须有一个零位标志（作为测量起点的标志），见后文图 13-4 中的零标志位光槽 4 元件和图 13-11 中的零位光栅 5 元件。即使如此，如果中途断电，增量式位置传感器仍然无法获知移动部件的绝对位置。典型的增量式位置传感器有增量式光电编码器、光栅等。

　　绝对式测量的特点是，每一被测点都有一个对应的编码，常以二进制数据形式来表示。绝对式测量即使断电之后再重新上电，也能读出当前位置的数据。典型的绝对式位置传感器有绝对式角编码器，在这种装置中，编码器所对应的每个角度都有一组二进制数据与之对应。能分辨的角度值越小，所要求的二进制位数就越多，结构就越复杂。

13.2　角编码器

　　角编码器又称码盘，是一种旋转式位置传感器，它的转轴被测轴连接，

随被测轴一起转动，如图 13-1b 所示。它能将被测轴的角位移转换成二进制编码或一串脉冲。角编码器有两种基本类型：绝对式编码器和增量式编码器。

13.2.1 绝对式编码器

绝对式编码器是按照角度直接进行编码的传感器，可直接把被测转角用数字代码表示出来。根据内部结构和检测方式可分为接触式、光电式等形式。

1. 接触式角编码器

图 13-2 所示为一个 4 位二进制接触式角编码器，它在一个不导电基体上制作许多有规律的导电金属区，其中阴影部分为导电区，用 "1" 表示，其他部分为绝缘区，用 "0" 表示。码盘分成四个码道，在每个码道上都有一个电刷，电刷经取样电阻接地，信号从电阻上取出。这样，无论码盘处在哪个角度上，该角度均有 4 个码道上的 "1" 和 "0" 组成 4 位二进制编码与之对应。码盘最里面一圈轨道是公用的，它和各码道所有导电部分连在一起，经限流电阻接激励电源 E 的正极。

由于码盘与被测转轴连在一起，而电刷位置是固定的，当码盘随被测轴一起转动时，电刷和码盘的位置就发生相对变化。若电刷接触到导电区域，则该回路中的取样电阻上有电流流过，产生电压降，输出为 "1"；反之，若电刷接触的是绝缘区域，则不能形成回路，取样电阻上无电流流过，输出为 "0"，由此可根据电刷的位置得到由 "1" "0" 组成的 4 位二进制码。例如，图 13-2b 输出的二进制码为 0101。

a) 电刷在码盘上的位置　　b) 4位8421二进制码盘　　c) 4位格雷码盘

图 13-2　4 位二进制接触式角编码器

1—码盘　2—转轴　3—导电体　4—绝缘体　5—电刷　6—激励公用轨道（接电源正极）

从以上分析可知，码道的圈数（不包括最里面的公用码道）就是二进制的位数，且高位在内，低位在外。由此可以推断出，若是 N 位二进制码盘，就必须有 N 圈码道，且圆周均分 2^N 个数据来分别表示其不同位置，所能分辨的角度 α 为

$$\alpha = 360°/2^N \tag{13-1}$$

$$分辨率 = 1/2^N \tag{13-2}$$

显然，位数 N 越大，所能分辨的角度 α 就越小，测量准确度就越高。所以，若要提高分辨力，就必须增加码道数，即二进制位数。若为 13 码道，则每转位置数为 $2^{13} = 8192$，分辨角度为 $\alpha = 360°/2^{13} \approx 2.64'$。

例 13-3　求 12 码道的接触式角编码器的分辨率及分辨力 α。

解　该 12 码道的接触式角编码器的圆周被均分为 $2^{12} = 4096$ 个位置数，所以分辨率为 1/4096，能分辨的角度为

$$\alpha = 360°/2^{12} \approx 5.27'$$

另外，在实际应用中，对码盘制作和电刷安装要求十分严格，否则就会产生非单值性误差。例如，当电刷由位置（0111）向位置（1000）过渡时，若电刷安装位置不准或接触不良，可能会出现 8~15 之间的任意十进制数。为了消除这种非单值性误差，可采用二进制循环码盘（格雷码盘）。

图 13-2c 为一个 4 位格雷码盘，与图 13-2b 所示的 4 位 8421 二进制码盘相比，不同之处在于，码盘旋转时，任何两个相邻数码间只有一位是变化的，所以每次只切换一位数，可把误差控制在最小。

2. 绝对式光电角编码器

绝对式光电角编码器由绝对式光电码盘及光电器件构成。图 13-3a 中，黑的区域为不透光区，用"0"表示；白的区域为透光区，用"1"表示。每一码道上都有一组如图 13-3b 所示的光电器件，在任意角度都有对应的、唯一的二进制编码。

a) 12码道光电码盘的平面结构　　　b) 4码道码盘与光源、光电器件对应关系

图 13-3　绝对式光电码盘

由于径向各码道的透光和不透光，使各光电器件中受光的输出电平 1，不受光的输出电平 0，由此而组成 n 位二进制编码。

光电码盘的特点是没有接触磨损，码盘寿命长，额定转速高，分辨力也较高。就码盘材料而言，由不锈钢薄板制成的光电码盘要比玻璃码盘抗振性好且耐不洁环境，但由于槽数受限，所以分辨力较后者低。

13.2.2　增量式编码器

增量式编码器通常为光电码盘，外形及结构如图 13-4 所示。

光电码盘与转轴连在一起，码盘可用玻璃材料制成，表面镀上一层不透光的金属铬，然后在边缘切割出向心透光狭缝。透光狭缝在码盘圆周上等分，数量从几百条到几千条不等。这样，整个码盘圆周上就等分成 N 个透光的槽。除此之外，增量式光电码盘也可用不锈钢薄板制成，在圆周边缘切割出均匀分布的透光槽，其余部分均不透光。

a) 外形   b) 内部结构

图 13-4　增量式光电码盘

1—转轴　2—LED　3—光栏板　4—零标志位光槽　5—光电器件　6—码盘　7—电源及信号线连接座

光电码盘的光源最常用的是自身有聚光效果的 LED，当光电码盘随转轴一起转动时，在光源的照射下，透过光电码盘和光栏板狭缝形成忽明忽暗的光信号，光电器件把此光信号转换成电脉冲信号，再通过信号处理电路的整形、放大、细分、辨向后，向数控系统输出脉冲信号，也可由数码管直接显示位移量。

光电编码器的测量准确度取决于它所能分辨的最小角度，而这与码盘圆周上的狭缝条纹数目 N 有关，能够分辨的最小角度为

$$\alpha = \frac{360°}{N} \qquad\qquad (13\text{-}3)$$

$$分辨率 = \frac{1}{N} \qquad\qquad (13\text{-}4)$$

例 13-4　某增量式角编码器的技术指标为每圈 1024 个脉冲（即 $N = 1024\text{p/r}$），求分辨力 α。

解　按题意，码盘边缘的透光槽数为 1024 个，则能分排的最小角度为

$$\alpha = 360°/N = 360° \div 1024 \approx 0.352° = 21.12'$$

为了得到码盘转动的绝对位置，还需设置一个基准点，如图 13-4 中的"零标志位光槽"，又称"一转脉冲"；为了判断码盘旋转的方向，光栏板上的两个狭缝距离是码盘上两个狭缝距离的 $(m+1/4)$ 倍，m 为正整数，并设置了两组光电器件，如图 13-4 中的 A、B 光电器件，有时又称为 cos、sin 器件。光电编码器的输出波形如图 13-5 所示，有关波形辨向、细分的原理将在 13.3 节中论述。

图 13-5　光电编码器的输出波形

13.2.3　角编码器的应用

码盘除了能直接测量角位移和间接测量直线位移外，还有以下用途。

1. 数字测速

由于光电编码器的输出信号是脉冲形式，因此可以通过测量脉冲频率或周期的方法来测量转速。光电编码器可代替测速发电机的模拟测速而制成数字测速装置。数字测速方法有 M 法测速、T 法测速等，如图 13-6 所示。

图 13-6　M 法测速和 T 法测速原理

在一定的时间间隔 t_s 内（如 10s、1s、0.1s 等），用编码器所产生的脉冲数来确定速度的方法称为 M 法测速。

若编码器每转产生 N 个脉冲，在 t_s 时间间隔内得到 m_1 个脉冲，则编码器所产生的脉冲频率为

$$f = \frac{m_1}{t_s} \tag{13-5}$$

则转速 n（单位为 r/min）为

$$n = 60 \frac{m_1}{t_s N} \tag{13-6}$$

例 13-5　某编码器的指标为每圈 1024 个脉冲（1024p/r），在 0.4s 时间内测得 4K 脉冲（1K = 1024），即 $N = 1024\mathrm{p/r}$，$t_s = 0.4\mathrm{s}$，$m_1 = 4K = 1024×4 = 4096$ 脉冲，求转速 n。

解　编码器轴的转速为

$$n = 60 \frac{m_1}{t_s N} = 60 × \frac{4096}{0.4×1024} \mathrm{r/min} = 600\mathrm{r/min}$$

M 法测速适用于转速较快的场合。例如，脉冲的频率 $f = 1000\mathrm{Hz}$，$t_s = 1\mathrm{s}$ 时，此时的测量准确度可达 0.1% 左右；而当转速较慢时，编码器的脉冲频率较低，测量准确度则降低。

t_s 的长短也会影响测量准确度。t_s 取得较长时，测量准确度较高，但不能反映速度的瞬时变化，不适合动态测量；t_s 也不能取得太小，否则在 t_s 时段内得到的脉冲太少，而使测量准确度降低。例如，脉冲的频率 f 仍为 1000Hz，t_s 缩短到 0.01s 时，此时的测量准确度将降低到 10% 左右。

2. 角编码器在交流伺服电动机中的应用

交流伺服电动机是当前伺服控制中最新技术之一。交流伺服电动机的运行需要角度位置

传感器，以确定各个时刻转子磁极相对于定子绕组转过的角度，从而控制电动机的运行。图
13-7a 所示为某交流伺服电动机外形。

a) 外形　　　　　　　　　　　b) 控制系统框图

图 13-7　交流伺服电动机及控制系统

1—电动机转子轴　2—电动机壳体　3—光电编码器　4—三相电源连接座　5—光电角编码器输出端子（航空插头）

从图 13-7b 中可以看出，光电角编码器在交流伺服电动机控制中有三个方面的作用：
①提供电动机定子、转子之间相互位置的数据；②通过数字测速提供速度反馈信号；③提供
传动系统角位移信号，作为位置反馈信号。

3. 角编码器在工件加工定位中的应用

由于绝对式编码器每一转角位置均有一个固定的编
码输出，若编码器与转盘同轴相连，则转盘上每一工位
安装的被加工工件均可以有一个编码相对应，如图 13-8
所示。当转盘上某一工位转到加工点时，该工位对应的
编码由编码器输出给控制系统。

例如，要使处于工位②上的工件转到加工点等待钻
孔加工，计算机就控制电动机通过传动机构带动转盘顺
时针旋转。与此同时，绝对式编码器输出的编码不断变
化，当输出由 0000 变为 0010（假设为 4 码道）时，表示
转盘已将工位②转到加工点，伺服电动机停转并锁定。

图 13-8　转盘加工工位的编码

1—绝对式编码器　2—电动机　3—转轴
4—转盘　5—工件　6—刀具

这种编码方式在加工中心（一种带刀库和自动换刀
装置的数控机床）的刀库选刀控制中得到广泛应用。

13.3　光栅式传感器

13.3.1　光栅的类型和结构

光栅的种类很多，可分为物理光栅和计量光栅。物理光栅主要是利用光的衍射现象，常
用于光谱分析和光波波长测定，而检测中常用的是计量光栅。计量光栅主要是利用光的透射
和反射现象，常用于位移测量，有很高的分辨力，可小于 $0.1\mu m$。另外，计量光栅的脉冲
读数速率可达每毫秒几百次，非常适用于动态测量。

计量光栅可分为透射式光栅和反射式光栅两大类，均由光源、光栅副、光电器件三大部

分组成。光电器件可以是光电二极管，也可以是光电池。透射式光栅一般是用光学玻璃做基体，在其上均匀地刻画出间距、宽度相等的条纹，形成连续的透光区和不透光区，如图 13-9a 所示；反射式光栅一般使用不锈钢制作基体，在其上用化学方法制作出黑白相间的条纹，形成反光区和不反光区，如图 13-9b 所示。

a) 透射式光栅   b) 反射式光栅

图 13-9　计量光栅的分类示意图

1—光源　2—透镜　3—指示光栅　4—标尺光栅　5—光电器件

计量光栅按形状可分为长光栅和圆光栅。长光栅用于直线位移测量，故又称直线光栅；圆光栅用于角位移测量，两者工作原理基本相同。图 13-10 所示为直线光栅的内部结构及外观，图 13-11 所示为直线透射式光栅测量示意图。

a) 内部结构   b) 安装示意图

图 13-10　直线光栅的结构及外观

1—铝合金定尺尺身外壳　2—读数头（动尺）3—电缆　4—带聚光镜的 LED

5—主光栅（标尺光栅，固定在定尺尺身上）　6—指示光栅（随读数头及溜板移动）

7—光电器件　8—密封唇　9—信号调理电路　10—安装槽

计量光栅由标尺光栅（主光栅）和指示光栅组成，所以计量光栅又称光栅副。标尺光栅和指示光栅的刻线宽度和间距完全相同。将指示光栅与标尺光栅叠合在一起，两者之间保持很小的间隙（0.05mm 或 0.1mm）。在长光栅中，标尺光栅固定不动，而指示光栅安装在运动部件上，所以两者之间形成相对运动。在圆光栅中，指示光栅通常固定不动，而标尺光栅随转轴转动。

在图 13-11 中，a 为栅线宽度，b 为栅缝宽度，$W=a+b$ 称为光栅常数（或称栅距）。通常，$a=b=W/2$，栅线密度一般为 10 线/mm、25 线/mm、50 线/mm、100 线/mm 和 200线/mm 等几种。

图 13-11　直线透射式光栅测量示意图

1—光源　2—透镜　3—指示光栅　4—主光栅（标尺光栅）

5—零位光栅　6—细分辨向用光电器件（2 路或 4 路）　7—零位光电器件

对于圆光栅来说，两条相邻刻线的中心线之夹角称为角节距，每圈的栅线数从较低准确度的 100 线到高准确度等级的 21600 线不等。

无论是长光栅或是圆光栅，由于刻线很密，如果不进行光学放大，则不能直接用光电器件来测量光栅移动所引起的发光强度变化，必须采用下文论述的莫尔条纹来放大栅距。

13.3.2　计量光栅的工作原理

1. 亮带和暗带

在透射式直线光栅中，把两光栅的刻线面相对叠合在一起，中间留有很小的间隙，并使两者的栅线保持很小的夹角 θ。在两光栅的刻线重合处，光从缝隙中透过，形成亮带，如图 13-12 中线 $a\text{-}a$ 所示；在两光栅刻线的错开处，由于相互挡光作用而形成暗带，如图 13-12

图 13-12　等栅距黑白透射光栅形成的莫尔条纹（$\theta \neq 0$）

中线 *b-b* 所示。从图 13-11 中，也可以看到亮带和暗带。

这种亮带和暗带形成明暗相间的条纹称为莫尔条纹，条纹方向与刻线方向近似垂直。通常在光栅的适当位置（如图 13-12 中的 sin 位置或 cos 位置）安装光电器件，参见图 13-11 中的细分辨向用光电器件 6。

2. sin 和 cos 光电器件

当指示光栅沿 *x* 轴自左向右移动时，莫尔条纹的亮带和暗带（线 *a-a* 和线 *b-b*）将顺序自下而上（图中的 *y* 方向）不断地掠过光电器件。光电器件"观察"到莫尔条纹的发光强度变化近似于正弦波变化。光栅移动一个栅距 *W*，发光强度变化一个周期，sin 和 cos 光电器件的输出电压波形及细分脉冲如图 13-13 所示。

莫尔条纹有如下特征：

1）莫尔条纹是由光栅的大量刻线共同形成的，对光栅的刻画误差有平均作用，从而能在很大程度上消除光栅刻线不均匀引起的误差。

2）当两光栅沿与栅线垂直的方向作相对移动时，莫尔条纹则沿光栅刻线方向移动（两者的运动方向相互垂直）；光栅反向移动，莫尔条纹亦反向移动。在图 13-12 中，当指示光栅向右移动时，莫尔条纹向上运动。

3）莫尔条纹的间距是放大了的光栅栅距，它随着指示光栅与主光栅刻线夹角而改变。由于 θ 很小，所以其关系可表示为

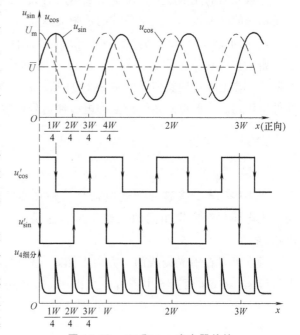

图 13-13　sin 和 cos 光电器件的
输出电压波形及细分脉冲

$$L = W/\sin\theta \approx W/\theta \qquad (13\text{-}7)$$

式中，L 为莫尔条纹间距；W 为光栅栅距；θ 为两光栅刻线夹角，必须以弧度（rad）为单位，式（13-7）才能成立。

从式（13-7）可知，θ 越小，L 越大，相当于把微小的栅距放大了 $1/\theta$ 倍。由此可见，计量光栅起到了光学放大器的作用。

例 13-6　某长光栅的刻线数为 25 线/mm，指示光栅与主光栅刻线的夹角 $\alpha = 1°$，求栅距 W 和莫尔条纹间距 L。

解

$$W = \frac{1\,\text{mm}}{25} = 0.04\,\text{mm}$$

$$\theta = \frac{2\pi}{360°} \times 1° = 0.017\,\text{rad}$$

由于夹角 θ 较小，所以

$$L = \frac{W}{\sin\theta} \approx \frac{W}{\theta} = \frac{0.04\text{mm}}{0.017} = 2.35\text{mm}$$

莫尔条纹的宽度必须大于光电器件的尺寸，否则光电器件无法分辨发光强度的变化。例如，光电器件可以分辨上例中 2mm 左右的明线和暗线的区别，但无法分辨光栅刻线（0.04mm）的亮暗变化。

计量光栅的光学放大作用与安装角度有关，而与两光栅的安装间隙无关。指示光栅与主光栅刻线的间隙越小，莫尔条纹的清晰度越高。

4）莫尔条纹移过的条纹数与光栅移过的刻线数相等。例如，采用 100 线/mm 光栅时，若光栅从左向右移动了 x（单位为 mm）（也就是移过了 $100x$ 条光栅刻线），则从光电器件面前从下往上掠过的莫尔条纹也是 $100x$ 条。由于莫尔条纹比栅距宽得多，所以能够被光电器件所识别。将此莫尔条纹产生的电脉冲信号计数，就可知道移动的实际距离了。

13.3.3 辨向及细分

1. 辨向原理

如果传感器只安装一套光电器件，则在实际应用中，无论光栅正向移动还是反向移动，光电器件都产生相同的正弦信号，这是无法分辨移动方向的。为此，必须设置辨向电路。

通常可以在沿光栅线的 y 方向上相距 $(m\pm1/4)$ L（相当于电相角 1/4 周期）的位置上设置 sin 和 cos 两套光电器件，见图 13-12 中的 sin 位置和 cos 位置。这样就可以得到图 13-13 所示的两个相位相差 $\pi/2$ 的电信号 $u_{\sin}$ 和 $u_{\cos}$（也称正弦信号和余弦信号），经放大、整形后得到 $u'_{\sin}$ 和 $u'_{\cos}$ 两个方波信号，分别送到微处理器，来判断两路信号的相位差。当指示光栅向右移动时，$u_{\sin}$ 滞后于 $u_{\cos}$；当指示光栅向左移动时，$u_{\sin}$ 超前于 $u_{\cos}$。微处理器据此相位差判断并指示光栅的移动方向，并对内部的计数器做加法运算或减法运算。

2. 细分技术

细分电路能在不增加光栅刻线数（线数越多就越昂贵）的情况下提高光栅的分辨力。该电路能在一个栅距 W 的距离内等间隔地给出 n 个计数脉冲。由前面的讨论可知，当两光栅相对移过一个 W 时，莫尔条纹也相应移过一个 L，光电器件的输出就变化一个电周期 2π。如将这个电信号直接计数，则光栅的分辨力只有一个 W 的大小。为了能够分辨比 W 更小的位移量，必须采用细分电路。由于细分后计数脉冲的频率提高了 n 倍，所以细分又称倍频。细分后，传感器的分辨力有较大的提高，通常采用的细分方法有 4 倍频、16 倍频法。例如，在图 13-13 中，如果在 sin 和 cos 脉冲的上升沿及下降沿均取出微分尖脉冲，合并后，在一个 W 的距离内，就能得到 4 个计数脉冲，从而实现 4 细分。

例 13-7 某光栅电路的细分数 $n=4$，光刻线数 $N=100$ 根/mm，求细分后光的分辨力 Δ。

解 栅距 $W=1/N=(1/100)\text{mm}=0.01\text{mm}$

$$\Delta = W/n = (0.01/4)\text{mm} = 0.0025\text{mm} = 2.5\mu\text{m}$$

由上例可见，光栅信号通过 4 细分技术处理后，相当于将光栅的分辨力提高了 3 倍（能够分辨的数值是原来的 1/4）。

3. 零位光栅

在增量式光栅中，为了寻找坐标原点、消除误差积累，在测量系统中需要有零位标记（位移的起始点），因此在光栅尺上除了主光栅刻线外，还必须刻有零位基准的零位光栅（参见图13-11中的零位光栅5、零位光电器件7），以形成零位脉冲，又称参考脉冲。把整形后的零位信号作为计数开始的条件。

在使用光栅时要注意，运动速度必须在允许的范围内。当速度过高时，光电器件来不及响应，造成输出信号的幅值降低，波形变坏。

需要说明的是，光栅式传感器（直线光栅和圆光栅）除了上述所讲的增量式外，还有绝对式光栅，它的输出为格雷码或其他二进制码，请读者参阅有关文献资料。

13.3.4 光栅式传感器的应用

由于光栅具有测量准确度高等一系列优点，若采用不锈钢反射式光栅，测量范围可达数十米，而且不需接长，信号抗干扰能力强，因此在国内外受到重视和推广，但必须注意防尘、防振问题。近年来，我国设计、制造了很多光栅式测量长度和角度的计量仪器，并成功地将光栅作为数控机床的位置检测元件，用于精密机床和仪器的精密定位，长度检测，速度、振动和爬行的测量等。

1. 光栅式数显表

微机光栅式数显表的组成框图如图13-14所示。微机是20世纪80年代研制的，类似现在的单片机。虽然其功能比较简单，但能够处理数字信号，在20世纪得到了广泛的应用。在微机光栅式数显表中，放大、整形采用传统的集成电路，辨向、细分均由微处理器来完成。图13-15所示为光栅式数显表在机床进给运动中的应用。

图 13-14　微机光栅式数显表的组成框图

在机床操作过程中，由于用数字显示方式代替了传统的标尺刻度读数，大大提高了加工精度和效率。以横向进给为例，光栅读数头固定在工作台上，尺身固定在床鞍上，当工作台沿床鞍左右运动时，工作台移动的位移量（相对值/绝对值）可通过数字显示装置显示出来。同理，床鞍前后移动的位移量也可按同样的方法来处理。

2. 轴环式数显表

在现代数控机床中，光栅用于位置检测并作为位置反馈，可用于位置控制，它监视和测量着数控机床的每一步工作过程。图 13-16 所示为 ZBS 型轴环式数显表，它的主光栅用不锈钢圆薄片制成，可用于角位移的测量。

定片（指示光栅）固定，动片（主光栅）可与外接旋转轴相连并转动。动片表面均匀地镂空 500 条透光条纹（见图 13-16b），定片为圆弧形薄片，在其表面刻有两组透光条纹（每组 3 条），定片上的条纹与动片上的条纹成一角度 θ。两组条纹分别与两组红外 LED 和光电晶体管相对应。当动片旋转时，产生的莫尔条纹亮暗信号由光电晶体管接收，相位正好相差 $\pi/2$，即第一个光电晶体管接收到正弦信号，第二个光电晶体管接收到余弦信号。经整形电路处理后，两者仍保持相差 1/4 周期的相位关系。再经过细分及辨向电路，根据运动的方向来控制可逆计数器做加法或减法计数，测量电路框图如图 13-16c 所示。测量显示的零点由外部复位开关完成。

图 13-15 光栅式数显表在机床
进给运动中的应用

1—横向进给位置光栅检测 2—纵向进给
位置光栅检测 3—二维数字显示装置

轴环式数显表具有体积小、实装简便、读数直观、工作稳定、可靠性好、抗干扰能力强、性价比高等优点，适用于中小型机床的进给和定位测量，也适用于旧机床的改造。如把它装在车床进给刻度轮的位置，可以直接读出进给尺寸，减少停机测量的次数，从而提高工作效率和加工精度。图 13-17 所示为轴环式数显表在车床纵向进给显示中的安装示意图。

a) 外形　　　　　　b) 内部结构

c) 测量电路框图

图 13-16 ZBS 型轴环式数显表

1—电源线（5V） 2—轴套 3—数字显示器 4—复位开关 5—主光栅
6—红外 LED 7—指示光栅 8—sin 光电晶体管 9—cos 光电晶体管

图 13-17 轴环式数显表在车床纵向进给显示中的安装示意图

1—手柄 2—紧固螺母 3—轴环式数显表拖板 4—丝杠轴 5—溜板

13.4 磁栅式传感器

与其他类型的位置检测元件相比，磁栅式传感器具有制作简单、录磁方便、易于安装及调整、测量范围宽（可达十几米）、不需接长、抗干扰能力强、价格比光栅便宜等一系列优点，因此在大型机床的数字检测及自动化机床的定位控制等方面得到了广泛的应用，但使用这类传感器时要注意防止退磁和定期更换磁头。

磁栅可分为长磁栅和圆磁栅两大类。长磁栅主要用于直线位移的测量，圆磁栅主要用于角位移的测量。图 13-18 所示为长磁栅外观。

图 13-18 长磁栅外观

13.4.1 磁栅结构及工作原理

磁栅式传感器主要由磁尺、磁头和信号处理电路组成。

1. 磁尺

磁尺按基体形状可分为带形磁尺、线形磁尺和圆形磁尺，如图 13-19 所示，图中的 m 为

a) 带形磁尺　　　　　b) 线形磁尺　　　　　c) 圆形磁尺

图 13-19 磁尺的分类及结构

1—带形磁尺 2—磁头 3—框架 4—预紧固定螺钉 5—线形磁尺 6—圆形磁盘 7—圆磁头

任意正整数。

　　带形磁尺用约宽 20mm、厚 0.2mm 的金属作为尺基，其有效长度可达 30m 以上。带形磁尺固定在用低碳钢做的屏蔽壳体内，并以一定的预紧力固定在框架中，框架又固定在设备上，使带形磁尺同设备一起胀缩，从而减少了温度对测量精度的影响。线形磁尺用直径为 2~4mm 的圆形线材作为尺基，磁头套在圆形线材上，由于磁尺被包围在磁头中间，对周围电磁场起到了屏蔽作用，所以抗干扰能力较强，并且安装和使用都十分方便。圆形磁尺做成圆形磁盘或磁鼓形状，用于组成圆磁栅。

　　利用与录音技术相似的方法，通过录磁磁头在磁尺上录制出节距严格相等的磁信号作为计数信号，信号可为正弦波或方波，节距 W 通常为 0.05mm、0.1mm、0.2mm。最后在磁尺表面还要涂一层 $1~2\mu m$ 厚的保护层，以防磁头频繁接触而造成磁膜磨损。图 13-20a 所示为磁尺的磁化波形，在 N 极与 N 极、S 极与 S 极重叠部分的磁感应强度为最大，从 N 极到 S 极磁感应强度呈正弦波变化。

图 13-20　磁尺的磁化波形、静态磁头的结构及其磁尺上的配置

1—磁尺　2—sin 磁头　3—cos 磁头　4—磁极铁心　5—可饱和铁心　6—励磁绕组　7—感应输出绕组
8—低通滤波器　9—匀速运动时 sin 磁头的输出波形　10—保护膜　11—载波　12—包络线

2. 磁头

　　磁头可分为动态磁头（又称速度响应式磁头）和静态磁头（又称磁通响应式磁头）。动态磁头只有在磁头与磁尺间有相对运动时才有信号输出，故不适用于速度不均匀、时走时停的机床；静态磁头在磁头与磁栅间没有相对运动时也有信号输出。图 13-20b 所示为静态磁头的结构及其在磁尺上的配置。

　　为了辨别磁头的运动方向，类似于光栅的原理，采用两只磁头（sin 磁头和 cos 磁头）来拾取信号，它们相互距离为 $(m\pm1/4W)$，m 为整数。为了保证距离的准确性，通常将两

个磁头做成一体式结构，用计算机或 FPGA、DSP 来判别两个磁头输出电压的相位变化。

13.4.2　磁栅式数显表及其应用

磁头、磁尺与专用磁栅数显表配合，可用于检测机械位移量，行程可达数十米，分辨力小于 1μm。图 13-21 所示为 ZCB-101 鉴相型磁栅式数显表的原理框图。

图 13-21　ZCB-101 鉴相型磁栅式数显表的原理框图
1—磁尺基底　2—录磁后的硬磁性薄膜

图 13-21 中，晶体振荡器输出的脉冲经分频器变为 25kHz 方波信号，再经功率放大后同时送入 sin 磁头、cos 磁头的励磁绕组（串联），对磁头进行励磁。两只磁头产生的感应电动势经低通滤波器和前置放大器后送到求和电路中，得到相位能反映位移量的电动势 e，$e = E_m \sin(\omega t \pm 2\pi x / W)$。

由于求和电路的输出信号中还包含有许多高次谐波、干扰等无用信号，所以还需将其送入一个带通滤波器，取出角频率 ω（50kHz）的正弦信号，并将其整形为方波。当磁头相对磁尺移动一个节距 W 时，其相位就变化 360°。

鉴相细分电路有"加""减"两个脉冲输出端。当磁头正向移动时，电路输出加脉冲，可逆计数器做加法，反之则输出减脉冲，计数结果由多位十进制数码管（数字显示器）显示。

目前的磁栅数显表多已采用微处理器来实现图 13-21 所示框图中的功能。这样，硬件的数量大大减少，而功能却优于普通数显表。现以 WCB 系列微机磁栅式数显表为例，来说明微机数显表的功能。

WCB 与 XCC 系列数显表以及日本 SONY 公司各种系列的直线形磁尺兼容，可组成直线位移数显表装置。该表具有位移显示功能，直径/半径、公制/英制转换及显示功能，数据预置功能，断电记忆功能，超限报警功能，非线性误差修正功能，故障自检功能等，能同时测量 x、y、z 三个方向的位移，通过计算机软件程序对三个坐标轴的数据进行处理，分别显示三个坐标轴的位移数据。

磁栅数显表同样可用于图 13-15 所示的机床进给位置显示。

随着材料技术的发展，目前带形磁栅可做成开放式的，长度可达数十米，并可卷曲。安装时可直接用特殊的材料粘贴在被测对象的基座上，读数头与控制器（如 PLC）相连并进行数据通信，可随意对行程进行显示和控制。

13.5 容栅式传感器

容栅式传感器是一种新型数字式位移传感器，是一种基于变面积工作原理的电容式传感器。因为它的电极排列如同栅状，故称此类传感器为容栅式传感器。与其他大位移传感器，如光栅式传感器、磁栅式传感器等相比，虽然其准确度稍差，但体积小、造价低、耗电少和环境使用性强，因此广泛应用于电子数显卡尺、千分尺、高度仪、坐标仪和机床行程的测量中。

13.5.1 结构及工作原理

根据结构不同，容栅式传感器可分为三类：直线容栅式传感器、圆容栅式传感器和圆筒形容栅式传感器。其中，直线容栅式传感器用于直线位移的测量，圆容栅式传感器用于角位移的测量。图 13-22 所示为直线容栅式传感器结构简图。

图 13-22 直线容栅式传感器结构简图

1—发射电极 2—反射电极 3—接收电极 4—屏蔽电极

直线容栅式传感器由动尺和定尺组成，动尺是有源的，定尺是无源的，两者保持很小的间隙 δ（约 0.1mm）。动尺上有多个发射电极和一个长条形接收电极；定尺上有多个相互绝缘的反射电极和一个屏蔽电极（接地）。一个发射电极的宽度为一个节距 W，一个反射电极对应于一组发射电极。

图 13-22 中，若发射电极有 48 个，分成 6 组，则每组有 8 个发射电极。每隔 8 个接在一起，组成一个激励相，在每组相同序号的发射电极上加一个幅值、频率和相位相同的激励信号，相邻序号电极上激励信号的相位差是 45°（360°/8）。设第 1 组序号为 1 的发射电极上加个相位为 0° 的激励信号，序号为 2 的发射电极上的激励信号相位则为 45°，以此类推，则序号为 8 的发射电极上的激励信号相位就为 315°；而第 2 组序号为 9 的发射电极上的激励信号相位与第 1 组序号为 1 的相位相同，也为 0°，以此类推，直到第 6 组的序号 48 为止。

发射电极与反射电极、反射电极与接收电极之间存在着电场。由于反射电极的电容耦合和电荷传递作用，使得接收电极上的输出信号随发射电极与反射电极的位置变化而变化。

当动尺向右移动 x 距离时，发射电极与反射电极间的相对面积发生变化，反射电极上的电荷量发生变化，并将电荷感应到接收电极上，在接收电极上累积的电荷 Q 与位移量 x 成正比。容栅测量转换电路框图如图 13-23 所示。

图 13-23 容栅测量转换电路框图

一般用于数显卡尺的容栅的节距 $W = 0.635mm$ （25mil[⊖]），最小分辨力为 0.01mm，非线性误差小于 0.01mm，150mm 总测量误差为 0.02 ~ 0.03mm。

直线容栅式传感器还有一种梳状结构，能接近衍射光栅和激光干涉仪的测量准确度，但造价远比它们低。

13.5.2 容栅式传感器在数显尺中的应用

普通测量工具，如游标卡尺、千分尺等在读数时存在视差。随着容栅技术在测量工具中的应用及其性价比的不断提高，数显卡尺、千分尺应运而生，并在生产中越来越多地替代了传统卡尺。图 13-24 所示为数显游标卡尺示意图。

图 13-24 中，容栅式定尺安装在尺身上，动尺与单片测量转换电路（专用 IC）安装在游标上，分辨力为 0.01mm，重复精度为 0.01mm。当若干分钟不移动动尺时自动断电，因此为其供电的 1.5V 氧化银扣式电池可使用一年以上。通过复位按钮可在任意位置将游标卡尺置零，消除累积误差；通过公制/英制转换钮，可实现公制/英制转换；通过串行接口可与计算机或打印机相连，经软件处理，可对测量数据进行统计处理。

图 13-24 数显游标卡尺示意图

除此以外，直线容栅还可应用于数显测高仪中，其测量范围可达 1m 以上，分辨力可达 0.01mm。

图 13-25 所示为容栅数显千分尺外形，它的分辨力为 0.001mm，重复准确度为

⊖ 1mil = 0.0254mm。

0.002mm，累积误差为 0.002mm。数显千分尺采用的是圆容栅。圆容栅由旋转容栅和固定容栅组成。图 13-26 所示为圆容栅示意图。

图 13-25　数显千分尺外形

图 13-26　圆容栅示意图

1—屏蔽电极　2—反射电极　3—发射电极　4—接收电极

旋转容栅上面有 5 块独立的、互相隔离且均匀分布的金属导片，相当于反射电极，其余部分的金属连成一片并接地，相当于屏蔽电极。固定容栅的外圆均匀分布着 40 条金属导片，共分成 8 组，每组 5 条导片，每隔 4 条连成一组，形成发射电极。这 5 组导片分别接到 5 个引出端子上，由 5 个依次移相 72°（360°/5）的方波进行激励。固定容栅的中间有两个金属环与发射电极相对应，一个金属环作为接收电极，另一个内圈的金属环接地，也相当于屏蔽电极。

使用数显千分尺时，固定容栅不动，安装在尺身上，旋转容栅随螺杆旋转，发射电极与反射电极的相对面积发生变化，反射电极上的电荷也随之发生变化，并感应到接收电极上。接收电极上的电荷量与角位移存在一定的比例关系，并间接反映了螺杆的直线位移。接收电极上的电荷量经信号处理电路（一种专用集成电路）处理后，由显示器显示出位移量。

习　题　13

一、单项选择题

1. 数字式位置传感器不能用于（　　　）的测量。

A. 机床刀具的位移　　　　　　　　　　B. 机械手的旋转角度

C. 人体步行速度　　　　　　　　　　　D. 机床的位置控制

2. 不能直接用于直线位移测量的传感器是（　　　）。

A. 长光栅　　　　　B. 长磁栅　　　　　C. 角编码器

3. 绝对式位置传感器输出的信号是（　　　），增量式位置传感器输出的信号是（　　　）。

A. 电流信号　　　　B. 电压信号　　　　C. 脉冲信号　　　　D. 二进制格雷码

4. 有一只 10 码道绝对式角编码器，其分辨率为（　　　），能分辨的最小角位移为（　　　）。

A. 1/10　　　　　　B. 1/210　　　　　C. 1/102　　　　　D. 3.6°

E. 0.35°　　　　　　F. 0.01°

5. 有一只 1024p/r 增量式角编码器，在零位脉冲之后，光电器件连续输出 10241 个脉冲，则该编码器的转轴从零位开始转过了（　　　）。

A. 10241 圈　　　　B. 1/10241 圈　　　　C. 10 又 1/1024 圈　　D. 11 圈

6. 有一只 2048p/r 增量式角编码器，光电器件在 30s 内连续输出了 204800 个脉冲，则该编码器转轴的转速为（　　　）。

A. 204800r/min　　B. 60×204800r/min　　C. (100/30)r/min　　D. 200r/min

7. 某直线光栅每毫米刻线数为 50 线，采用 4 细分技术，则该光栅的分辨力为（　　　）。

A. 5μm　　　　　B. 50μm　　　　　　C. 4μm　　　　　D. 20μm

8. 能将直线位移转变成角位移的机械装置是（　　　）。

A. 丝杠-螺母　　　B. 齿轮-齿条　　　　C. 蜗轮-蜗杆

9. 光栅中采用 sin 和 cos 两套光电器件是为了（　　　）。

A. 提高信号幅度　　B. 辨向　　　　　　C. 抗干扰　　　　　D. 做三角函数运算

10. 光栅传感器利用莫尔条纹来达到（　　　）的目的。

A. 提高光栅的分辨力

B. 辨向

C. 使光电器件能分辨主光栅移动时引起的发光强度变化

D. 细分

11. 当主光栅与指示光栅的夹角为 $\theta(\mathrm{rad})$、主光栅与指示光栅相对移动一个栅距时，莫尔条纹移动（　　　）。

A. 一个莫尔条纹间距 L　　　　　　B. θ 个 L

C. $1/\theta$ 个 L　　　　　　　　　D. 一个 W 的间距

12. 磁带式录音机中应采用（　　　），磁栅式传感器中应采用（　　　）。

A. 动态磁头　　　B. 静态磁头　　　　C. 电涡流探头

13. 容栅式传感器是根据电容的（　　　）工作原理进行工作的。

A. 变极距式　　　B. 变面积式　　　　C. 变介质式

14. 粉尘较多的场合不宜采用（　　　）；直线位移测量超过 1m 时，为减小接长误差，不宜采用（　　　）。

A. 光栅　　　　　B. 磁栅　　　　　　C. 容栅

15. 测量超过 30m 的位移量应选用（　　　），属于接触式测量的是（　　　）。

A. 光栅式传感器　　　　　　　　　　B. 磁栅式传感器

C. 容栅式传感器　　　　　　　　　　D. 光电式角编码器

二、简答题

1. 在检修某机械设备时，发现某金属齿轮的两侧各有 A、B 检测元件，如图 13-27a 所示，请分析填空。

a) 安装简图　　　　　　　　　　　　　b) 输出脉冲

图 13-27　机械设备中的旋转参数测量原理分析

1）根据已学过的知识，可以确认 A、B 两个检测元件是_____（行程开关/接近开关），根据检测原理其属于_____传感器。

2）齿轮每转过一个齿，则 A、B 各输出_____个脉冲。在设定的时间内，对脉冲进行计数，就可以测量齿轮的_____和_____。

3）若齿轮的齿数 $z=36$，在 2s 内测得 A（或 B）输出的脉冲数为 1026 个，则说明齿轮转过了_____圈。

4）若齿轮正转时 A、B 的输出脉冲如图 13-27b 所示，由图可以看出，设置 A、B 两个检测元件是为了判别_____。

5）若齿轮反转，请以 A 的波形为基准，画出 B 的输出波形（注意考虑相位差）。

6）若发现 A 或 B 无信号输出，产生故障的可能原因为____、____、____、____等。

7）可用_____（塑料/铁片）来判断 A 或 B 是否损坏。

2．一透射式 3600p/r 的圆光栅，采用 4 细分技术，求：

1）角节距 θ 为多少度。换算为多少分。

2）细分前的分辨力为多少分。

3）4 细分后，该圆光栅数显表每产生一个脉冲，说明主光栅旋转了多少分。

4）若测得主光栅顺时针旋转时产生加脉冲 1200 个（细分后），然后又测得减脉冲 200 个，则主光栅的角位移为多少度？

3．图 13-28a 所示为身高和体重测量装置外观，图 13-28b 所示为测量身高的传动机构简图，请分析填空并列式计算。

a）测量装置外观　　　b）传动机构简图

图 13-28　测量身高的装置示意图

1—底座　2—标杆　3—原点　4—立柱　5—大带轮　6—传动带　7—小带轮　8—电动机　9—光电编码器

1）测量体重的传感器应该选择_____（压电式/应变片式/超声波）传感器，该传感器应安装在_____部位。

2）电动机与角编码器及小带轮同轴相连，再带动大带轮及标杆，且两根传动带外表面的线速度 v 处处相同。设小带轮的直径 $D_1=79.6mm$，则电动机及小带轮每转一圈，传动带及标杆就上升或下降_____mm。

3）若角编码器的参数为 1024p/r，不采用细分技术，则电动机每转动一圈，光电编码器产生_____个脉冲。则每测得一个光电编码器产生的脉冲，就说明标杆上升或下降____mm。

4）设标杆原位（基准位置）距踏脚平面的高度 $h_0 = 2.2\text{m}$，当标杆从图中的原位下移碰到人的头部时，共测得 2048 个脉冲，则标杆位移了_____mm，此人的身高 $h =$_____m。

5）每次测量完毕后标杆回到原位的目的是_____。

4. 有一增量式光电编码器，其参数为 1024p/r，采用 4 细分技术，编码器与丝杠同轴连接，丝杠螺距 $t = 2\text{mm}$，如图 13-29 所示。当丝杠从图中所示的基准位置开始旋转后，在 0.5s 时间里，光电编码器后续的细分电路共产生了 4×51456 个脉冲，请列式计算：

1）丝杠共转过_____圈又____度。

2）丝杠的平均转速 $n(\text{r/min})$ 为_____。

3）螺母从图中所示的基准位置移动了_____mm。

4）螺母移动的平均速度 v 为_____m/s。

图 13-29 光电编码器与丝杠的连接

1—光电角编码器 2—联轴器 3—导轨 4—轴承 5—滚珠丝杠
6—工作台 7—螺母（和工作台连在一起） 8—电动机

扩展阅读

中 国 铁 路

铁路是交通系统的重要组成部分，近年来，我国在铁路建设方面取得了令人自豪的成果。

一是高速铁路技术达到世界领先水平。系统掌握了各种复杂地质及气候条件下高铁建造成套技术，攻克了铁路工程建造领域一系列世界性技术难题，全面掌握了时速 200～250km、300～350km 动车组制造技术，开发了适应复杂路网条件下长距离运行的高铁运营管理成套技术，构建了涵盖不同速度等级、成熟完备的高铁技术体系。特别是自主研制的具有世界领先水平的复兴号动车组，在京沪高铁、京津城际铁路成功实现时速 350km 商业运营，树立起世界高铁建设运营的新标杆，成为科技进步造福人民的典范。

二是重载铁路技术达到世界领先水平。构建了涵盖不同轴重等级的重载铁路技术体系。大秦铁路普遍开行 2 万 t 重载组合列车，完成 3 万 t 重载组合列车开行试验，年最高运量突破 4.5 亿 t，成为世界上年运量最大的重载线路。掌握了 30t 轴重重载铁路机车车辆、线路设施关键技术，瓦日、浩吉等重载铁路陆续开通运营，我国重载铁路技术进入系统提升阶段。

三是高原高寒铁路技术达到世界领先水平。依托青藏、拉日、拉林等铁路建设和运营，系统掌握了高原铁路建设和运营维护关键技术。青藏铁路开通13年来安全平稳运行，多年冻土、高寒缺氧、生态脆弱三大世界性工程难题的攻关成果经受住了运营实践检验。世界首条高寒地区高铁——哈大高铁冬季冻胀控制等技术难题得到有效解决，相关经验成功运用于哈佳、哈牡高铁，进一步增强了我国高铁技术的适应性。

四是智能铁路科技创新实现重大突破。依托智能京张、智能京雄等重点项目，大力推进智能建造、智能装备、智能运营、智能养护维修、智能服务技术创新，初步构建了智能铁路技术体系、数据体系和标准体系。成功研制智能型复兴号动车组，在世界上首次实现时速350km自动驾驶功能，使我国成为世界智能铁路发展的重要引领者。

五是运营安全服务技术水平显著提升。构建形成人防、物防、技防"三位一体"安全保障体系，高铁综合检测、自然灾害检测监测、异物侵限报警、高铁地震监测预警等系统达到世界先进水平。建成世界上规模最大的铁路12306互联网售票系统，互联网售票比例超过80%；推进铁路网与互联网双网融合，推出刷脸核验、在线选座、扫码进站、站车Wi-Fi、网上订餐、电子客票等创新服务举措，人民群众的获得感、幸福感显著增强。

检测系统的抗干扰技术

知识目标：

1. 了解信噪比的概念。
2. 了解常见干扰的种类及防护。
3. 了解传感器电路中的电磁兼容技术。

能力目标：

1. 能对常见干扰进行有效防护。
2. 能正确屏蔽电磁干扰。

　　生产一线的工程技术人员经常会遇到这样一些现象：采购来的测量仪表安装到机器上时，仪表数码管显示的数字有时会忽大忽小地乱跳，有时又显得很正常；在实验室调试好的检测、控制系统，安装到车间里，时不时发生动作失常、数据失实；带计算机的仪表偶尔还发生"死机"现象。人们有时需要花费许多时间来寻找这些现象的原因，最后也许会发现，在其中作祟的只是一些小小的疏忽：可能是一根接地线忘了接，也可能是为了美观而将信号线与电源线捆扎在一起等。也许会发现，只要在信号线输入端并联一只电容器，数据就不乱跳了；也许当换上一个带滤波器的电源插座时，设备的动作就变得规矩了。可是那时已经浪费了许多宝贵的时间，拖延了工程的进展，这一切都源自对车间或工作现场存在的各式各样的干扰预计不足，或不予重视，或不知道该采取什么措施来克服这些干扰。所以很有必要花一些时间来了解各种干扰的来源，学习电磁兼容性的控制方法，掌握检测系统的抗干扰技术。

　　本模块首先讨论自动检测系统的几种常见干扰及防护方法，然后重点论述电磁兼容原理及对策。

14.1　干扰源及防护

在非电量测量过程中，往往会发现，总是有一些无用的背景信号与被测信号叠加在一起，这些无用信号被称为干扰（Interference），有时也采用噪声（Noise）这一习惯用语。

噪声对检测装置的影响必须与有用信号共同分析才有意义。衡量噪声对有用信号的影响时，常用信噪比（S/N）来表示，它是指信号通道（Signal Channel）中，有用信号功率 P_s 与噪声功率 P_N 之比，或有用信号电压有效值 U_s 与噪声电压有效值 U_N 之比。信噪比常用对数形式来表示，单位为 dB（分贝），即

$$S/N = 10\lg\frac{P_s}{P_N} = 20\lg\frac{U_s}{U_N} \tag{14-1}$$

在测量过程中，应尽量提高信噪比，以减少噪声对测量结果的影响。试图用增加放大倍数的方法来减少干扰是于事无补的。

干扰信号来自干扰源。工业现场的干扰源形式繁多，经常是几个干扰源同时作用于检测装置，只有仔细地分析其形式及种类，才能提出有效的抗干扰措施。下面介绍常见的噪声干扰源，并提出对应的防护措施。

14.1.1 机械干扰

机械干扰是指机械振动或冲击使电子检测装置中的元器件发生振动，改变了系统的电气参数，造成可逆或不可逆的影响。

例如，若将检测仪表直接固定在剧烈振动的机器上或安装于汽车上时，可能引起焊点脱焊、已调整好的电位器滑动臂位置改变、电感线圈电感量变化等；并可能使电缆连接插件滑脱，开关、继电器、插头及各种紧固螺钉松动，印制电路板从插座中跳出等，造成接触不良或短路。

在振动环境中，当零件的固有频率与振动频率一致时，还会引起共振。共振时，零件的振幅逐渐增大，其引脚在长期交变力作用下，会发生疲劳断裂。

对于机械干扰，可选用专用减振弹簧-橡胶垫或吸振海绵垫来降低系统的谐振频率，吸收振动的能量，从而减小系统的振幅，如图 14-1 所示。

14.1.2 湿度及化学干扰

当环境相对湿度大于 65% 时，物体表面就会附着一层厚度为 $0.01\sim0.1\mu m$ 的水膜，当相对湿度进一步提高时，水膜的厚度将进一步增加，并渗入材料内部，这不仅降低绝缘强度，还会造成漏电、击穿和短路现象；潮湿还会加速金属材料的腐蚀，并产生原电池化学干扰；在较高的温度下，潮湿还会促进霉菌的生长，引起有机材料的霉烂。

某些化学物品如酸、碱、盐、各种腐蚀性气体以及沿海地区由海风带到岸上的盐雾，也会造成与潮湿类似的漏电腐蚀现象。

在上述环境中工作的检测装置，必须采取以下措施来加以保护：

1）将变压器等易漏电或击穿的元器件用绝缘漆或环氧树脂浸渍，将整个印制电路板用防水硅胶密封（如洗衣机中那样）。

2）对设备定期通电加热驱潮，或保持机箱内的微热状态。

3）将易受潮的电子线路安装在不透气的机箱中，箱盖用橡胶圈密封。

a) 减振弹簧-橡胶垫(可移动方式)

b) 用橡胶或海绵垫吸收振动能量(永久固定方式)　　　　c) 减振等效机械图

图 14-1　两种减振方法

1—橡胶垫　2—减振弹簧　3—固定螺钉　4—吸振橡胶（海绵）垫　5—橡胶套管（起隔振作用）

14.1.3　热干扰

如果将一只 $1M\Omega$ 电阻的两根引脚接到直流毫伏表输入端，再用电烙铁加热电阻的一根引脚，就会发现即使将电烙铁移开，毫伏表仍有读数。如果该电阻处于放大器的输入端，则放大器的输出端就有较明显的输出电压。用电烙铁加热晶体管时也会出现类似的现象。

热量，特别是温度波动以及不均匀温度场对检测装置的干扰，主要体现在以下三个方面：

1）各种电子元器件均有一定的温度系数，温度升高，电路参数会随之改变，引起误差。

2）接触热电动势。由于电子元器件多由不同金属构成，当它们相互连接组成电路时，如果各点温度不均匀，就不可避免地产生热电动势，它叠加在有用信号上就会引起测量误差。

3）元器件长期在高温下工作时，将降低使用寿命和耐压等级，甚至烧毁。

克服热干扰的防护措施有：

1）在设计检测电路时，尽量选用低温漂元器件。例如，采用金属膜电阻、低温漂及高准确度运算放大器，对电容器容量稳定性要求高的电路使用聚苯乙烯等温度系数小的电容器等。

2）在电路中考虑采取软件或硬件温度补偿措施。

3）尽量采用低功耗、低发热元器件。例如，尽量不用 LSTTL 器件，而改用 HCTTL 门电路；电源变压器采用高效率、低空载电流系列（例如 R 型、环型）等。

4）选用的元器件规格要有一定的裕量。例如电阻的功率要比估算值大一倍以上，电容器的耐压、晶体管的额定电流及电压均要增加一倍以上，其成本并不与额定值成比例增加，但可靠性却大为提高。设计系统时还必须了解到这样一个道理：在一个系统的几千个元器件中，只要有一个损坏，就可能导致整个系统瘫痪，造成的经济损失可能很大；稳压电源应采用低压差稳压 IC 或高效率开关电源。

5）仪器的前置级（通常指输入级）应尽量远离可能发热的元器件（如电源变压器、稳压模块、功率放大器等），因为前置级的温漂可能被逐级放大，到末级时就会超出指标范围。如果仪器内部采用上下层结构，前置级应置于最下层，因为热空气的上升和冷空气的补充总是导致上层温度高于下层温度。如果仪器本身有散热风扇，则前置级必须处于冷风进风口（必须加装过滤灰尘的毛毡），功率级置于出风口。

6）加强散热。①空气的导热系数比金属小几千倍，应给发热元器件安装金属散热片，尽量将散热片的热量传导到金属机壳上，通过面积很大的机壳来散热，元器件与散热片之间还要涂导热硅脂或垫导热薄膜；②如果发热量较大，应考虑强迫对流，采用排风扇或半导体制冷（温差制冷）器件以及热管（内部充有低沸点液体，沸腾时将热量带到热管的另一端去）来有效地降低功率器件的温度；③有条件时，可将检测仪器放在空调房间里。

7）采用热屏蔽。所谓热屏蔽，就是用导热性能良好的金属材料做成屏蔽罩，将敏感元器件、前置级电路包围起来，使罩内的温度场趋于均匀，有效地防止热电动势的产生。对于高准确度的计量工作，还要将检测装置置于恒温室中，局部的标准量具如频率基准等还须置于恒温油槽中。

总之，温度干扰引起的温漂比其他干扰更难克服，在设计、使用时必须予以充分注意。

14.1.4 固有噪声干扰

在电路中，电子元器件本身产生的具有随机性、宽频带的噪声称为固有噪声。例如，电视机未接收到信号时屏幕上表现出的"雪花"就是由固有噪声干扰引起的。

电路中常出现的固有噪声源有电阻热噪声，半导体器件产生的散粒噪声，开关、继电器触点、电位器触点、接线端子电阻、晶体管内部的不良接触等产生的接触噪声等。

选用低噪声元器件、减小流过元器件的电流、减小电路的带宽等，均能减小固有噪声干扰。

14.1.5 电磁噪声干扰

在交通、工业生产中，有大量的用电设备产生火花放电，在放电过程中，会向周围辐射出从低频到甚高频大功率的电磁波。无线电台、雷电等也会发射出功率强大的电磁波。上述这些电磁波可以通过电网、甚至直接辐射的形式传播到离这些噪声源很远的检测装置中。在工频输电线附近也存在强大的交变电场和磁场，这将对十分灵敏的检测装置造成干扰。由于这些干扰源功率强大，要消除它们的影响较为困难，因此必须采取多种措施来防护。

14.2 检测技术中的电磁兼容原理

14.2.1 电磁兼容（EMC）概念

自1866年世界上第一台发电机开始发电至今的100多年里，人类在制造出越来越复杂的电气设备的同时，也制造出越来越严重的电磁"污染"。如果不正视这种污染，研制出来的各种仪器设备在这种污染严重的地方将无法正常工作。

1881年，英国科学家希维赛德发表了《论干扰》的文章，标志着研究抗干扰问题的开端。早在20世纪40年代，人们就提出了电磁兼容性的概念。我国从20世纪80年代至今，已制定了几十个电磁兼容的国家标准，强制要求所有的电气设备必须通过相关电磁兼容标准的性能测试，否则视为不合格产品。

关于电磁兼容的定义，在前面已简单介绍过。通俗来说，电磁兼容是指电子系统在规定的电磁干扰环境中能正常工作，而且还不产生超过规定的电磁干扰的能力。

14.2.2 电磁干扰的来源

下雷阵雨时，有时在电视机屏幕上会看到一条条明亮的条纹，这时我们会不由自主地望望天空，那里正是这种干扰的发源地。

一般来说，电磁干扰源分为两大类：自然界干扰源和人为干扰源，后者是检测系统的主要干扰源。

1. 自然界干扰源

自然界干扰源包括地球外层空间的宇宙射电噪声、太阳耀斑辐射噪声以及大气层的天电噪声。天电噪声的能量频谱主要集中在30MHz以下，对检测系统的影响较大。

2. 人为干扰源

人为干扰源又可分为有意发射干扰源和无意发射干扰源。前者如广播、电视、通信雷达和导航等无线设备，它们有专门的发射天线，所以空间电磁场能量很强，特别是离这些设备很近时，干扰能量是很大的。后者是各种工业、交通、医疗、家电、办公设备在完成自身任务的同时，附带产生的电磁能量的辐射。如工业设备中的电焊机、高频炉、大功率机床起停电火花，高压输电线路的电晕放电，交通工具中的汽车、摩托车点火装置，电力机车的电火花，医疗设备中的高压X射线机、高频治疗仪器，家电中的吸尘器、冲击电钻、变频空调、微波炉，办公设备中的复印机、计算机开关电源等电气设备，它们有的产生电火花，有的造成电源畸变，有的产生大功率的高次谐波，当它们距离检测系统较近时，均会干扰检测系统的工作。在日常生活中人们也经常能感受到它们的影响，比如这些设备一开动，收音机里就会发出刺耳的噪声，所以有时也能利用便携式半导体收音机来寻找干扰噪声的来源。

14.2.3 电磁干扰的传播路径

电磁干扰的形成必须同时具备三个因素，即干扰源、干扰途径以及对电磁干扰敏感性较高的接收电路——检测装置的前置级电路。三者之间的联系如图14-2所示。

消除或减弱电磁干扰的方法可针对这三项因素，采取以下三方面措施：

图 14-2　电磁干扰三因素之间的联系

（1）消除或抑制干扰源　积极、主动的措施是消除干扰源，例如使产生干扰的电气设备远离检测装置；将有换向器的电动机改为无刷电动机；在继电器、接触器等设备上增加消弧措施等，但多数情况是无法做到的。

（2）阻断干扰途径　对于以"电路"形式侵入的干扰，可采取诸如提高绝缘性能，采用隔离变压器、光电耦合器等切断干扰途径，采用退耦、滤波等手段引导干扰信号的转移，改变接地形式，切断干扰途径等。对于以"辐射"形式侵入的干扰，一般采取各种屏蔽措施，如静电屏蔽、磁屏蔽、电磁屏蔽等。

（3）削弱接收电路对干扰的敏感性　高输入阻抗的电路比低输入阻抗的电路更易受干扰，模拟电路比数字电路更易受干扰。一个设计良好的检测装置应该具备对有用信号敏感、对干扰信号尽量不敏感的特性。

以上三个方面的措施可用疾病的预防为比喻，即消灭病菌来源、阻止病菌传播和提高人体的抵抗能力。以下只讨论如何破坏干扰途径和削弱检测系统对干扰敏感性的问题。

日常生活中我们会发现，当电吹风机靠近电视机时，电视机屏幕上会产生雪花干扰，扬声器中发出"噼噼、啪啪"的干扰声，并伴随有 50Hz 的嗡嗡声。

在图 14-3 中，电吹风机是干扰源。电磁波干扰来源于电吹风机内的电动机换向器和电刷之间的电火花，它产生的高频电磁波以两种途径到达电视机：一是通过共用的电源插座，从电源线侵入电视机的开关电源，从而到达电视机的高频头；二是以电吹风机为中心，向空间辐射电磁波能量，以电磁场传输的方式到达电视机的天线。

图 14-3　电吹风机对电视机的干扰途径

通常认为电磁干扰的传输路径有两种方式，即"路"的干扰和"场"的干扰。路的干扰又称传导传输干扰，场的干扰又称辐射传输干扰。

路的干扰发生在干扰源和被干扰对象之间有完整的电路连接时，干扰沿着这个通路到达被干扰对象。例如通过电源线、变压器引入的干扰，通过共用一段接地线引入的共阻抗干扰，通过印制电路板、接线端子的漏电阻引入的干扰等，都属于路的干扰。

场的干扰不需要沿着电路传输，而是以电磁场辐射的方式进行。例如，当传感器的信号线与电磁干扰源的电源线平行时，高频干扰或 50Hz 电场就通过两段导线的分布电容，将干扰耦合到信号线上。又如，信号线与电焊机或电动机的电源线平行时，这些大功率设备的电源线周围存在由大电流产生的强大磁场，通过互感的形式将 50Hz 干扰耦合到信号线上。下面举例说明常见的路和场的干扰，以及如何切断这些干扰途径。

1. 路的干扰

（1）由泄漏电阻引起的干扰　在仪器的信号输入端子与 220V 电源进线端子之间存在漏电、印制电路板上前置级输入端与整流电路存在漏电等情况下，噪声源（可以是高频干扰、也可以是 50Hz 干扰或直流电压干扰）得以通过这些漏电电阻作用于有关电路而造成干扰。被干扰点的等效阻抗越高，由泄漏电阻而产生的干扰影响越大。

要减小印制电路板漏电引起的干扰，就要采用高质量的玻璃纤维环氧层压板，并在表面制作不吸潮的阻焊层；还可以在高输入阻抗电路周围制作接地的印制铜箔，形成"接地保护环"，使漏电流进入公共参考端，而不致影响高输入阻抗电路；要减小信号输入端子漏电引入的电源干扰，就应使它远离 220V 电源进线端子，并在它的四周设置接地保护端子；要减小电源变压器漏电引起的干扰，就要将变压器真空浸漆或用环氧树脂灌封等。

（2）由共阻抗耦合引起的干扰　当两个（或两个以上）电路共同享有或使用一段公共的线路，而这段线路又具有一定的阻抗时，这个阻抗就成为这两个（或两个以上）电路的共阻抗，第二个电路的电流流过这个共阻抗所产生的电压降就成为第一个电路的干扰电压。常见的例子是通过接地线阻抗引入的共阻抗耦合干扰，图 14-4 中，一个功率放大器输入回路的接地线与负载（例如为扬声器、继电器等）的接地线共用一段印制电路板地线，理论上这段地线电阻为零，公共地之间为等电位，但实际上这段地线两端电阻为毫欧级。例如，当这段地线长 100mm、宽 3mm，印制电路板的铜箔厚度为 0.03mm 时，它的直流电阻 r_3 约为 0.02Ω。如果负载电流为 1A，则 r_3 上的电压降约为 20mV，相当于在图 14-4b 的放大器同相输入端加入一个正反馈信号，后果可能是引起自激振荡。

a) 负载与输入回路共阻抗的情况　　　　　　　　b) 等效电路

图 14-4　共阻抗耦合干扰

1—有用信号源　2—负载

在高频情况下，接地线的共阻抗不但要考虑直流电阻，还要考虑趋肤效应和感抗。在上例中，若 $f = 1\text{MHz}$，则 $Z_3 = 200\Omega$，其阻抗之大，可能是所料不及的。

以上仅讨论了本级电路的共阻抗，在多级电路中，共阻抗耦合干扰更大，解决办法是将接地线分开设置，具体方法在 14.3 节中介绍。另外，从图 14-4b 中还可以看出，共阻抗耦合干扰也属于差模干扰，一旦形成是很难消除的。

（3）由电源配电回路引入的干扰　交流供配电线路在工业现场的分布相当于一个吸收各种干扰的网络，而且十分方便地以电路传导的形式将干扰传遍各处，并经检测装置的电源线进入仪器内部造成影响。最明显的是电压突跳和交流电源波形畸变使工频的高次谐波（从低频延伸至高频）经电源线进入仪器的前级电路。

例如，晶闸管电路在延迟导通角较小时，电压平均值很小，而电流有效值却很大，使电源电压在其导通期间有较大的跌落，50Hz 电源波形不再为正弦波，其高次谐波分量在 100kHz 时还有很可观的幅值。

又如，现在许多仪表均使用开关电源，电磁兼容性不好的开关电源会经电源线向外泄漏出几百千赫兹的尖脉冲干扰信号。干扰的频率越高，越容易通过检测仪表电源回路的分布电容，耦合到检测仪表的放大电路中去。

2. 场的干扰

工业现场各种线路上的电压、电流的变化必然反映在其对应的电场、磁场的变化上，而处在这些"场"内的导体将因此产生感应电动势和感应电流。各种噪声源常常通过这种"场"的途径将噪声源的部分能量传递给检测电路，从而造成干扰。

（1）由电场耦合引起的干扰　电场耦合实质上是电容性耦合，电场耦合干扰的一个例子是动力输电线路对热电偶传输线的干扰，如图 14-5 所示。如果 $C_1 = C_2$、输入阻抗 $Z_{i1} = Z_{i2}$，则 u_{Ni} 对两根信号传输线的干扰大小相等、相位相同，因此属于共模干扰。由于仪用放大器的共模抑制比 K_{CMR} 一般均可达到 100dB 以上，所以 u_{Ni} 对检测装置的影响不大。但当系统两个输入端出现很难避免的不平衡时，共模电压的一部分将转换为串模干扰，就较难消除了。因此必须尽量保持电路的对地平衡。例如在实际布线时，信号线多采用双绞扭导线，如图 14-6 所示。它能保证两根信号线与干扰源的距离保持一致，也就保证了 $C_1 = C_2$。克服电场干扰更好的办法是采用静电屏蔽技术，这将在以下的内容中介绍。

图 14-5　220V 电源线与热电偶引线引起的电场耦合干扰示意图

（2）由磁场耦合引起的干扰　磁场耦合干扰的实质是互感性耦合干扰。例如，热电偶的一根引线与存在强电流的工频输电线靠得太近时，检测电路引入的噪声电压与噪声源的角频率、两导线间的互感量以及干扰源电流成正比。

a) 双绞扭导线抗干扰原理图

b) 带低频磁屏蔽的双绞扭屏蔽线

图 14-6　双绞扭导线将磁场耦合干扰转换成共模电压的示意图

1—低频磁屏蔽软铁管　2—PVC 塑料保护外套　3—铜网编织屏蔽层　4—双绞扭电缆　5—多股铜芯线

防止磁场耦合干扰途径的办法有：使信号源引线远离强电流干扰源，从而减小互感量 M；采用本节以下论述的低频磁屏蔽措施；采用绞扭导线等。采用绞扭导线可以使引入信号处理电路两端的干扰电压大小相等、相位相同，从而使差模干扰转变成共模干扰，如图 14-6 所示。

14.3　几种电磁兼容控制技术

抗电磁干扰技术有时又称为电磁兼容控制技术，下面针对图 14-2 中的"阻断干扰途径"和"削弱检测系统电路对干扰的敏感性"两个目标，介绍几种常用的抗干扰措施，如屏蔽、接地、浮置、滤波和光电隔离等。

14.3.1　屏蔽技术

将收音机或手机放在用铜网或不锈钢（网眼密度与纱窗相似）包围起来的空间中，并将铜网接地时，可以发现，原来收得到电台的收音机变得寂静无声了。这就说明，广播电台发射的电磁波被接地的铜网屏蔽掉了，或者说被吸收掉了。这种现象在汽车、火车、电梯以及地铁、矿山坑道里都会发生。这种利用金属材料制成容器，将需要防护的电路包围在其中，可以防止电场或磁场耦合干扰的方法称为屏蔽。屏蔽可分为静电屏蔽、低频磁屏蔽和高频电磁屏蔽等几种。下面分别论述它们屏蔽的对象及使用方法。

1. 静电屏蔽

根据电磁学原理，在静电场中，密闭的空心导体内部无电力线，即内部各点等电位。静电屏蔽就是利用这个原理，用铜或铝等导电性良好的金属为材料制作成封闭的金属容器并与接地线连接，把需要屏蔽的电路置于其中，使外部干扰电场的电力线不影响其内部的电路，反过来，内部电路产生的电力线也无法外逸去影响外电路，如图 14-7 所示。

必须说明的是，作为静电屏蔽的容器器壁上允许有较小的孔洞（作为引线孔或调试孔）它对屏蔽的影响不大。在电源变压器的一次侧和二次侧之间插入一个留有缝隙的导体并将它接地，也属于静电屏蔽，它可以防止两只绕组间的静电耦合干扰。

a) 带电体（干扰源）通过
电场感应干扰仪器A

b) 仪器B放在静电屏蔽盒内，
不受带电体的干扰

c) 带电体放在接地的静电屏
蔽盒内，盒外无电力线

图 14-7　静电屏蔽原理

静电屏蔽不但能够防止静电干扰，也能防止交变电场的干扰，所以许多仪器的外壳用导电材料制作并且接地。现在虽然有越来越多的仪器用工程塑料（ABS）制作外壳，但当打开外壳后，仍然会看到在机壳的内壁有一层接地的金属薄膜或镀膜，它起到与金属外壳一样的静电屏蔽作用。

2. 低频磁屏蔽

低频磁屏蔽是隔离低频（主要指 50Hz）磁场和固定磁场（也称静磁场，其幅度、方向不随时间变化，如永久磁铁产生的磁场）耦合干扰的有效措施。任何通过电流的导线或线圈周围都存在磁场，它们可能对检测仪器的信号线或者仪器造成磁场耦合干扰。静电屏蔽线或静电屏蔽盒对低频磁场不起隔离作用。

对低频磁场必须采用高导磁材料作为屏蔽层，以便让低频干扰磁力线从磁阻很小的磁屏蔽层上通过，使低频磁屏蔽层内部的电路免受低频磁场耦合干扰的影响。例如，仪器的铁皮外壳就起到了低频磁屏蔽的作用，若进一步将其接地，又可同时起静电磁屏蔽作用。在干扰严重的地方常使用复合屏蔽电缆，其最外层是低磁导率、高饱和的铁磁材料，内层是高磁导率、低饱和的铁磁材料，最里层是铜质电磁屏蔽层，以便一步步地消耗干扰磁场的能量。在工业中常用的办法是将屏蔽线穿在铁质蛇皮管或普通铁管内，达到双重屏蔽的目的。图 14-8所示为低频磁屏蔽示意图。

3. 高频电磁屏蔽

高频电磁屏蔽也是采用导电良好的金属材料做成屏蔽罩、屏蔽盒等不同的外形，将被保护的电路包围在其中。它屏蔽的干扰对象不是电场，而是 1MHz 以上的磁场。干扰源产生的

图 14-8　低频磁屏蔽示意图

1—50Hz 变压器铁心　2—主磁通　3—漏磁通　4—导磁材料屏蔽层　5—内部电路

高频磁场遇到导电良好的电磁屏蔽层时，就在其外表面感应出同频率的电涡流，从而消耗了高频干扰源磁场的能量。其次，电涡流也将产生一个新的磁场，根据楞次定律，其方向恰好与干扰磁场的方向相反，又抵消了一部分干扰磁场的能量，从而使电磁屏蔽层内部的电路免受高频干扰磁场的影响。

　　由于无线电广播的本质是电磁波，因此电磁屏蔽也能吸收掉它们的能量，这就是在汽车（钢板车身，但并未接地）里收不到电台，而必须将收音机天线拉出车外的原因。

　　若将电磁屏蔽层接地，它就同时兼有静电屏蔽作用，对电磁波的屏蔽效果就更好，这种情况又称为电磁屏蔽。通常作为信号传输线使用的铜质网状屏蔽电缆接地时就能同时起电磁屏蔽和静电屏蔽作用。图 14-9 所示为高频电磁屏蔽示意图。

图 14-9　高频电磁屏蔽示意图

1—交变磁场　2—电磁屏蔽层

14.3.2　接地技术

1. 接地线的种类

接地起源于强电技术，它的本意是接大地，主要着眼于安全。这种接地线也称为"保护接地线"，是为了防止人身触电事故、保证电气设备正常运行所采取的一项安全技术措施。接地保护的接地电阻值必须小于规定的数值。对于仪器、通信、计算机等电子技术来说，"接地线"多是指电信号的基准电位，也称为"公共参考端"，它除了作为各级电路的电流通道之外，还是保证电路稳定工作、抑制干扰的重要环节。它可以是接大地，也可以是与大地隔绝，例如飞机、卫星上的仪器接地线。因此，通常将仪器设备中的公共参考端称为信号接地线。

信号接地线又可分为以下几种：

（1）模拟信号接地线   模拟信号接地线是模拟信号的零信号电位公共线。因为模拟信号电压多数情况下均较弱、易受干扰，易形成不希望的级间反馈，所以模拟信号接地线的横截面面积应尽量大些。

（2）数字信号接地线   数字信号接地线是数字信号的零电平公共线。由于数字信号处于脉冲工作状态，动态脉冲电流在接地阻抗上产生的电压降往往成为微弱模拟信号的干扰源，为了避免数字信号对模拟信号的干扰，两者的接地线应分别设置为宜。

图 14-10 所示为数字电路干扰模拟电路示例，图中的数字面板表为 3½ 位电压表，满度值为 1.999V，最低位为 1mV。该数字面板表内部包含了高分辨率的 A-D 转换器和 LED 数码管及其驱动电路，前者为模拟电路，而后者为数字电路，且工作电流较大。

图 14-10a 为错误的接法，它将数字面板表的电源负极（有较大的数字脉冲电流）与被测电压（易受干扰的模拟信号）的负极在数字面板表的接插件上用一根接地线连接到印制

a) 错误接法

b) 正确接法(模拟、数字接地线分开设置)

图 14-10   数字电路干扰模拟电路示例

GND_A—模拟地 GND_D—数字地

电路板上。由于数码管的电流在这段共用接地线上产生电压降，使施加到数字面板表接插件上的被测电压受到干扰。只要有几毫伏的干扰，就会使数字面板表的示值跳动不止。如果将数字电路的地线与模拟电路的接地线分开设置，就能有效地消除这种干扰，如图 14-10b 所示。

（3）信号源接地线　传感器可看作是测量装置的信号源，多数情况下信号较为微弱，通常传感器安装在生产设备现场，而测量装置设在离现场一定距离的控制室内，从测量装置的角度看，可以认为传感器的接地线就是信号源接地线，它必须与测量装置进行适当的连接才能提高整个检测系统的抗干扰能力。

（4）负载接地线　负载的电流一般都比前级信号电流大得多，负载接地线上的电流有可能干扰前级微弱的信号，因此负载接地线必须与其他信号接地线分开。

例如，若误将扬声器的负极（接地线）与扩音机送话器的屏蔽线碰在一起，就相当于负载接地线与信号接地线合并，可能引起啸叫。又如，当负载是继电器时，继电器触点闭合和断开的瞬间经常产生电火花，容易反馈到前级，造成干扰。这种情况下采取的措施是让信号通过光电耦合器来传输，使负载接地线与信号接地线在电气上处于绝缘状态，彻底切断负载对前级的干扰。

2. 一点接地原则

对于上述四种接地线，一般应分别设置，在电位需要连通时，也必须仔细选择合适的点，在一个地方相连，才能消除各接地线之间的干扰。

（1）单级电路的一点接地原则　现以单调谐选频放大器为例来说明单级电路的一点接地原则，单级电路的一点接地如图 14-11 所示，图 14-11a 中有 11 个元器件的一端需要接地，如果不熟悉单级电路的一点接地原则而单从原理图来看，这 11 个端点可接在接地母线上的任意点上，这几个点可能相距较远，不同点之间的电位差就有可能成为这级电路的干扰信号，因此应采取图 14-11b 所示的一点接地方式。考虑到加工工艺，在实际的印制电路板设计中，只能做到各接地点尽量靠近，并加大接地线的宽度。

a) 原理图　　　　　　　　　　　　　　　b) 一点接地电路图

图 14-11　单级电路的一点接地

（2）多级电路的一点接地原则　图 14-12a 所示多级电路的接地线逐级串联，形成公共接地线。这段接地线上存在着 G_1、G_2、G_3 三点不同的对地电位差，虽然其数值很小，但仍有可能产生共阻抗干扰。只有在数字电路或放大倍数不大的模拟电路中，为布线简便起见，才可以采用上述电路，但也应注意以下两个原则：一是公用接地线截面面积应尽量大些，以减小接地线的内阻；二是应把电流最大的电路放在距电源接地点最近的地方。

图 14-12b 采取并联接地方式，这种接法不易产生共阻抗耦合干扰，但需要很多根接地线，在低频时效果较好，但在高频时反而会引起各接地线间的互感耦合干扰，因此只在频率为 1MHz 以下时才予以采用。当频率较高时，应采取大面积的接地线，这时允许"多点接地"，这是因为接地面积十分大，内阻很小，事实上相当于一点接地，不易产生级与级之间的共阻耦合。图 14-13 所示为高频电路的大面积接地示例。

a) 串联式 b) 并联式(低频电路时采用)

图 14-12 多级电路的一点接地

（3）检测系统的一点接地原则 检测系统通常由传感器（一次仪表）与二次仪表构成，两者之间相距甚远。当在实验室用较短的信号线将它们连接起来时，系统能正常工作；但当将它们安装到工作现场并用很长的信号线连接起来时，可能发生测量数据跳动，误差变大。这里就涉及检测系统的一点接地问题。

图 14-13 高频电路的大面积接地示例

1）大地电位差。当在工业现场相距 10m 以上两台设备的接地螺栓之间跨接一只手电筒用的小电珠时，会发现小电珠时而很亮，时而又暗淡无光。显然，在两个接地螺栓之间存在一个变化的电位差，此电位差随工业现场用电设备的起停而随机波动。

从理论上说，大地是理想的零电位。无论向大地注入多大的电流或电荷，大地各点仍为等电位。可事实上大地存在一定的电阻，如果某一电气设备对地有较大的漏电流，则以漏电点为圆心，在很大的一个范围内，电位沿半径方向向外逐渐降低，在人体跨步之间可以测到或多或少的电压降。图 14-14 给出了漏电设备产生"跨步电压"的示意图，假设电气设备 A 的 U 相对地漏电，而电气设备 B 的 V 相对地漏电，则在它们附近的其他设备的接地棒之间就存在较大的电位差，将此电位差称为大地电位差。有的地方大地电位差只有零点几伏；而在工业现场，由于电气设备很多，大地电流十分复杂，所以大地电位差有时高达数伏，甚至几十伏。

图 14-14　跨步电压及大地电位差

2）检测系统两点接地将产生大地环流。若将传感器及二次仪表的零电位参考点在安装地点分别接各自的大地，则可能在二次仪表的输入端测到较为可观的 50Hz 干扰电压。究其原因，是因为由大地电位差 u_G 经图 14-15a 中的 A、D、G_S、R_{S2}、C、B 点，在内阻很小的传输线中的一根上产生较大数值的"大地环流" i_G，并在两端接地的传输线内阻 R_{S2} 上产生

a) 检测系统两点接地(错误接法)

b) 检测系统一点接地方案1(传感器侧接地)

图 14-15　检测系统的接地示意图

1—传感器的信号源（热电偶）　2—信号传输线（正极）　3—信号传输线（负极）

4—屏蔽线外层的传感器侧接地点　5—屏蔽线外层的二次仪表侧接地点（不能重复接大地）

电压降 u_{S2}。这个电压降对二次仪表而言，相当于在输入端串联了一个差模干扰电压。

3）检测系统一点接地方案 1（传感器侧接地）。由于许多传感器生产商在制造传感器时，常将传感器输出信号的公共参考端与传感器外壳相连，又由于多数传感器外壳通过固定螺钉、支撑构架、法兰盘等与大地连接，所以传感器的输出信号线中有一根（多数是负极线）在传感器侧被接大地。为了不造成检测系统的两点接地，就迫使二次仪表输入端中的公共参考端不能再接大地，否则就会引起大地环流（即图 14-15a 所示的二次仪表放大器的 C 点不能与热电偶的负极端相连，C 点也不能接大地）。检测系统一点接地方案 1（传感器侧接地）的等效电路如图 14-15b 所示，C、B 点之间的虚线连接就属于两点接地，是错误的。

信号传输屏蔽线的外层 4 点应接传感器的接大地端 A′点，屏蔽线右端的外层 5 点不应再接传感器的接大地端 B′点，否则就属于两点接地。

4）浮置电路。在图 14-15b 中，传感器和二次仪表电路（仪表放大器）在未接信号线之前，两者的公共参考端均不接大地，即与大地之间没有任何导电性的直流电阻联系，这种类型的电路就称为浮置电路。采用干电池的数字仪表就是浮置的特例，如图 14-16 所示。浮置电路基本消除了大地电位差引起的大地环流，抗干扰能力较强。

图 14-16　浮置电路示意图

1—低功耗二线制仪表　2—传输线（正极）　3—传输线（负极）
4—取样电阻　5—手持式 HART 通信器　6—低功耗数字式电流表　7—浮置式电源

5）检测系统一点接地方案 2（二次仪表侧接地）。现在有许多传感器采用图 14-16 所示二线制电流输出形式，传感器的两根信号线均不接大地。如果此时二次仪表也采用浮置电路，则容易出现静电积累现象，产生电场干扰。在这种情况下，可以采用二次仪表侧的公共参考端接大地的方案。在这种情况下，检测系统仍然符合一点接地原则。

在二次仪表与计算机相连的情况下，由于计算机主板的公共参考端已被连接到金属机箱，并通过保安接地线接大地，所以这时二次仪表的公共参考端也就通过计算机主板接大地了。在这种情况下，传感器的公共参考端 G_S 点不应再接大地，否则又会产生大地环流，造成干扰。

在上述情况下，应将图 14-15b 中的信号传输屏蔽线外层接二次仪表的接大地端，以避免由屏蔽线两点接地引入的分布电容的干扰。

14.3.3　滤波技术

滤波器（Filter）是抑制交流差模干扰的有效手段之一，下面分别介绍几种电磁兼容技术中常用的滤波器。

1. RC 滤波器

当信号源为热电偶、应变片等测量信号缓慢变化的传感器时，串联小体积、低成本的无源 RC 低通滤波器，将对串模干扰有较好的抑制效果。差模干扰 RC 低通滤波器电路如图 14-17 所示，低通滤波器只允许直流信号或缓慢变化的极低频率的信号通过，而不让叠加在有用信号上的较高频率的信号（差模干扰）通过。这里所说的较高频率信号，是指 50Hz 及 50Hz 以上的信号，它们都不是有用信号，而是大地环流、电源畸变、电火花等造成的干扰信号。电容 C 并联在二次仪表输入端，它对较高频率的干扰信号的容抗较小，可将其旁路。在二次仪表输入端测到的干扰信号比不串联低通滤波器时小许多，所以能提高抗差模干扰能力，但对共模干扰不起作用。图 14-17b 中，采用两级 RC 低通滤波器时，对干扰衰减更大。

a) 单节平衡式RC滤波器与放大器的连接　　　　b) 双节不平衡式RC滤波器

c) 低通滤波器图形符号　　　　d) 幅频特性

图 14-17　差模干扰 RC 低通滤波器

信号低通滤波器内多采用电阻串联、电容并联的方式，但也可以将电感与电阻串联，这对高频干扰的滤波效果更好。

需要指出的是，仪表输入端串联低通滤波器后，等效于接入一个积分电路，会阻碍有用信号的突变。当信号突变时，由于串联了低通滤波器，故二次仪表的响应变慢。由此可见，串联低通滤波器是以牺牲检测系统响应速度为代价来减小差模干扰的。

2. 交流电源滤波器

电源网络吸收了各种高、低频噪声，电源线上的干扰（骚扰）可分为两类：共模干扰信号和差模干扰信号。相线（L）与接地线（PE）、中性线（N）与大地之间存在的大小相同、相位相同的干扰信号属于共模干扰信号，相线与中性线之间存在的干扰信号属于差模干扰信号。

对此，常用 LC 交流电源滤波器（又称电源线 EMI 滤波器）来抑制混入电源的噪声，如图 14-18 所示。电源线 EMI 滤波器实际上是一种低通滤波器，它能无衰减地将直流或 50Hz 等低频电源功率传送到用电设备上，却能大大衰减经电源传入的干扰信号，保护设备免受其害。电源线 EMI 滤波器也能大大抑制设备本身产生的干扰信号进入电源，避免造成电磁环境污染，危害其他设备。

图 14-18　交流电源滤波器

交流电源滤波器的外壳可以直接接地，也可以接到三相五线制供电线路的 PE 线（保护接地线，每隔 20~30m 重复接地）。

在电源和负载之间插入交流电源滤波器之后，可以将几千赫兹至几十兆赫兹范围内的电磁干扰衰减几十分贝以上。

在干扰环境中工作的各种计算机、传感器、二次仪表等电气设备的电源，最好都要串联交流电源滤波器。其规格的选择主要考虑两点：一是滤波器的额定电流必须大于该电气设备的工作电流；二是在可预见的频率范围内，对干扰的衰减系数必须符合要求。用户可根据需要，选择内部包含一级 LC 或两级甚至三级 LC 的电源滤波器，使用时需要良好接大地。目前还可购到内部已串联有交流电源滤波器的拖线板，使用起来更加方便。

购买开关电源、UPS、变频器或各种电子调压器时，也必须查询它们设计时是否串联有合格的 LC 滤波器，是否符合国家规定的电磁兼容标准。因为开关电源以及其他逆变器均是对各类电气设备威胁很大的一个干扰源，它本身产生的电磁干扰信号有很宽的频率范围，又有很大的幅度，会经过电源线向外传送电磁干扰信号。

3. 直流电源滤波器

直流电源往往为几个电路所共用，为了避免通过电源内阻造成几个电路间互相干扰，应在每个电路的直流电源上加上 RC 或 LC 退耦滤波器，如图 14-19 所示。图中的电解电容用来滤除低频噪声。由于电解电容采用卷制工艺而含有一定的电感，在高频时阻抗反而增大，因此需要在电解电容旁边并联一个 $1nF \sim 0.1\mu F$ 的高频磁介电容或独石电容，用来滤除高频噪声。

图 14-19 直流电源退耦滤波器电路

14.3.4 光电耦合技术

1. 光电耦合器的工作原理

目前，检测系统越来越多地采用光电耦合器（俗称光耦合器，以下均简称为光耦）来提高系统的抗共模干扰能力。

光耦是一种电→光→电的耦合器件，它的输入量是电流，输出量也是电流，可是两者之间从电气上看却是绝缘的，图 14-20 所示为其测量电路及外形。LED 一般采用砷化镓红外 LED，而光电器件可以是光电二极管、光电晶体管、达林顿管，甚至可以是光电双向晶闸管、光电集成电路等，LED 与光电器件的轴线对准并保持一定的间隙。

a) 测量电路　　　　　　　　b) 外形

图 14-20 光耦

当有电流流入红外 LED 时，它即发射红外线，光电器件受红外线照射后，产生相应的光电流，这样就实现了以光为媒介的电信号的传输。

2. 光耦的特点

1）输入、输出回路绝缘电阻高（大于 $10^{10}\Omega$）、耐压超过 1kV。

2）因为光的传输是单向的，所以输入信号不会反馈和影响输入端。

3）输入、输出回路在电气上是完全隔离的，能很好地解决不同电位、不同逻辑信号电路之间的隔离和传输的矛盾。

3. 光耦的隔离、信号传输作用举例

（1）强电与弱电的隔离　图 14-21 所示为用光耦传递信号并将输入回路与输出回路隔离的电路。光耦的红外 LED 经两只限流电阻 R_1、R_2 跨接到三相电源回路的两根相线上。当交流接触器未吸合时，流过光耦中红外 LED，即 VL_1 的电流为零，所以光耦中的光电晶体管 VT_1 处于截止状态，U_E 为低电平，反相器的输出 U_o 为高电平。

图 14-21　光耦用于强电信号的检测与隔离

图 14-21 中，光耦的主要作用并不在于传输信号，因为直接将 220V 电压经电阻衰减后送到反相器也能得到方波信号。但这样做，势必把有危险性的强电回路与计算机回路连接在一起，可能会使计算机主板带电，进而使操作者触电，甚至有烧毁计算机的可能。

采用图 14-21 所示光耦电路之后，计算机既可得到方波信号，又与强电回路无电气联系，若用测电笔测量计算机的主板电路，就没有带电的现象。这就是光耦既可以传输有用信号，又可将输入、输出回路隔离的道理。设计印制电路板时，光耦的左、右两边电路应严格绝缘，并保证有一定的间隔，以防击穿。

（2）光耦的隔离地电位及电平转换作用　图 14-22 所示为利用光耦来隔离大地电位差干扰，并传送脉冲信号的示意图。在距计算机控制中心很远的生产现场有一台非接触式转速表，它产生与转速成正比的 TTL 电平信号，经很长的传输线传送给计算机。

图 14-22　利用光耦来隔离大地电位差干扰并传送脉冲信号的示意图

假设该转速表的公共参考端在出厂时已与外壳连接，所以其中一根信号线接传感器的大地。如果直接将这两根信号线接到计算机中，势必就在传感器地 GND_1 与计算机地 GND_2 之间构成大地环流回路，在干扰很大的情况下，计算机可能无法正确地接收转速信号。

现在传感器与计算机之间接入一只光耦 IC_1，它在传送信号的同时又将两个不同电位的地 GND_1、GND_2 隔离开来，避免了上述干扰。图 14-22 中的 U_{N1} 与 U_{N2} 是各种干扰在传输线上引起的对地干扰电压。它们大小相等、相位相同，属于共模干扰，不会在光耦中产生 I_{VL}，所以也就不会将干扰耦合到光耦之后去，这就是使用光耦能够排除共模干扰的原因。图 14-22 中的 V_{CC} 与 V_{DD} 分属于不同的接地电路，所以它们之间不能有任何直接联系（例如不能使用分压比电路或集成稳压 IC 降压等），否则就失去了隔离的作用。

例　在 NPN 常开型接近开关的输出级电路中，希望有金属物体靠近该接近开关时，整形电路的输出为高电平，指示灯 LED（VL_2）亮。请画出光耦和整形电路。

解　符合题意的接近开关及光耦、整形电路如图 14-23 所示，工作过程分析如下。

图 14-23　接近开关与光耦的连接电路

当金属板靠近接近开关至额定动作距离时，接近开关的输出 OC 门跳变为低电平，V_{CC1} 经 R_1、VL_1 至 OC 门回到 GND_1 构成回路。所以 VL_1 发射红外线，使 VT_1 饱和，U_C 为低电平，经 IC_1 反相，U_o 变为高电平。该高电平经 R_3、VL_2 到 GND_2 构成回路，所以 VL_2 亮，满足题意要求。

必须指出的是，GND_1 与 GND_2 绝对不应接在一起，否则就失去了使用光耦的抗干扰作用，V_{CC2} 也不能从 V_{CC1} 分压而来。

以上讨论的都是光耦在数字电路中的应用。在线性电路中，如果使用线性光耦，就能比较彻底地切断大地电位差形成的环路电流。近年来，半导体器件生产商努力提高线性光耦的性能，目前其误差已可以小于千分之一。

使用光耦的另一种办法是先将前置放大器来的输出电压进行 A-D 转换，然后通过光耦用数字脉冲的形式，把代表模拟量的数字信号耦合到诸如计算机之类的数字处理系统去做数据处理，从而将模拟电路与数据处理电路隔离开来，有效地切断共模干扰的环路。在这种方式中，必须配置多路光耦（视 A-D 转换器的位数而定），虽然耦合电路对元器件的线性度没有要求，但由于光耦工作在高频数字脉冲状态，因此应采用高速光耦。

习　题　14

一、单项选择题

1. 测得某检测仪表的输入信号中，有用信号为 20mV，干扰电压也为 20mV，则此时的信噪比为（　　　）。

   A. 20dB   B. 1dB   C. 0dB   D. 40dB

2. 某实验室附近建筑工地的打桩机一开动，实验室中数字仪表的显示值就乱跳，这种干扰属于（　　　），应采取（　　　）措施；一进入类似我国南方的黄梅天气，仪表的数值就明显偏大，这属于（　　　），应采取（　　　）措施；盛夏一到，某检测装置中的计算机就经常死机，这属于（　　　），应采取（　　　）措施；车间里的一台电焊机一工作，计算机就可能死机，这属于（　　　），在不影响电焊机工作的条件下，应采取（　　　）措施。

   A. 电磁干扰   B. 固有噪声干扰

   C. 热干扰   D. 湿度干扰

   E. 机械振动干扰   F. 改用指针式仪表

   G. 降温或移入空调房间   H. 重新启动计算机

   I. 在电源进线上串联电源滤波器   J. 立即切断仪器电源

   K. 不让它在车间里进行电焊作业   L. 关上窗户

   M. 将机箱密封或保持微热   N. 将机箱用橡胶-弹簧垫支撑

3. 调频（FM）收音机未收到电台时，扬声器发出烦人的"流水"噪声，这是（　　　）造成的。

   A. 附近存在电磁场干扰   B. 固有噪声干扰

   C. 机械振动干扰   D. 空气中的水蒸气流动干扰

4. 减小放大器的输入电阻时，放大器受到的（　　　）。

   A. 热干扰减小，电磁干扰也减小   B. 热干扰减小，电磁干扰增大

   C. 热干扰增大，电磁干扰也增大   D. 热干扰增大，电磁干扰减小

5. 考核计算机的电磁兼容是否达标，是指（　　　）。

   A. 计算机能在规定的电磁干扰环境中正常工作的能力

   B. 该计算机不产生超出规定数值的电磁干扰

   C. 两者必须同时具备

6. 发现某检测仪表机箱触摸时有麻木感，必须采取（　　　）措施。

   A. 电磁屏蔽   B. 将机箱接大地   C. 抗电磁干扰

7. 发现某检测缓变信号的仪表输入端存在50Hz差模干扰，应采取（　　　）措施。

   A. 提高前置级的共模抑制比   B. 在输入端串联高通滤波器

   C. 在输入端串联低通滤波器   D. 在电源进线侧串联电源滤波器

8. 检测仪表附近存在一个漏感很大的50Hz电源变压器（例如电焊机变压器）时，该仪表的机箱和信号线必须采用（　　　）。

   A. 静电屏蔽   B. 低频磁屏蔽   C. 电磁屏蔽   D. 机箱接大地

9. 飞机上的仪表接地端必须（　　　）。

   A. 接大地   B. 接飞机的金属构架及蒙皮

   C. 接飞机的天线

10. 经常看到数字集成电路的 V_{DD} 端（或 V_{CC} 端）与地线之间并联一个 $0.01\mu F$ 的独石电

容，这是为了（　　）。

　　A. 滤除 50Hz 锯齿波

　　B. 滤除模拟电路对数字电路的干扰信号

　　C. 滤除印制电路板数字 IC 电源走线上的脉冲尖峰电流

　　11. 光电耦合器是将（　　）信号转换为（　　）信号，再转换为（　　）信号的耦合器件。

　　A. 光→电压→光　　　　B. 电流→光→电流　　C. 电压→光→电压

　　12. 在图 14-21 中，流过 R_1、R_2 的电流较小，R_1、R_2 的功耗小于 1/4W。若将接在 380V 上的 R_1、R_2 换成 1/4W，会出现（　　）问题；若 VD_1 开路，将使光耦中的 VL_1 在电源的负半周（　　）。

　　A. 烧毁　　　　　　　B. 信号减小　　　　　　C. 击穿

二、计算题

　　1. 在一个热电动势放大器的输入端，测得热电动势为 10mV，差模交流（50Hz）干扰信号电压有效值为 1mV，求：

　　1）施加在该输入端信号的信噪比。

　　2）要采取什么措施才能提高放大器输入端的信噪比。

　　2. 某检测系统由热电偶和放大器 A-D 转换器、数显表等组成，如图 14-24 所示。请指出与接地有关的错误之处，并画出正确的接线图。

图 14-24　热电偶测温电路接线图改错

　　3. 图 14-25 所示为电力助动车充电电压检测电路，电路中的线性光耦既可以传输充电电压信号，又能将 220V 有危险性的强电回路与计算机回路隔离开来。请指出与接地有关的错误，并画出正确的接线图。

图 14-25　电力助动车充电电压检测电路改错

扩展阅读

华 为 海 思

2004 年 10 月华为创办海思公司，它的前身是华为集成电路设计中心，这也正式拉开了华为的手机芯片研发之路。2009 年华为推出了第一款面向公开市场的 K3 处理器，定位跟展讯、联发科一起竞争，而华为自己的手机没有使用。因为 K3 产品不够成熟以及不适的销售策略，这款芯片并没有成功。

2012 年海思推出 K3V2 处理器，这一次它用在了华为手机中，而且是定位旗舰的 Mate 1、P6 等机型。2012 年手机处理器已经开启多核进程，海思抢在德州仪器和高通之前推出 K3V2，成为了世界上第二种四核处理器，并且它也为麒麟 910 奠定了基础。麒麟 910 首次集成了海思自研的 Balong710 基带。麒麟 910 宣告了海思的处理芯片正式进入 SoC 时代，也是华为第一款开始被大众接受的芯片。

2014 年 9 月，麒麟 925 芯片的高端定位被市场认可，后续的麒麟 935、麒麟 960、麒麟 970、麒麟 980、麒麟 990 芯片均取得成功，麒麟芯片也成了世界上最好的芯片之一。

模块15

多传感器融合应用

学习目标

知识目标：

1. 了解智能传感器的结构组成和应用。
2. 了解多传感器信息融合技术概念。
3. 了解多传感器的典型综合应用案例。

能力目标：

1. 能够正确分析设备中应用的传感器类型及其作用。
2. 能够正确选择并使用合适的传感器。
3. 能够设计简单的自动控制检测系统。

在实际应用中，复杂的控制系统往往不会单独使用某个传感器来进行检测。

一辆汽车里配置了几十个传感器，用于测量行驶速度、距离、发动机转速、燃料余量、润滑油温度和发动机冷却液温度等。在电子控制汽油喷射式发动机中，还要对进气管的空气压力、流量进行测量，CPU 再根据怠速、加速度、气温、发动机冷却液温度、爆燃和尾气氧含量等众多参数决定喷射汽油量，得到最佳空燃比，并决定最佳的点火时刻，以得到最高的效率和最低的废气污染。

一个现代化火力发电厂需要多台计算机来快速地测量锅炉、汽轮机、发电机上许多重要部位的温度、压力、流量、转速、振动、位移、应力和燃烧状况等热工、机械参数，还必须测量发电机的电压、电流、功率、功率因数以及各种辅机的运行状态，然后进行综合处理，将被监测的重要参数进行数字或模拟显示，自动调整运行工况，对某些超限参数进行声光报警或采取紧急措施。在上述这个系统中，需要数百个不同的传感器将各种不同的机械、热工量转换成电量，供计算机采样。

再比如，身边的家用电器如空调、洗衣机、电冰箱、微波炉，甚至电饭煲，大多数的电气设备都配备了多个不同类型的传感器，并与 CPU、控制电路以及机械传动部件组成一个综合系统，来达到某种设定的目的，这种系统称为检测控制系统。

小汽车属于小型系统，是由多个传感器和一台 CPU 组成的检测控制系统。现代化火力发电厂属于大型系统，是由多个传感器、多台计算机组成多个检测控制子系统，再由一台工控机将各子系统数据进行融合，形成一个完整且有反馈功能的检测控制系统。

为探索多传感器的综合应用，本模块将介绍多传感器信息融合技术、智能传感器以及几种典型的多传感器检测控制系统。

15.1 多传感器信息融合技术

单一传感器只能获得环境或被测对象的部分信息段，而多传感器作用于同一系统时，经过数据融合后能够完善地、准确地反映环境的特征。信息融合是多元信息综合处理的一项新技术，它有多种译名，如多传感器相关、多源相关、多传感器融合、数据融合等。

信息融合比较确切的定义可概括为：充分利用不同时间和空间的多传感器信息资源，采用计算机技术对按时序获得的多传感器观测信息在一定的准则下加以自动分析、综合、支配和使用，获得被测对象的一致性解释与描述，以完成所需的决策和估计任务，使系统获得比它的各个组成部分更优越的性能。

15.1.1 多传感器信息融合

多传感器信息融合技术从多信息的视角进行处理及综合，得到各种信息的内在联系和规律，从而剔除无用和错误的信息，保留正确和有用的成分，最终实现信息的优化。它也为智能信息处理技术的研究提供了新的观念。

从生物学的角度来看，人类和自然界中其他动物对客观事物的认知过程，就是对多源数据的融合过程。人类不是单纯依靠一种感官，而是通过视觉、听觉、触觉、嗅觉等多种感官获取客观对象不同质的信息，或通过同类传感器（如双耳）获取同质而又不同量的信息，然后通过大脑对这些感知信息依据某种规则进行组合和处理，从而得到对客观对象和谐与统一的理解和认识。这一处理过程是复杂的，也是自适应的，它将各种信息（图像、声音、气味和触觉）转换为对环境的有价值的解释。自动化数据融合系统实际上就是模仿这种由感知到认知的过程。

多传感器信息融合就像人脑综合处理信息一样，其基本原理就是充分利用多传感器资源，通过对这些传感器及观测信息的合理支配和使用，把多传感器在空间或时间上的冗余或互补信息依据某种准则进行组合，以获得被测对象的一致性解释或描述。其目的是基于各独立传感器的观测数据，通过融合导出更丰富的有效信息，获得最佳协同效果，发挥多个传感器的联合优势，提高传感器系统的有效性，消除单一传感器的局限性。

多传感器信息融合分为组合、综合、融合和相关四个类型。

（1）组合　组合是将多个传感器组合成平行或互补方式来获得多组数据输出的一种处理方法，是一种最基本的方式，涉及的问题有输出方式的协调、综合以及传感器的选择。

（2）综合　综合是一种在信息优化处理中获得明确信息的有效方法。例如在虚拟现实技术中，使用两个分开设置的摄像机同时拍摄到一个物体不同侧面的两幅图像，综合这两幅图像可以复原出一个准确的有立体感的物体的图像。

（3）融合　融合技术是将传感器数据组之间进行相关或将传感器数据与系统内部的知

识模型进行相关，而产生信息的一个新的表达式。

（4）相关　相关是通过处理传感器信息获得某些结果，不仅需要单项信息处理，而且需要通过相关来进行处理，获悉传感器数据组之间的关系，从而得到正确信息，剔除无用和错误的信息。相关处理的目的是对识别、预测、学习和记忆等过程的信息进行综合和优化。

在多传感器信息融合系统中，各种传感器的数据可以具有不同的特征，可能是实时的或非实时的、模糊的或确定的、互相支持的或互补的，也可能是互相矛盾或竞争的。因此，多传感器融合系统具有四个显著的特点：

1）信息的冗余性。对于环境的某个特征，可以通过多个传感器（或者单个传感器的多个不同时刻）得到它的多份信息，这些信息是冗余的，并且具有不同的可靠性，通过融合处理，可以从中提取出更加准确和可靠的信息。此外，信息的冗余性可以提高系统的稳定性，从而能够避免因单个传感器失效而对整个系统所造成的影响。

2）信息的互补性。不同种类的传感器可以为系统提供不同性质的信息，这些信息所描述的对象是不同的环境特征，它们彼此之间具有互补性。如果定义一个由所有特征构成的坐标空间，那么每个传感器所提供的信息只属于整个空间的一个子空间，和其他传感器形成的空间相互独立。

3）信息处理的及时性。各传感器的处理过程相互独立，整个处理过程可以采用并行处理机制，从而使系统具有更快的处理速度、提供更加及时的处理结果。

4）信息处理的低成本性。多个传感器可以花费更少的代价来得到相当于单传感器所能得到的信息量。另一方面，如果不将单个传感器所提供的信息用来实现其他功能，单个传感器的成本和多传感器的成本之和是相当的。

15.1.2　多传感器信息融合过程

信息融合过程主要包括多传感器信号获取、数据预处理、数据融合中心（特征提取、融合计算）和结果输出等环节，其过程如图15-1所示。由于被测对象多半为具有不同特征的非电量，如压力、温度、色彩和灰度等，因此首先要将它们转换成电信号，然后经过A-D转换，将它们转换为能由计算机处理的数字量。数字化后的电信号由于环境等随机因素的影响，不可避免地存在一些干扰和噪声信号，通过预处理滤除数据采集过程中的干扰和噪声，以便得到有用信号。预处理后的有用信号经过特征提取，并对某一特征量进行数据融合计算，最后输出融合结果。

图 15-1　多传感器信息融合过程

（1）信号获取　多传感器信号获取的方法很多，可根据具体情况，采取不同的传感器获取被测对象的信号。图形景物信号的获取一般可利用电视摄像系统或电荷耦合器件（CCD），将外界的图形景物信息采取进入电视摄像系统或经过电荷耦合器件变化的光通量转换成变化的电信号，再经 A-D 转换后进入计算机系统。工程信号的获取一般采用工程上的专用传感器，将非电量信号或电信号转换成 A-D 转换器或计算机 I-O 口能接收的电信号，在计算机中进行处理。

（2）数据预处理　在信号获取过程中，一方面，由于各种客观因素的影响，在检测到的信号中常常混合有噪声；另一方面，经过 A-D 转换后的离散时间信号除含有原来的噪声外，又增加了 A-D 转换噪声。因此，在对多传感器信号融合处理前，有必要对传感器输出信号进行预处理，尽可能去除这些噪声，提高信息的信噪比。数据预处理的方法主要有均值、滤波、消除趋势项、坏点剔除等。

（3）特征提取　对来自传感器的原始信息进行特征提取，特征可以是被测对象的各种物理量。

（4）融合计算　数据融合计算的方法较多，主要有数据相关技术、估计理论和识别技术等。

15.1.3　多传感器信息融合系统的结构

多传感器信息融合的结构有串联、并联和混合三种方式。如图 15-2 所示，串联融合时，当前传感器要接收前一级传感器的输出结果，每个传感器既有接收处理信息的功能，又有信息融合的功能，各个传感器的处理同前一级传感器输出的信息形式有很大关系。最后一个传感器综合了所有前级传感器输出的信息，得到的输出为串联融合系统的结论。

图 15-2　多传感器信息融合结构形式

并联融合时，各个传感器直接将各自的输出信息传输到信息融合中心，传感器之间没有相互的影响，融合中心对各信息按适当的方法综合处理后，输出最终结果。

将串联融合和并联融合方式结合组成混合融合方式，或总体串联局部并联，或总体并联局部串联。此种方式一般用于大型或者对检测精度要求较高的检测控制系统。

15.1.4　多传感器信息融合技术的应用

多传感器信息融合技术应用广泛，特别是在智能检测系统、工业过程监视、机器人、军用舰船、空中交通管制等高科技领域中，起着至关重要的作用。

（1）智能检测系统　消除单个或单类传感器检测的不确定性，提高智能检测系统的可靠性，获得检测对象更准确的认识。

（2）工业过程监视　识别引起系统状态超出正常运行范围的故障条件，并据此触发若干报警器。目前，数据融合技术已在核反应堆和石油平台监视系统中获得应用。

（3）机器人　传感器融合技术在机器人，特别是移动机器人领域有着广泛的应用。自主移动的机器人在未知或动态的环境中工作时，将多传感器提供的数据精心融合，从而准确、快速地感知环境信息。而工业机器人更是靠多传感器融合技术模拟人的智能作业，实现精确的定位和操作。

（4）军用舰船　传感器信息融合是提高海军舰船目标识别能力和战斗力的有效手段。海军舰船的各类传感器信号（如雷达、红外、激光等）的融合，将综合和解释所有当前的信息，形成准确、快速的军事反应能力。

（5）空中交通管制　在目前的空中交通管制系统中，主要由雷达和无线电提供空中图像，并由空中交通管制器承担数据融合的任务。

15.2　智能式传感器

20世纪80年代以来，微处理器技术迅猛发展并与传感器密切结合，使传感器不仅具有传统的检测功能，而且具有存储、判断和信息处理的功能。由微处理器和传感器相结合构成的新型传感器，即智能式传感器。换言之，所谓智能式传感器，就是一种以微处理器为核心单元，具有检测、判断和信息处理等功能的传感器，是传感器集成化与微处理器相结合的产物。

15.2.1　智能式传感器概述

智能式传感器包括传感器的智能化和智能传感器两种主要形式。前者是采用微处理器或微型计算机系统来扩展和提高传统传感器的功能，传感器与微处理器可为两个分立的功能单元，传感器的输出信号经放大调理和转换后由接口送入微处理器中进行处理。后者是借助半导体技术将传感器与信号放大调理电路、接口电路和微处理器等制作在同一块芯片上，即形成大规模集成电路的智能传感器。

智能式传感器具有多功能、一体化、集成度高、体积小、适宜大批量生产、使用方便等优点，是传感器发展的必然趋势，它的发展取决于半导体集成化工艺水平的进步与提高。但目前广泛使用的智能式传感器，主要是通过传感器的智能化来实现的。

智能式传感器系统主要由传感器、微处理器及相关电路组成，如图15-3所示。传感器将被测的物理量、化学量转换成相应的电信号，送到信号调制电路中，经过滤波、放大、A-D转换后送达微处理器。微处理器对接收的信号进行计算、存储、数据分析处理后，一方面通过反馈回路对传感器与信号调理电路进行调节，以实现对测量过程的调节和控制；另一方面将处理的结果传送到输出接口，经接口电路处理后按输出格式、界面定制输出数字化的测量结果。微处理器是智能式传感器的核心，由于微处理器可充分发挥各种软件的功能，使传感器智能化，因此大大提高了传感器的性能。

智能式传感器是通过模拟人的感官和大脑的协调动作，结合长期以来测试技术的研究和实际经验而提出来的。从构成上看，智能式传感器是一个典型的以微处理器为核心的计算机

图 15-3　智能式传感器的构成

检测系统，是一个相对独立的智能单元。智能式传感器有以下功能：

1）具有逻辑判断、统计处理功能。可对检测数据进行分析、统计和修正，还可对线性、非线性误差以及因温度、噪声、响应时间、交叉感应以及缓慢漂移等因素产生的误差予以补偿，提高了测量准确度。

2）具有自诊断、自校准功能。普通传感器需要定期检验和标定，以保证它在正常使用时有足够的准确度，这些工作一般要将传感器从使用现场拆卸并送到实验室或检验部门进行。对于在线测量传感器，出现异常则不能及时诊断。智能式传感器可在接通电源时进行开机自检，也可在工作中进行运行自检，并可实时自行诊断测试，以确定哪一组件有故障，这提高了工作可靠性。

3）具有自适应、自调整功能。智能式传感器可根据待测物理量的数值大小及变化情况自动选择检测量程和测量方式，提高了检测适用性。

4）具有组态功能。智能式传感器可实现多传感器、多参数的复合测量，给出能够较全面反映物质运动规律的信息，扩大了检测与使用范围。如：美国加利福尼亚大学研制的复合液体传感器可同时测量介质的温度、流速、压力和密度；复合力学传感器可同时测量物体某一点的三维振动加速度（加速度传感器）、速度（速度传感器）和位移（位移传感器）。

5）具有记忆、存储功能。智能式传感器可进行检测数据的随时存取，加快了信息的处理速度。

6）具有数据通信功能。智能式传感器具有数据通信接口，能与计算机直接联机，相互交换信息，提高了信息处理的质量。用通信网络以数字形式进行双向通信，这也是智能式传感器的关键标志之一。

智能式传感器的出现，使人们对硬件性能原本的苛刻要求有所减轻，而靠软件帮助可以使传感器的性能大幅度提高，同一般传感器相比，智能式传感器有以下几个显著特点：

1）精度高。由于智能式传感器具有信息处理的功能，所以通过软件不仅可以修正各种确定性系统误差（如传感器输入输出的非线性误差、温度误差、零点误差、正反行程误差等），而且还可以适当地补偿随机误差、降低噪声，从而使传感器的精度大大提高。

2）可靠性好。集成传感器系统小型化，消除了传统结构的某些不可靠因素，改善了整个系统的抗干扰性能；同时，它还有诊断、校准和数据存储功能，对于智能结构系统还有自适应功能，具有良好的稳定性。

3）检测与处理方便。智能式传感器不仅具有一定的可编程自动化能力，可根据检测对象或条件的改变，相应地改变量程及输出数据的形式，而且输出数据可通过串行或并行通信线直接送入远程计算机中进行处理。

4）功能广。智能式传感器可以实现多传感器多参数综合测量，通过编程扩大测量与使用范围。而且可以有多种形式输出（如 RS-232 串行输出，PIO 并行输出，IEEE-488 总线输出以及经 D-A 转换后的模拟量输出等），适配各种应用系统。

5）性价比高。在相同精度条件下，多功能智能式传感器与单一功能的普通传感器相比，其性价比高，尤其是在采用比较便宜的单片机后更为明显。

15.2.2 智能式传感器的应用

随着信息时代的高速发展，智能式传感器的应用也越来越广泛。例如，在工业 4.0 时代，要用传感器来监视和控制生产过程中的参数，使设备保持正常的工作状态；在智能家居领域，智能式传感器是实现用户和家居单品（灯光、电视、电冰箱、音响设备等）互动的基础；在无人驾驶中，需要通过智能式传感器对交通和环境数据进行采集和处理，这样才能保证汽车在道路上的安全行驶。下面介绍几种智能式传感器实例。

1. 智能式压力传感器

智能式压力传感器结构框图及实物如图 15-4 所示，由主传感器、辅助传感器、微机硬件系统（数字信号处理器）三部分构成。主传感器为压力传感器，由它来测量被测压力参数。辅助传感器为温度传感器和环境压力传感器。微机硬件系统（数字信号处理器）用于对传感器输出的微弱信号进行放大、处理、存储和与计算机通信。

a) 结构框图   b) 实物

图 15-4　智能式压力传感器

2. 便携式气象参数测试仪

便携式气象参数测试仪是一种计算型智能传感器系统，具有便于携带，使用方便，测量精度高的特点。其结构框图和实物如图 15-5 所示，主要由风速/风向传感器、温度/湿度传感器、气压传感器、单片机、接口电路等构成，可实现风向、风速、温度、湿度、气压的传感器信号采集，显示各种参数过程曲线、最大值、最小值、平均值，并对其进行处理，为使用者带来更便捷、更直观的操作体验。

a) 结构框图

b) 实物

图 15-5　气象参数测试仪

3. 汽车制动性能检测仪

汽车制动性能的检测有路试法和台试法两种。台试法用得较多，它是通过在制动试验台上对汽车进行制动力的测量，并以车轮制动力的大小和左右车轮制动力的差值来综合评价汽车的制动性能。汽车制动性能检测仪结构框图和实物如图 15-6 所示，由左轮、右轮制动力传感器及数据采集、处理与输出系统组成。

a) 结构框图

b) 实物

图 15-6　汽车制动性能检测仪

汽车开上制动检测台后，其左轮、右轮压下到位开关，使两个到位开关闭合接通，此时单片机得到信号，判断汽车已经到位，于是发出一个控制信号，该信号经耦合驱动电路使检测台上的左轮、右轮滚筒电动机得电，带动车轮一起转动，滚筒的粘砂滚筒摩擦系数近似于真实路面，可以模拟车辆在路面上行驶。此时，开始测取阻滞力并显示，约 5s 后，阻滞力采集完毕，并存储记忆。单片机便发出另一信号，使制动指示灯点亮，驾驶人看见该灯点亮后，踩下制动踏板，车轮制动器产生的制动力矩阻碍滚筒转动，车轮的制动力作用在滚筒上，该力通过力臂传给测力传感器，经过信号变换，由单片机测量出车轮的制动力，最大制动力在 LCD 上显示出来并保持。在制动踏板踩下并逐渐加力过程中，如果左轮、右轮中某一轮先被抱死，则发出控制信号使该轮的抱死指示点亮，同时停止滚筒的转动，完成一个检测过程。

15.3 多传感器应用实例

1. 传感器在汽车中的应用

汽车类型繁多、结构比较复杂，其组成大体可分为发动机、底盘和电气设备三大部分，每一部分均安装有许多检测和控制用的传感器。

汽车起动时，电动汽油泵将汽油从油箱内吸出，由滤清器滤出杂质后，经喷油器喷射到空气进气管中，与适当比例的空气均匀混合，再分配到各气缸中。混合气由火花塞点火而在气缸内迅速燃烧，推动活塞，带动连杆、曲轴做回转运动。运动的曲轴通过齿轮机构驱动车轮使汽车行驶起来。以上工作过程均是在电控单元（Electronic Control Unit，ECU）控制下进行的。ECU 外形及内部原理框图如图 15-7 所示。为方便介绍汽车用传感器，这里将汽车的传感器系统分为空气系统、燃油系统、点火系统、传动系统和其他系统。

a) 外形

b) 内部原理框图及输入/输出信号

图 15-7 ECU 外形及内部原理框图

（1）空气系统中的传感器 为了得到最佳的燃烧状态和最小的排气污染，必须对油气混合气中的空气燃油比例（空燃比）进行精确的控制。空气系统中传感器的作用是计量和控制发动机燃烧所需要的空气量。

经空气滤清器过滤的新鲜空气经空气流量传感器测量之后进入进气管，与喷油器喷射的汽油混合后才进入气缸。ECU 根据车速、功率（载重量、爬坡等）等不同运行状况，控制电磁调节阀的开合程度来增加或减少空气流量。空气流量传感器有多种类型，使用较多的有热丝式气体测速仪以及卡门涡流流量计。

卡门涡流流量计结构如图 15-8 所示，在进气管中央设置一只直径为 d 的圆锥体（涡流发生器），锥底面与流体流速方向垂直。当流体流过锥体时，由于流体和锥体之间的摩擦，在锥体的后部两侧交替地产生旋涡，并在锥体下游形成两列涡流，该涡流称为卡门涡流。由于两侧旋涡的旋转方向相反，所以使下游的流体产生振动。

测量出卡门涡流的频率 f，经过一定的换算，即可获得流体的流速。通过公式 $q \approx Av$（A 为进气管的横截面面积），可以计算吸入发动机的空气体积量。测量涡流频率 f 的方法有光电式和超声波式，图 15-8 示出的卡门涡流流量计采用的是超声波频率测量方式。

图 15-8　卡门涡流流量计结构

1—气流整流栅　2—进气管　3—涡流发生锥体　4—卡门涡流　5—超声波发生器探头　6—超声波接收器探头

超声波发生器、接收器安装在卡门涡流流量计后部。卡门涡流引起流体的密度变化（涡流中的空气密度高），超声波发生器接收到的超声波为卡门涡流调幅后的调幅波，经过检波器、低通滤波器和整形电路，就可以得到低频调制脉冲信号 f。进气量越多，则脉冲频率越高。

卡门涡流流量计旁边还安装有 NTC 热敏电阻式气温传感器，用于测量进气温度，以便修正因气温引起的空气密度变化。当汽车从平原行驶到高原时，大气压力和含氧量会发生变化，因此还必须采用半导体压阻式固态传感器测量大气压力，以便增加进气量。

空气进气量还与加速踏板有关。驾驶人通过操作加速踏板控制进气道的节气门开度，以改变进气流通截面面积，从而控制进气量，由此控制发动机的功率。ECU 必须知道节气门的开度，才能控制喷油器的喷油量。节气门的开度可以利用圆盘式电位器来检测。加速踏板踏下时，带动电位器转轴，输出 0~5V 的电压反馈给 ECU，从而控制进气量。

（2）燃油系统中的传感器 燃油系统的作用是供给气缸内燃烧所需的燃料。在燃油泵的作用下，燃油（通常是汽油）从油箱吸出，再经调压器将燃油压力调整到比进气压力高 250~300kPa，然后由分配管分配到各气缸对应的喷油器上。油压的测量采用压阻式压力传感器，油压信号送到 ECU，ECU 根据汽车载重量及爬坡度、加速度、速度等负载条件和运行参数，调整燃油泵及喷油器中的电磁线圈通电时间（占空比），以控制喷油量。

例如，在怠速状态（发动机在未带负载的情况下空转）时，加速踏板处于松开状态，节气门开度很小，ECU 检测出开度大小，控制喷油器喷出少量混合气；在大负载时，由于加速踏板被踩下较多，节气门开度增大，喷油器喷出大量加浓的混合气；在加速时，节气门突然开大，喷油器必须在瞬间喷出加浓的混合气。

燃油温度会影响燃油的黏稠度及喷射效果，所以通常采用 NTC（有时也采用 PTC）热敏电阻温度传感器来测量油温。汽车一般还在排气管前端安装一只氧传感器，当排气中的氧含量不足时，由 ECU 控制增大空燃比，改变油气浓度，提高燃烧效率，减少黑烟污染。

（3）发动机点火系统中的传感器　发动机火花塞点火时刻的正确性关系到发动机输出功率、效率及排气污染等重要参数。可以利用霍尔式传感器来取得曲轴转角和确定点火时刻的方法。点火提前角必须根据发动机转速来确定。

发动机曲轴角度可以利用电磁感应原理来测量，电磁转速表的输出脉冲频率与发动机转速成正比。发动机转速越快，ECU 输出的点火时刻也必须越提前，使混合油气在气缸中燃烧得更加充分，减少黑烟，并得到最大转矩。但如果提前角太大，油气可能在发动机中产生爆燃，爆燃次数多时，易损坏发动机。新型汽车的气缸壁上均安装有一只压电式爆燃检测传感器。如果发生爆燃，将立即减小提前角。在发动机缸体中还安装有一只缸压传感器，用于测量燃烧压力，以得到最佳燃烧效果。

（4）传动系统中的传感器　为了检测汽车的行驶速度和里程数，ECU 将曲轴转速信号与车轮周长进行适当的换算，可以得到车速和里程数。为了让驾驶人从烦琐的换档和离合器操作中解脱出来，ECU 还可以根据行驶状态，在自动控制传动比的同时，调节油路和气路，以达到最佳的换挡点、最大的效率、最小的耗油量和污染。

汽车在行驶过程中还必须保持驱动车轮在冰雪等易滑路面上的稳定性并防止侧偏力的产生，故在前后 4 个车轮中安装有车轮速度传感器。当发生侧滑时，ECU 分别控制有关车轮的制动控制装置及发动机功率，提高行驶的稳定性和转向操纵性。

当汽车紧急制动时，使汽车减速的外力主要来自地面作用于车轮的摩擦力，即所谓的地面附着力。地面面附着力的最大值出现在车轮接近抱死而尚未抱死的状态，这就必须设置一个防抱死制动系统（ABS）。ABS 由车轮速度传感器、ECU 以及电液控制阀等组成。ECU 根据车轮速度传感器的脉冲信号控制电液制动系统，使各车轮的制动力满足少量滑动但接近抱死的制动状态，以使车辆在紧急制动时不致失去方向性和稳定性。

为了减小汽车在崎岖的道路上的颠簸，提高舒适性，ECU 还能根据 4 个车轮的独立悬架系统受力情况，控制油压系统，调节 4 个车轮的高度，跟踪地面的变化，保持轿厢的平稳。

（5）其他车用传感器　汽车中还设置了电位器式油箱油位传感器、热敏电阻式缺油报警传感器、双金属片式机油缺油报警传感器、机油压力传感器、冷却液温度传感器、车厢烟雾传感器、空调自起动温度传感器、车门未关紧报警传感器、安全带未系传感器、雨量传感器以及霍尔式直流大电流传感器等。汽车在维修时还需要另外一些传感器来测试汽车的各种特性，例如一氧化碳、碳氢化合物测试仪以及专用故障测试仪等，有兴趣的读者可参阅汽车相关方面的资料。

2. 传感器在机器人中的应用

机器人是由计算机控制的机器，它的动作机构具有类似人肢体及感官的功能，动作程序灵活易变，有一定程度的智能，工作时可以不依赖人的操纵。机器人传感器在机器人的控制中起着非常重要的作用，正因为有了传感器，机器人才具备了类似人类的知觉功能。

机器人传感器与人类感觉有相似之处，因此可以认为机器人传感器是对人类感觉的模仿。表 15-1 是机器人传感器的分类及应用。要说明的是，表中所列的传感器并不是都要用在一个机器人身上，有的机器人只用到其中一种或几种，如有的机器人突出视觉、有的机器人突出触觉等。

表 15-1 机器人传感器的分类及应用

类别	检测内容	应用目的	传感器件
明暗觉	是否有光，亮度多少	判断有无对象，并得到定量结果	光电管、光电断续器
色觉	对象的色彩及浓度	利用颜色识别对象的场合	彩色摄影机、滤色器、彩色CCD
位置	物体的位置、角度、距离	物体空间位置，判断物体移动	光电阵列、CCD 等
形状觉	物体的外形	提取物体轮廓及固有特征，识别物体	光电阵列、CCD 等
接触觉	与对象是否接触，接触的位置	决定对象位置，识别对象形态，控制速度，安全保障，异常停止，寻径	光电传感器、微动开关、薄膜接点、压敏高分子材料
压觉	对物体的压力、握力、压力分布	控制握力，识别握持物，测量物体弹性	压电元件、导电橡胶、压敏高分子
力觉	机器人有关部件（如手指）所受外力及转矩	控制手腕移动，伺服控制，正确完成作业	应变片、导电橡胶
接近觉	与对象物是否接近，接近距离，对象面的倾斜	控制位置，寻径，安全保障，异常停止	光传感器、气压传感器、超声波传感器、电涡流传感器、霍尔式传感器
滑觉	垂直于握持面方向物体的位移，旋转重力引起的变形	修正握力，防止打滑，判断物体重量及表面状态	球形接点式、光电式旋转传感器，角编码器，振动检测器

机器人传感器分为内部参数检测传感器和外部参数检测传感器两大类。

内部参数检测传感器是以机器人本身的坐标来确定其位置。通过内部参数检测传感器，机器人可以了解自己的工作状态，调整和控制自己按照一定的位置、速度、加速度和轨迹进行工作。图 15-9 所示为一种球坐标工业机器人控制驱动原理和外观。

图 15-9 中，回转立柱对应的关节 1 的回转角度、摆动手臂对应的关节 2 的俯仰角度、手腕对应的关节 4 的上下摆动角度、手腕又对应的关节 5 的横滚（回绕手爪中心旋转）角度、伸缩手臂对应的关节 3 的伸缩长度等，均由位置检测传感器（常用角编码器）检测出来，并反馈给计算机，计算机通过复杂的坐标计算，输出位置定位指令，结果经电气驱动或气液驱动，使机器人的末端执行器——手爪最终能正确地落在指令所规定的空间点上。例如手爪夹持的是焊枪，则机器人就成为焊接机器人，在汽车制造厂中，这种焊接机器人广泛用于车身框架的焊接；如手爪本身就是一个夹持器，则成为搬运机器人。

外部参数检测传感器的功能是让机器人能识别工作环境，很好地执行如取物、检查产品质量、控制操作动作等工作，使机器人对环境有自校正和适应能力。外部检测传感器通常包

图 15-9 球坐标工业机器人

1—回转立柱 2—摆动手臂 3—手腕 4—伸缩手臂

括触觉、接近觉、视觉、听觉、嗅觉和味觉等传感器。例如在图 15-9 中，在手爪中安装上触觉传感器后，手爪就能感知被抓物的质量，从而改变夹持力；在移动机器人中，通过接近传感器可以使机器人在移动时绕开障碍物等。

　　下面着重介绍机器人中的压觉、滑觉、接触觉、接近觉和视觉传感器。

　　（1）压觉传感器　压觉传感器位于机器人手指握持面上，用来检测机器人手指握持面上承受的压力大小和分布。图 15-10 所示为硅电容压觉传感器阵列结构。硅电容压觉传感器阵列由若干个电容器均匀地排列成一个简单的电容器阵列。当手指握持物体时，传感器受到外力的作用，作用力通过表皮层和垫片层传到电容极板上，从而引起电容 C 的变化，其变化量随作用力的大小而变，经转换电路输出电压反馈给计算机，经与标准值比较后输出指令给执行机构，使手指保持适当握紧力。

　　（2）滑觉传感器　机器人的手爪要抓住属性未知的物体，必须对物体施加最佳大小的握持力，以保证手爪既能握住物体不产生滑动，而又不使被抓物滑落，还不至于因用力过大而使物体产生变形而损坏。在手爪间安装滑觉传感器，就能检测出手爪与物体接触面之间相对运动（滑动）的大小和方向。

　　光电式滑觉传感器只能感知一个方向的滑觉（称一维滑觉），若要感知二维滑觉，可采用球形滑觉传感器，如图 15-11 所示。该传感

图 15-10 硅电容压觉传感器阵列结构

1—柔性垫片层 2—表皮层 3—硅片
4—衬底 5—SiO₂ 6—电容极板

器有一个可自由滚动的球，球的表面是用导体和绝缘体按一定规格布置的网格，在球表面安装有接触器。当球与被握持物体相接触时，如果物体滑动，将带动球随之滚动，接触器与球的导电区交替接触，从而发出一系列的脉冲信号。脉冲信号的个数及频率与滑动的速度有关。球形滑觉传感器所测量的滑动不受滑动方向的限制，能检测全方位滑动。在这种滑觉传

感器中，也可将两个接触器用光电传感器代替，滚球表面制成反光和不反光的网格，可提高可靠性，减少磨损。

（3）PVDF接触觉传感器　有机高分子聚二氟乙烯（PVDF）是一种具有压电效应和热释电效应的敏感材料，利用PVDF可以制成接触觉、滑觉、热觉的传感器，是人们用来研制仿生皮肤的主要材料。PVDF薄膜厚度只有几十微米，具有优良的柔性及压电特性。

当机器人的手爪表面开始接触物体时，接触时的瞬时压力使PVDF因压电效应产生电荷，经电荷放大器产生脉冲信号，该脉冲信号就是接触觉信号。

当物体相对手爪表面滑动时，将引起PVDF表层的颤动，导致PVDF产生交变信号，这个交变信号就是滑觉信号。

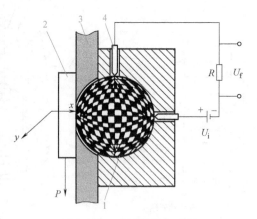

图 15-11　球形滑觉传感器

1—滑动球　2—被抓物　3—软衬　4—接触器

当手爪抓住物体时，由于物体与PVDF表层有温差存在，产生热能的传递，PVDF的热释电效应使PVDF极化，从而产生相应数量的电荷，进而有电压信号输出，这个信号就是热觉信号。

（4）接近觉传感器　接近觉传感器用于感知一定距离内的场景状况，所感应的距离范围一般为几毫米至几十毫米，有时可达几米。接近觉为机器人的后续动作提供必要的信息，供机器人决定以怎样的速度通过对象或避让该对象。常用的接近觉传感器有电磁式、光电式、电容式、超声波式、红外式、微波式等多种类型。

1）电磁式接近觉传感器。常用的电磁式接近觉传感器有电涡流式传感器和霍尔式传感器。这类传感器用以感知近距离的静止物体的接近情况，电涡流式传感器对非金属材料构成的物体无法感知，霍尔式传感器对非磁性材料构成的物体无法感知，选用时可根据具体要求而定。

2）光电式接近觉传感器。光电式接近觉传感器采用发射-反射式原理，这种传感器适用于判断有无物体接近，而难于感知物体的距离。另一个不足之处是物体表面的反射率等因素对传感器的灵敏度有较大的影响。

3）超声波接近觉传感器。超声波接近觉传感器既可以用一个超声波换能器兼作发射和接收器件，也可以用两只超声波换能器，一只作为发射器，另一只作为接收器。超声波接近觉传感器除了能感知物体有无外，还能感知物体的远近距离，且不受环境因素（如背景光）的影响，也不受物体材料、表面特性等限制，因此适用范围较广。

（5）视觉传感器　机器人也需要具备类似人的视觉功能。带有视觉系统的机器人可以完成许多工作，如判断亮光或火焰、识别机械零件、进行装配作业、安装修理作业、精细加工等。在图像处理技术方面，视觉系统已经由一维信息处理发展到二维、三维复杂图像的处理。将景物转换成电信号的设备是光电检测器，最常用的光电检测器是固态图像传感器。固态图像传感器包括线阵CCD图像传感器和面阵CCD图像传感器。

判别物体的位置和形状包含的信息有距离信息、明暗信息和色彩信息，前两个信息是主要的,只有当景物是彩色的或者必须对彩色信号进行处理时,才考虑彩色信息。安装有视觉传感器的机器人可应用到喷漆工作中,这个系统能使末端执行器(即喷漆枪)跟随物体表面形状的起伏不断变换姿态,提高喷漆质量和效率。

3. 传感器在智能楼宇中的应用

智能楼宇和智能建筑是信息时代的产物,也是计算机及传感器应用的重要领域。20世纪90年代,人们利用系统集成方法,将计算机技术、通信技术、信息技术、传感器技术与建筑艺术有机结合起来,对楼宇中的各种设备进行自动监控,对信息资源的管理、使用者的信息服务及建筑物本身三者进行优化组合,使智能楼宇具有安全、高效、舒适、便利、灵活的特点。

智能楼宇采用网络化技术,把通信、消防、安防、门禁、能源、照明、空调及电梯等各个子系统统一到设备监控站(IP网络平台)上。集成的楼宇管理系统能够使用网络化、智能化、多功能化的传感器和执行器,传感器和执行器通过数据网和控制网连接起来,与通信系统一起形成整体的楼宇网络,并通过宽带网与外界沟通。

随着人们对生活品质的追求越来越高,计算机与传感器技术在智能楼宇中的应用也会越来越广泛。下面简要介绍传感器在智能楼宇中的几个典型应用。

(1)空调系统监控 空调系统监控的目的是既要提供温湿度适宜的环境,又要求节约能源。其监控范围为制冷机、热力站、空气处理设备(空气过滤、热湿交换)、送排风系统、变风量末端(送风口)等,原理框图如图15-12所示。

图15-12 空调系统监控原理框图

现代空调系统均具有完整的制冷、制热、通风(暖通)功能,它们都在传感器和计算机的监控下工作。在制冷机和热力站的进出口管道上,均需设置温度、压力传感器,系统根据外界气温的变化,控制它们的工作;在新风口和回风口处,需安装差压传感器,当它们的过滤网堵塞时,压差开关动作,给系统发出报警信号;在送风管道上,需安装空气流量传感器,当风量探头在空气处理设备开动后仍未测得风量时,给系统发出报警信号;在回风管上,需安装湿度传感器,当回风湿度低于设定值时,系统将开启加湿装置;在各个房间内,需安装 CO（气敏电阻）和 CO_2（红外吸收光谱式）传感器，当房间内的空气质量趋向恶劣时，将向智能楼宇的计算机中心发出报警信号，以防事故发生；在各个办公室内，还可以安装热释电人体检测传感器，当该房间内长时间没有人的活动迹象时，自动关闭空调器，也可以设定为在早晨自动启动空调系统，下班后关闭空调系统。

（2）给排水系统　给排水系统的监控和管理也是由现场监控站和管理中心来实现的，其最终目的是实现管网的合理调度。也就是说，无论用户水量怎样变化，管网中各个水泵都能及时改变其运行方式，保持适当的水压，实现泵房的最佳运行；监控系统还随时监视大楼的排水系统，并自动排水；当系统出现异常情况或需要维护时，系统将产生报警信号，通知管理人员处理。给排水系统的监控主要包括水泵的自动起停控制、水位流量、压力的测量与调节；用水量和排水量的测量；污水处理设备运转的监视、控制及水质检测；节水程序控制；故障及异常状况的记录等，给排水系统监控的原理框图如图 15-13 所示。现场监控站内的控制器按预先编制的软件程序来满足自动控制的要求，即根据水箱和水池的高、低水位信号来控制水泵的起、停及进水控制阀的开关，并且进行溢水和停水的预警等。当水泵出现故障时，备用水泵则自动投入工作，同时发出报警信号。

图 15-13　给排水系统监控原理框图

（3）供配电与照明系统监控　智能楼宇的最大特点之一是节能，而照明系统在整个楼宇的用电量中占有很大的比例。作为一个大型高级建筑物，灯光系统控制水平的高低直接反映了大楼的智能化水平。供配电系统对电压、电流、视在功率、功率因数、频率等指标参数进行监视，并自动进行功率因数补偿；为了节电，当传感器长期感应不到有人走动时，自动关闭该区域的灯光照明；还可采取检测天气情况，在连续若干个晴天后的凌晨才浇灌花园等诸多节电措施。

当楼宇内的供配电出现故障时，传感器和计算机必须在极短的时间里向监控中心报告故障的部位和原因，供电系统将立即起动 UPS 或自备发电机，向重要供电对象（例如计算机系统）提供电力，以免系统崩溃。

（4）火灾监视、控制系统　火情、火灾报警传感器主要有感烟传感器、感温传感器以及紫外线火焰传感器。根据物理原理可分为离子型、光电型；根据信号方式可分为开关型、模拟型及智能型。在重点区域必须设置多种传感器，同时对现场的火情加以监测，以防误报警，还应及时将现场数据经控制网络向控制系统汇总。获得火情后，系统就会采取必要的措施，经通信网络向有关职能部门报告火情，并对楼宇内的防火卷帘门、电梯、灭火器、喷水头、消防水泵、电动门等联动设备下达起动或关闭的命令，以使火灾得到及时控制，还应开启公共广播系统发出警告，引导人员疏散。

（5）门禁、防盗系统　出入口控制系统又叫门禁管理系统，是对楼宇内外的出入通道进行智能管理的系统，属于公共安全管理系统范畴。在楼宇内的主要管理区、出入口、电梯厅、主要设备控制中心机房、贵重物品的库房等重要部位的通道口，安装门禁控制装置，由中心控制室监控。单门门禁控制单元示意图如图15-14所示。

各门禁控制单元一般由门禁读卡模块、智能卡读卡器、指纹识别器（目前部分高档小区还有视网膜识别器、手机刷卡、人脸识别等）、电控锁、磁力锁（磁铁、干簧管、无线报警发射模块）或电动闸门、开门按钮等系统部件组成。人员通过受控制的门或通道时，必须在门禁读卡器前出示代表其合法身份的授权卡、密码后，才能通行。

楼宇中应设置紧急按钮等报警装置。当出现紧急情况，如当发生强行开门（称为入侵报警）、非善意闯入、遭遇持械匪徒威胁时，可实现紧急报警。当发生火警时，系统自动取消全部的门禁控制，并打开紧急疏散通道门（断电失磁）。

图15-14　单门门禁控制单元示意图

智能楼宇通常在重要通道上方安装电视监控系统。电视监控系统也属于公共安全管理系统范畴，在人们无法直接观察或不宜直接观察的场合，实时、形象和真实地反映被监视对象的画面。一台监视器可分割成十几个区域，以供工作人员观察十几个摄像探头的信号，并自动将画面存储于计算机的硬盘内。当画面静止不变时，所占用的字节数极少，可存储一个月以上的画面；当画面发生变化时，可给工作人员发出提示信号。使用计算机还便于调阅在此期间任何时段的画面，还可放大、增亮、锐化有关的细节。

在一些无人值守的部位，根据重要程度和风险等级要求，例如金融、贵重物品库房、重要设备机房、主要出入口通道等进行周界或定方位保护。周界和定方位保护可同时使用压电、红外、微波、激光、振动、玻璃破碎等传感器。高灵敏度的探测器获得侵入物的信号，以有线或无线的方式传送到中心控制值班室，在建筑模拟图形屏上显示出报警位置，使值班人员能及时、形象地获得事故发生的信息。

（6）停车监控系统　在智能楼宇内，多配置有地下车库。车库综合管理系统监控车辆的进入、指示停车位置、禁止无关人员闯入、自动登记车牌号码。图 15-15 所示为停车监控系统原理框图。

图 15-15　停车监控系统原理框图

在一些系统中，使用感应读卡器，可以在 1m 的距离外读出进出车辆的信息。还有一些系统使用图像传感器，当车辆驶近入口时，地感线圈（电涡流线圈）感应到车辆的速度、长度，并启动 CCD 摄像机，将车牌影像摄入并送到车牌图像识别器，形成进入车辆的车牌数据。车牌数据与停车凭证数据（凭证类型、编号、进库日期、时间）一起存入管理系统的计算机内，并分配停车泊位，同时在管理系统的显示器上即时显示该车位被占用的信息。

当管理系统允许该车辆进入后，电动车闸栏杆自动开启。进库的车辆在停车引导灯的指挥下，停到规定的位置。若车库停车满额，库满灯亮，拒绝车辆入库。

当传感器检测到某停车区域无人时，自动关闭该区域的灯光照明。

习　题　15

一、单项选择题

1. 一个现代化电厂的检测、控制系统应该采用（　　）。

A. PC 仪器　　　　B. 智能仪器　　　　C. 自动检测系统　　　　D. 自动化仪器

2. 在计算机的检测系统中，对多个传感器送来的信号分时、快速轮流读取采样方式称为（　　）。

A. 抽样检测　　　　B. 快速检测　　　　C. 数字滤波　　　　D. 巡回检测

3. 在楼宇因火灾而断电时，（　　）不应失电解锁。

A. 防火卷帘门　　　B. 通道门　　　　C. 防盗门　　　　D. 电梯轿厢门

4. 下列关于智能式传感器的功能描述错误的是（　　）。

A. 自检功能　　　　B. 自校功能　　　　C. 自补偿功能　　　　D. 自动抗干扰功能

5. 下列关于智能式传感器与传统传感器功能对比错误的是 （　　　）。

A. 具有信号调理功能　　　　　　　B. 具有自诊断、自校准功能

C. 具有自适应、自调整功能　　　　D. 具有记忆、存储功能

6. 多传感器数据融合是对来自不同传感器的信息进行（　　　），以产生对被测对象统一的最佳估计。

A. 分析和综合　　　B. 分类　　　　C. 分解和选择　　　　D. 误差处理

7. 数据融合的核心是（　　　）。

A. 多传感器系统　　　　　　　　　B. 多源信息

C. 协调优化和综合处理　　　　　　D. 得到准确的数据

二、简答题

1. 什么叫智能式传感器？

2. 智能式传感器的主要功能是什么？

3. 与传统传感器相比，智能式传感器具有哪些特点？

4. 什么是数据融合？简述数据融合的特性和优点。

5. 数据融合的意义是什么？

> **扩展阅读**

量 子 通 信

量子通信是指利用量子纠缠效应进行信息传递的一种新型的通信方式。量子通信是一种新型交叉学科，是量子论和信息论相结合的新的研究领域。量子通信主要涉及量子密码通信、量子远程传态和量子密集编码等，这门学科已逐步从理论走向实验，并向实用化发展。高效安全的信息传输日益受到人们的关注，量子通信基于量子力学的基本原理，并因此成为国际上量子物理和信息科学的研究热点。

量子通信具有传统通信方式所不具备的绝对安全特性，不但在国家安全、金融等信息安全领域有着重大的应用价值和前景，而且逐渐走进人们的日常生活。为了让量子通信从理论走到现实，从20世纪90年代开始，国内外科学家做了大量的研究工作。自1993年美国IBM的研究人员提出量子通信理论以来，美国国家科学基金会和国防高级研究计划局都对此项目进行了深入的研究，欧盟在1999年集中国际力量致力于量子通信的研究，研究项目多达12个，日本邮政省把量子通信作为21世纪的战略项目。我国从20世纪80年代开始从事量子光学领域的研究，近几年来，中国科学技术大学的量子研究小组在量子通信方面取得了突出的成绩。

2003年，韩国、中国、加拿大等国学者提出了诱骗态量子密码理论方案，彻底解决了真实系统和现有技术条件下量子通信的安全速率随距离增加而严重下降的问题。2006年夏，中国科学技术大学教授潘建伟小组、美国洛斯阿拉莫斯国家实验室、欧洲慕尼黑大学-维也纳大学联合研究小组各自独立实现了诱骗态方案，同时实现了超过100km的诱骗态量子密钥分发实验，由此打开了量子通信走向应用的大门。2008年底，潘建伟的科研团队成功研制了基于诱骗态的光纤量子通信原型系统，在合肥成功组建了世界上首个3节点链状光量子电话网，成为国际上报道的绝对安全的实用化量子通信网络实验研究的两个

团队之一（另一小组为欧洲联合实验团队）。2009年9月，潘建伟的科研团队正是在3节点链状光量子电话网的基础上，建成了世界上首个全通型量子通信网络，首次实现了实时语音量子保密通信。这一成果在同类产品中位居国际先进水平，标志着中国在城域量子网络关键技术方面已经达到了产业化要求。

　　　全通型量子通信网络是一个5节点的星形量子通信网络，克服了量子信号在商用光纤上传输的不稳定性（这是量子保密通信技术实用化的主要技术障碍），首次实现了两两用户间同时进行通信且互不影响。该网络用户间的距离可达20km，可以覆盖一个中型城市；容纳了互联互通和可信中继两种重要的量子通信组网方式，并实现了上级用户对下级用户的通信授权管理。该成果首次全面展示和检验了量子通信系统组网和扩展的能力，标志着大规模可扩展网络量子通信技术的成熟，将量子通信实用化和产业化进程又向前推进了一大步。

人工智能导论

学习目标

知识目标：

1. 了解人工智能的概念、起源及其发展史。
2. 了解人工智能的主要应用领域。
3. 了解专家系统、智能机器人及机器学习。

能力目标：

1. 能正确理解什么是人工智能。
2. 能对人工智能系统进行简单分析。

人工智能（Artificial Intelligence）主要研究用人工的方法和技术，模仿、延伸和扩展人的智能，实现机器智能。人工智能的长期目标是实现达到人类智力水平的人工智能。自1956年人工智能诞生以来，取得了许多令人兴奋的成果，在很多领域得到了广泛的应用。本模块将对人工智能学科做一个简要的介绍，包括人工智能的发展历史、研究内容、研究方法以及主要的应用领域。

16.1 什么是人工智能

人工智能是极具挑战性的领域。伴随着大数据、类脑计算和深度学习等技术的发展，人工智能的浪潮又一次掀起。目前，信息技术、互联网等领域几乎所有主题和热点，如搜索引擎、智能硬件、机器人、无人机和工业 4.0，其发展突破的关键环节都与人工智能有关。

1956 年，四位年轻学者——麦卡锡（McCarthy J）、明斯基（Minsky M）、罗彻斯特（Roch-ester N）和香农（Shannon C）共同发起和组织召开了用机器模拟人类智能的夏季专题讨论会，会议邀请了包括数学、神经生理学、精神病学、心理学、信息论和计算机科学领域的 10 名学者参加，为期两个月。此次会议在美国的新罕布什尔州的达特茅斯（Dart-mouth）召开，也称为达特茅斯夏季讨论会。

会议上，科学家运用数理逻辑和计算机的成果，提供关于形式化计算和处理的理论，模拟人类某些智能行为的基本方法和技术，构造具有一定智能的人工系统，让计算机去完成需要人的智力才能胜任的工作。其中，明斯基的神经网络模拟器、麦卡锡的搜索法、西蒙（Simon H）和纽厄尔（Newell A）的"逻辑理论家"成为讨论会的三个亮点。

在达特茅斯夏季讨论会上，麦卡锡提议用人工智能作为这一交叉学科的名称，定义为制造智能机器的科学与工程，标志着人工智能学科的诞生。半个多世纪来，人们从不同的角度、不同的层面给出对人工智能的定义。下面介绍四种对人工智能的定义。

16.1.1 类人行为方法

库兹韦勒（Kurzweil R）提出人工智能是一种创建机器的技艺，这种机器能够执行需要人的智能才能完成的功能。这与图灵测试的观点很吻合，是一种类人行为定义的方法。1950年，图灵（Turing A）提出图灵测试，并将"计算"定义为：应用形式规则，对未加解释的符号进行操作。

图 16-1 所示为图灵测试示意图，将一个人与一台机器置于一间房间中，而与另外一个人分隔开来，并把后一个人称为询问者。询问者不能直接见到屋中任一方，也不能与他们说话，因此他不知道到底哪一个实体是机器，只可以通过一个类似终端的文本设备与他们联系。然后让询问者仅根据通过这个仪器提问收到的答案辨别出哪个是计算机，哪个是人。如果询问者不能区别出机器和人，那么根据图灵的理论，就可以认为这个机器是智能的。

图灵测试具有直观上的吸引力，成为许多现代人工智能系统评价的基础。如果一个系统已经有可能在某个专业领域实现了智能，那么就可以通过把它对一系列给定问题的反应与人类专家的反应相比较来对其进行评估。

图灵测试也引发了很多争议，其中最著名的是塞尔（Searle J）的"中文屋论证"。塞尔设想自己被锁在一间屋子里，给了他大批的中文文本，塞尔本人对中文一窍不通，

图 16-1　图灵测试

既不会写也不会说，甚至也不能将中文文本与日文中的汉字和平假名或片假名一样的图形相区别。这时他又得到了与这个中文文本相联系的英文规则书，由于塞尔的母语是英文，所以他认为自己可以轻易地理解并把握这本规则书。

接下来，塞尔将接收到屋外传来的英文指令和中文问题，指令教他怎样将规则书与中文文本联系起来，得到答案。当塞尔对规则书和脚本足够熟悉的时候，就可以熟练地输出处理编写后的中文答案。一般人也难以区分塞尔与母语讲中文的人，但是事实上，塞尔认为整个过程中他根本不懂、不理解中文，只是执行规则书上的"程序"。这种行为在中国人看来是与计算机用中文作答没有什么区别的，但却成功地通过了图灵测试，并不具有理解中文的智能。基于这一点，塞尔认为即使机器通过了图灵测试，也不一定说明机器就真地像人一样有思维和意识。

16.1.2　类人思维方法

1978 年，贝尔曼（Bellman R E）提出，人工智能是那些与人的思维、决策、问题求解和学习等有关活动的自动化。主要采用的是认知模型的方法——关于人类思维工作原理的可检测的理论。为确定人类思维的内部是怎样工作的，可以有两种方法：通过内省或者通过心理学实验。一旦有了关于人类思维足够精确的理论，就可能把这种理论用计算机程序实现。如果该程序的输入/输出和实时行为与人的行为相一致，这就证明该程序可能按照人类模式运行。例如，纽厄尔和西蒙开发了"通用问题求解器"GPS，他们并不满足于仅让程序能够正确地求解问题，而是更关心对程序的推理步骤轨迹与人对同一个问题的求解步骤的比较。作为交叉学科的认知科学，把来自人工智能的计算机模型与来自心理学的实验技术相结合，试图创立一种精确而且可检验的人类思维工作方式理论。

20 世纪 50 年代末，在对神经元的模拟中，提出了用一种符号来标记另一些符号的存储结构模型，这是早期的记忆块（Chunks）概念。20 世纪 80 年代初，纽厄尔认为，通过获取任务环境中关于模型问题的知识，可以改进系统的性能，记忆块可以作为对人类行为进行模拟的模型基础。通过观察问题求解过程，获取经验记忆块，用它代替各个子目标中的复杂过程，可以明显提高系统求解的速度。由此奠定了经验学习的基础。1987 年，纽厄尔、莱尔德（Laird J）和罗森布鲁姆（Rosenbloom P S）提出了一个通用解题结构 SOAR。SOAR 是 State，Operator and Result 的缩写，即状态、算子和结果之意，意味着实现弱方法的基本原理是不断地用算子作用于状态，以得到新的结果。SOAR 是一种理论认知模型，它既从心理学角度对人类认知建模，又从知识工程角度提出一个通用解题结构。SOAR 的学习机制是由外部专家的指导来学习一般的搜索控制知识。外部指导可以是直接劝告，也可以是给出一个直观的简单问题。系统把外部指导给定的高水平信息转化为内部表示，并学习搜索记忆块。

16.1.3　理性思维方法

1985 年，查尼艾克（Charniak E）和麦克德莫特（McDermott D）提出，人工智能是用计算模型研究智力能力。这是一种理性思维方法。一个系统如果能够在它所知范围内正确行事，它就是理性的。古希腊哲学家亚里士多德（Aristotle）是首先试图严格定义"正确思维"的人之一，他将其定义为不能辩驳的推理过程。他的三段论方法给出了一种推理模式，当已知前提正确时，总能产生正确的结论。例如，专家系统是推理系统，所有的推理系统都是智能系统，所以专家系统是智能系统。这些思维法则被认为支配着心智活动，对它们的研究创立了"逻辑学"研究领域。

19 世纪后期至 20 世纪早期发展起来的形式逻辑，给出了描述事物的语句以及事物之间关系的精确符号。到了 1965 年，原则上已经有程序可以求解任何用逻辑符号描述的可解问题。在人工智能领域中，传统上所谓的逻辑主义希望通过编制逻辑程序来创建智能系统。

这种逻辑方法有两个主要问题。首先，把非形式的知识用形式的逻辑符号表示是不容易做到的，特别是当这些知识不是 100% 确定的时候。其次，"原则上"可以解决一个问题与实际解决问题之间有很大的不同，甚至对于仅有几十条事实的问题进行求解，如果没有一定的指导来选择合适的推理步骤，都可能耗尽所有计算机的资源。

16.1.4 理性行为方法

尼尔森（Nilsson N J）认为人工智能关心的是人工制品中的智能行为。这种人工制品主要指能够动作的智能体（Agent）。行为上的理性指的是已知某些信念，执行某些动作以达到某个目标。智能体可以看作是可以进行感知和执行动作的某个系统。在这种方法中，人工智能可以认为就是研究和建造理性智能体。

"理性思维"方法所强调的是正确的推理。做出正确的推理有时被作为理性智能体的一部分，因为理性行动的一种方法是逻辑地推出结论。另外，正确的推理并不是理性的全部，因为在有些情景下，往往没有某个行为一定是正确的，而其他的行为也并不一定是错误的，也就是说，没有可以证明是正确的应该做的事情，但是还必须要做某件事情。

当知识是完全的并且资源是无限的时候，就是所谓的逻辑推理。当知识是不完全的，或者资源有限时，就是理性的行为。理性思维和行为常常能够根据已知的信息（知识、时间和资源等）做出最合适的决策。

简言之，人工智能主要研究用人工的方法和技术，模仿、延伸和扩展人的智能，实现机器智能。人工智能的长期目标是实现达到人类智力水平的人工智能。

16.2 人工智能的起源与发展历史

人类对智能机器的梦想和追求可以追溯到 3000 多年前。早在我国西周时代（公元前 1066—公元前 771 年），就流传有关巧匠偃师献给周穆王艺伎的故事。东汉（公元 25—公元 220 年），张衡发明的指南车是世界上最早的机器人雏形。

古希腊斯吉塔拉人亚里士多德（公元前 384—公元前 322）的《工具论》，为形式逻辑奠定了基础。布尔（Boole）创立的逻辑代数系统，用符号语言描述了思维活动中推理的基本法则，被后世称为"布尔代数"。这些理论基础对人工智能的创立发挥了重要作用。

人工智能的发展历史，可大致分为孕育期、形成期、低潮期、基于知识的系统、神经网络的复兴和智能体的兴起。

16.2.1 人工智能的孕育期

人工智能的孕育期大致可以认为是 1956 年以前的时期，这一时期的主要成就是数理逻辑、自动机理论、控制论、信息论、神经计算和电子计算机等学科的建立和发展，为人工智能的诞生，准备了理论和物质的基础。这一时期的主要贡献包括：

1）1936 年，图灵创立了理想计算机模型的自动机理论，提出了以离散量的递归函数作为智能描述的数学基础，给出了基于行为主义的测试机器是否具有智能的标准，即图灵测试。

2）1943 年，心理学家麦克洛奇（McCulloch W S）和数理逻辑学家皮兹（Pitts W）提出了神经网络的数学模型。这个模型，现在一般称为 M-P 神经网络模型。他们总结了神经元的一些基本生理特性，提出神经元形式化的数学描述和网络的结构方法，从此开创了神经计算的时代。

3）1945 年冯·诺依曼（von Neumann J）提出的存储程序概念并在 1946 年参与研制成

功了第一台通用计算机 ENIAC，为人工智能的诞生奠定了物质基础。

4）1948 年，香农发表了《通讯的数学理论》，这标志着一门新学科——信息论的诞生。他认为人的心理活动可以用信息的形式来进行研究，并提出了描述心理活动的数学模型。

5）1948 年，维纳（Wiener N）创立了控制论。它是一门研究和模拟自动控制的生物和人工系统的学科，标志着人们根据动物心理和行为科学进行计算机模拟研究和分析的基础已经形成。

16.2.2　人工智能的形成期

人工智能的形成期是 1956 年开始到 1969 年的这段时间。这一时期的主要成就包括 1956 年在美国的达特茅斯大学召开的为期两个月的学术研讨会，提出了"人工智能"这一术语，标志着这门学科的正式诞生；还包括在定理机器证明、问题求解、LISP 语言、模式识别等关键领域的重大突破。这一时期的主要贡献包括：

1）1956 年纽厄尔和西蒙的"逻辑理论家"程序，该程序模拟了人们用数理逻辑证明定理时的思维规律。该程序证明了怀特海德（Whitehead）和卢素（Russell）的《数学原理》一书第二章中的 38 条定理，后来经过改进，又于 1963 年证明了该章中的全部 52 条定理。这一工作受到了人们高度的评价，被认为是计算机模拟人的高级思维活动的一个重大成果，是人工智能的真正开端。

2）1956 年，塞缪尔（Samuel）研制了跳棋程序，该程序具有学习功能，能够从棋谱中学习，也能在实践中总结经验，提高棋艺。它在 1959 年打败了塞缪尔本人，又在 1962 年打败了美国一个州的跳棋冠军。这是模拟人类学习过程的一次卓有成效的探索，是人工智能的一个重大突破。

3）1958 年，麦卡锡提出表处理语言 LISP，它不仅可以处理数据，而且可以方便地处理符号，成为人工智能程序设计语言的重要里程碑。目前，LISP 语言仍然是人工智能系统重要的程序设计语言和开发工具。

4）1960 年，纽厄尔、肖（Shaw）和西蒙等人研制了通用问题求解程序 GPS，它是对人们求解问题时的思维活动的总结。他们发现，人们求解问题时的思维活动包括三个步骤：①制订出大致的计划；②根据记忆中的公理、定理和解题计划，按计划实施解题过程；③在实施解题过程中，不断进行方法和目的的分析，修正计划。其中他们首次提出了启发式搜索的概念。

5）1965 年，鲁宾孙（Robinson J A）提出归结法，这个方法被认为是一个重大的突破，也为定理证明的研究带来了又一次高潮。

6）1968 年，斯坦福大学费根鲍姆（Feigenbaum E A）等成功研制了化学分析专家系统 DENDRAL，被认为是专家系统的萌芽，它也是人工智能研究从一般思维探讨到专门知识应用的一次成功尝试。

知识表示采用了奎廉（Quillian J R）提出的特殊的结构：语义网络。明斯基在 1968 年从信息处理的角度对语义网络的使用做出了很大的贡献。

此外还有很多其他的成就，如 1956 年乔姆斯基（Chomsky N）提出的文法体系等。正是这些成就，使得人们对这一领域寄予了过高的希望。1958 年，卡耐梅隆大学（CMU）的西蒙预言，不出 10 年，计算机将会成为国际象棋的世界冠军，但是一直到了 1998 年这一预言才成为现实。

20 世纪 60 年代，麻省理工学院（MIT）一位教授提到：在今年夏天，我们将开发出电子眼。然而，直到今天，仍然没有通用的计算机视觉系统可以很好理解动态变化的场景。20 世纪 70 年代，很多人相信大量的机器人很快就会从工厂进入家庭。但直到今天，服务机器人才开始进入家庭。

16.2.3 低潮期

人工智能快速发展了一段时期后，遇到了很多困难，遭受了很多挫折，如鲁宾孙的归结法的归结能力是有限的，证明两个连续函数之和还是连续函数时，推理了十万步还没有推出来。

人们曾以为只要用一部字典和某些语法知识即可很快地解决自然语言之间的互译问题，结果发现并不那么简单，甚至闹出笑话。如英语句子：The spirit is willing but the flesh is weak（心有余而力不足），译成俄语再译成英语竟成了：The wine is good but the meat is spoiled（酒是好的，但肉变质了）。这里遇到的问题是单词的多义性问题。那么为什么人类翻译家可以翻译好这些句子，而机器却不能呢？它们的差别在哪里呢？主要原因在于翻译家在翻译之前首先要理解这个句子，但机器不能，它只是靠快速检索、排列词序等一套办法进行翻译，并不能"理解"这个句子，所以错误在所难免。1966 年，美国国家研究委员会一份顾问委员会的报告指出"还不存在通用的科学文本机器翻译，也没有很近的实现前景"。

罗森布拉特（Rosenblatt F）于 1957 年提出了感知器，它是一个具有一层人工神经元、采用阈值激活函数的前向网络。通过对网络权值的训练，可以实现对输入矢量的分类。感知器收敛定理使罗森布拉特的工作取得圆满的成功，这使得在 20 世纪 60 年代，感知器神经网络好像可以做任何事，但在 1969 年，明斯基和佩珀特（Papert S）合写的《感知器》一书中利用数学理论证明了单层感知器的局限性，这引起全世界范围的人工神经网络和人工智能的研究经费被削减，使得人工智能走向低谷。

16.2.4 基于知识的系统

1965 年，斯坦福大学的费根鲍姆和化学家勒德贝格（Lederberg J）合作研制出 DENDRAL 系统。1972—1976 年，费根鲍姆又成功开发出医疗专家系统 MYCIN。此后，许多著名的专家系统相继研发成功，其中较具代表性的有探矿专家系统 PROSPECTOR、青光眼诊断治疗专家系统 CASNET、钻井数据分析专家系统 ELAS 等。20 世纪 80 年代，专家系统的开发趋于商品化，创造了巨大的经济效益。

1977 年，费根鲍姆在第五届国际人工智能联合会议上提出知识工程的新概念。他认为：知识工程是人工智能的原理和方法，对那些需要专家知识才能解决的应用难题提供求解的手段，恰当运用专家知识的获取、表达和推理过程的构成与解释，是设计基于知识的系统的重要技术问题。知识工程是一门以知识为研究对象的学科，它将具体智能系统研究中那些共同的基本问题抽取出来，作为知识工程的核心内容，使之成为指导具体研制各类智能系统的一般方法和基本工具。

知识工程的兴起，确立了知识处理在人工智能学科中的核心地位，使人工智能摆脱了纯学术研究的困境，使人工智能的研究从理论转向应用，从基于推理的模型转向知识的模型，也使人工智能的研究走向了实用。

为了适应人工智能和知识工程发展的需要，日本在 1981 年宣布了第五代电子计算机的研制计划。其研制的计算机的主要特征是具有智能接口、知识库管理和自动解决问题的能力，并在其他方面具有人的智能行为。由于这一计划的提出，形成了一股热潮，促使世界上重要的国家都开始制订对新一代智能计算机的开发和研制计划，使人工智能进入了一个基于知识的兴旺时期。

16.2.5　神经网络的复兴

1982 年，美国加州工学院物理学家霍普菲尔德（Hopfield J J）使用统计力学的方法来分析网络的存储和优化特性，提出了离散的神经网络模型，从而有力地推动了神经网络的研究。1984 年，霍普菲尔德又提出了连续神经网络模型。

20 世纪 80 年代，神经网络复兴的真正推动力是反向传播算法的重新研究。该算法最早由 Bryson 于 1969 年提出。1986 年，鲁梅尔哈特（Rumelhart D E）和麦克莱伦德（Mc-Clel-land J L）等提出并行分布处理（Parallel Distributed Processing，PDP）的理论，致力于认知的微观结构的探索，其中多层网络的误差传播学习法，即反向传播算法广为流传，引起人们极大的兴趣。世界上许多国家掀起了神经网络研究的热潮。从 1985 年开始，专门讨论神经网络的学术会议规模逐步扩大。1987 年在美国召开了第一届神经网络国际会议，并发起成立国际神经网络学会（INNS）。

16.2.6　智能体的兴起

20 世纪 90 年代，随着计算机网络、计算机通信等技术的发展，关于智能体（Agent）的研究成为人工智能的热点。1993 年，肖哈姆（Shoham Y）提出面向智能体的程序设计。1995 年，罗素（Russell S）和诺维格（Norvig P）出版了《人工智能》一书，提出"将人工智能定义为对从环境中接收感知信息并执行行动的智能体的研究"。所以，智能体应该是人工智能的核心问题。斯坦福大学计算机科学系的海斯-罗斯（Hayes-Roth B）在 IJCAI'95 的特约报告中谈到："智能体既是人工智能最初的目标，也是人工智能最终的目标。"

在人工智能研究中，智能体概念的回归并不仅仅是因为人们认识到了应该把人工智能各个领域的研究成果集成为一个具有智能行为概念的"人"，更重要的原因是人们认识到了人类智能的本质是一种社会性的智能。要对社会性的智能进行研究，构成社会的基本构件"人"的对应物"智能体"理所当然地成为人工智能研究的基本对象，而社会的对应物"多智能体系统"也成为人工智能研究的基本对象。

我国的人工智能研究起步较晚，智能模拟纳入国家计划的研究始于 1978 年。1984 年召开了智能计算机及其系统的全国学术讨论会。1986 年起把智能计算机系统、智能机器人和智能信息处理（含模式识别）等重大项目列入国家高技术研究 863 计划。1997 年起，又把智能信息处理、智能控制等项目列入国家重大基础研究 973 计划。进入 21 世纪后，在最新制订的《国家中长期科学和技术发展规划纲要（2006—2020 年）》中，"脑科学与认知科学"已列入八大前沿科学问题。信息技术将继续向高性能、低成本、普适计算和智能化等主要方向发展，寻求新的计算与处理方式和物理实现是未来信息技术领域面临的重大挑战。

1981 年起，我国相继成立了中国人工智能学会（CAAI）、全国高校人工智能研究会、中国计算机学会人工智能与模式识别专业委员会、中国自动化学会模式识别与机器智能专业委员会、中国软件行业协会人工智能协会、中国智能机器人专业委员会、中国计算机视觉与智能控制专业委员会以及中国智能自动化专业委员会等学术团体。1989 年首次召开了中国人工智能联合会议（CJCAI）并在同年创刊了《模式识别与人工智能》杂志。2006 年创刊了《智能系统学报》和《智能技术学报》杂志。2011 年创刊了 *International Journal of Intelligence Science* 国际刊物。

中国的科技工作者已在人工智能领域取得了具有国际领先水平的创造性成果。其中，以吴文俊院士关于几何定理证明的“吴氏方法”最为突出，已在国际上产生重大影响，并荣获 2001 年国家科学技术最高奖。目前，我国已有数以万计的科技人员和高校师生从事不同层次的人工智能研究与学习。人工智能研究已在我国深入开展，它必将为促进其他学科的发展和我国的现代化建设做出新的重大贡献。

16.3 人工智能研究的内容及领域

人工智能是一门新兴的边缘学科，是自然科学和社会科学的交叉学科，它吸取了自然科学和社会科学的最新成果，以智能为核心，形成了具有自身研究特点的新的体系。人工智能的研究涉及广泛的领域，包括知识表示、搜索技术、机器学习、求解数据和知识不确定问题的各种方法等。人工智能的应用领域包括专家系统、博弈、定理证明、自然语言理解、图像理解和机器人等。人工智能也是一门综合性的学科，它是在控制论、信息论和系统论的基础上诞生的，涉及哲学、心理学、认知科学、计算机科学、数学以及各种工程学方法，这些学科为人工智能的研究提供了丰富的知识和研究方法。图 16-2 所示为和人工智能有关的学科以及人工智能的研究和应用领域的简单结构。

图 16-2 人工智能的研究和应用

随着人工智能技术的发展，现如今几乎各种技术的发展都涉及人工智能技术，人工智能技术已经渗透到许多领域，应用范围主要包括以下 9 个方面。

（1）符号计算 计算机最主要的用途之一就是科学计算，科学计算可分为两类：一类是纯数值的计算，通常是对函数、公式的求值；另一类是符号计算，也称代数运算，这种运算是对符号进行运算，并且符号可以代表整数、有理数、实数和复数，也可以代表多项式、函数、集合等。

（2）模式识别 模式识别就是通过计算机对数据样本进行特征提取，并用数学方法来研究模式的自动处理和判读。这里常说的模式，是指文字、语音、生物特征、数字水印等环境与客体的结合体。

（3）机器翻译　机器翻译是通过计算机把一种自然语言转换成另一种自然语言的过程，用以完成这一过程的软件系统叫作机器翻译系统。它是计算语言学（Computational Linguistics）的一个分支，涉及计算机、认知科学、语言学、信息论等学科，是人工智能的终极目标之一，具有重要的科学研究价值。

（4）机器学习　机器学习是机器具有智能的重要标志，同时也是机器获取知识的根本途径。机器学习是一个难度较大的研究领域，它与认知科学、神经心理学、逻辑学等学科都有着密切的联系，并对人工智能的其他分支，如专家系统、自然语言理解、自动推理、智能机器人、计算机视觉、计算机听觉等方面，也会起到重要的推动作用。

（5）逻辑推理与定理证明　逻辑推理是人工智能研究中最持久的领域之一，其中特别重要的是要找到一些方法，只把注意力集中在一个大型数据库中的有关事实上，留意可信的证明，并在出现新信息时适时修正这些证明。

（6）自然语言处理　自然语言处理是人工智能技术应用于实际领域的典型范例，经过多年的艰苦努力，这一领域已获得了大量令人瞩目的成果。目前该领域的主要课题是：计算机系统如何以主题和对话情境为基础，注重大量的常识——世界知识和期望作用，生成和理解自然语言。

（7）分布式人工智能　分布式人工智能在 20 世纪 70 年代后期出现，是人工智能研究的一个重要分支。分布式人工智能系统一般由多个智能体（Agent）组成，每一个智能体又是一个半自治系统，智能体之间以及智能体与环境之间进行并发活动，并通过交互来完成问题求解。

（8）计算机视觉　计算机视觉主要研究的是使计算机具有通过二维图像认知三维环境信息的能力，这种能力不仅包括对三维环境中物体形状、位置、姿态、运动等几何信息的感知，而且还包括对这些信息的描述、存储、识别与理解。

（9）专家系统　专家系统是目前人工智能中最活跃、最有成效的一个研究领域，它是一种具有特定领域内大量知识与经验的程序系统。人类专家因其丰富的知识，能够高效、快速地解决相应领域的众多问题，基于这一事实，给计算机程序学习并使其灵活运用这些知识，也就能解决人类专家所解决的问题，而且能帮助人类专家发现推理过程中出现的差错。

16.4　人工智能研究的主要学派

在人工智能 60 多年的研究过程中，由于人们对智能本质的理解和认识不同，形成了人工智能研究的多种不同的途径。不同的研究途径具有不同的学术观点，采用不同的研究方法，形成了不同的研究学派。目前人工智能界主要的研究学派有符号主义、联结主义和行为主义等。符号主义方法以物理符号系统假设和有限合理性原理为基础；联结主义方法是以人工神经网络模型为核心；行为主义方法侧重研究感知-行动的反应机制。

16.4.1　符号主义

符号主义学派也称功能模拟学派，这一学派的研究者认为智能活动的基础是物理符号系统，思维过程是符号模式的处理过程。

纽厄尔和西蒙在 1976 年的美国计算机学会（ACM）图灵奖演说中，对物理符号系统假设进行了总结，他们指出：展现一般智能行为的物理系统，其充要条件是它是一个物理符号系统。充分性表明，智能可以通过任意合理组织的物理符号系统来得到；必要性表明，一个有一般智能的主体必须是一个物理符号系统的一个实例。物理符号系统假设的必要性要求一个智能体，无论它是人、其他智能生物还是计算机，都必须通过在符号结构上操作的物理实现来获得智能。

一般智能行为表示人类活动中的相同的动作和行为。在物理极限内，系统将展示适用于其目的的行为，并适应于它所在环境的要求。

在后来的许多年中，人工智能和认知科学都在这个假设所描绘的领域中进行了大量的研究。物理符号系统假设导致了三个重要的方法论方面的保证：①符号的使用以及符号系统作为描述世界的中介；②搜索机制的设计，尤其是启发式搜索，用来探索这些符号系统能够支持的可能推理的空间；③认知体系结构的分离，这里的意思是，假定一个合理设计的符号系统能够提供智能的完整的因果理由，不考虑其实现的方法。基于这样的观点，最后人工智能便成为经验式和构造式的学科，它试图通过建立智能的工作模型来理解智能。

以符号主义的观点看，知识表示是人工智能的核心，认知就是处理符号，推理就是采用启发式知识及启发式搜索对问题求解的过程，而推理过程又可以用某种形式化的语言来描述。符号主义主张用逻辑的方法来建立人工智能的统一理论体系，但是存在"常识"问题以及不确定性事物的表示和处理问题，因此受到其他学派的批评。

通常被称为"经典的人工智能"，是在符号主义观点指导下开展研究的。经典的人工智能研究中又可以分为认知学派和逻辑学派。认知学派以西蒙、明斯基和纽厄尔等为代表，从人的思维活动出发，利用计算机进行宏观功能模拟。逻辑学派以麦卡锡和尼尔森等为代表，主张用逻辑来研究人工智能，即用形式化的方法描述客观世界。

16.4.2 联结主义

基于神经元和神经网络的连接机制和学习算法的人工智能学派是联结主义（Connection-ism），又称结构模拟学派。这种方法研究能够进行非程序的、可适应环境变化的、类似人类大脑风格的信息处理方法的本质和能力。这种学派的主要观点是，大脑是一切智能活动的基础，因而从大脑神经元及其连接机制出发进行研究，搞清楚大脑的结构以及它进行信息处理的过程和机理，可望揭示人类智能的奥秘，从而真正实现人类智能在机器上的模拟。

该方法的主要特征表现在：以分布式的方式存储信息，以并行方式处理信息，具有自组织、自学习能力，适用于模拟人的形象思维，可以比较快地得到一个近似解。正是这些特点，使得神经网络为人们在利用机器加工处理信息方面提供了一个全新的方法和途径。但是这种方法不适用于模拟人们的逻辑思维过程，并且人们发现，已有的模型和算法也存在一定的问题，理论上的研究也有一定的难点，因此单靠连接机制解决人工智能的全部问题也是不现实的。

联结主义的代表性成果是 1943 年麦克洛奇和皮兹提出的一种人工神经元的数学模型，即 M-P 模型，并由此组成一种前馈网络。可以说 M-P 模型是人工神经网络最初的模型，开创了神经计算的时代，为人工智能创造了一条用电子装置模拟人脑结构和功能的新途径。从此之后，神经网络理论和技术研究的不断发展，并在图像处理、模式识别等领域的重要突破，为实现联结主义的智能模拟创造了条件。

16.4.3　行为主义

行为主义学派又称行为模拟学派，这一学派的研究者认为智能行为的基础是"感知-行动"的反应机制。基于智能控制系统的理论、方法和技术，研究拟人的智能控制行为。

1991 年，布鲁克斯（Brooks R A）提出了无须知识表示的智能和无须推理的智能，他认为智能只是在与环境交互作用中表现出来，不应采用集中式的模式，而是需要具有不同的行为模块与环境交互，以此来产生复杂的行为。他认为任何一种表达方式都不能完善地代表客观世界中的真实概念，因而用符号串表示智能过程是不妥当的。这在许多方面是行为心理学在人工智能中的反映。基于行为的基本观点可以概括为：

1）知识的形式化表达和模型化方法是人工智能的重要障碍之一。

2）智能取决于感知和行动，应直接利用机器对环境作用后，以环境对作用的响应为原型。

3）智能行为只能体现在世界中，通过与周围环境交互而表现出来。

4）人工智能可以像人类智能一样逐步进化，分阶段发展和增强。

布鲁克斯这种基于行为（进化）的观点开辟了人工智能研究的新途径。以这些观点为基础，布鲁克斯研制出了一种机器虫，它利用一些相对独立的功能单元，分别实现避让、前进和平衡等基本功能，组成分层异步分布式网络，取得了一定的成功，特别是为机器人的研究开创了一种新的方法。

行为主义思想提出后，引起了人们广泛的关注，有人认为布鲁克斯的机器虫在行为上的成功并不能产生高级控制行为，希望让机器从昆虫的智能进化到人类的智能只是一种幻想。尽管如此，行为主义学派的兴起，表明了控制论和系统工程的思想将进一步影响人工智能的发展。

上述三种研究方法从不同的侧面研究了人的自然智能，与人脑的思维模型有着对应的关系。粗略地划分，可以认为符号主义研究抽象思维，联结主义研究形象思维，而行为主义研究感知思维。研究人工智能的三大学派、三种途径各有所长，要取长补短、综合集成。

16.5　人工智能的应用

当前，几乎所有的科学与技术的分支都在共享着人工智能领域所提供的理论和技术。这里列举一些人工智能经典的、有代表性和有重要影响的应用领域。

16.5.1　专家系统

1. 专家系统概述

专家系统（Expert System）是一类具有专门知识和经验的计算机智能程序系统，通过对人类专家的问题求解能力的建模，采用人工智能中的知识表示和知识推理技术来模拟通常由专家才能解决的复杂问题，达到具有与专家同等解决问题能力的水平。这种基于知识的系统设计方法是以知识库和推理机为中心而展开的，即

专家系统 = 知识库 + 推理机

它把知识在系统中与其他部分分离开来。专家系统强调的是知识而不是方法。很多问题没有基于算法的解决方案，或算法方案太复杂，采用专家系统可以利用人类专家拥有的丰富知识，因此专家系统也称为基于知识的系统（Knowledge-Based Systems）。一般来说，一个专家系统应该具备以下 3 个要素：

1）具备某个应用领域的专家级知识。

2）能模拟专家的思维。

3）能达到专家级的解题水平。

20 世纪 80 年代以来，在知识工程的推动下，涌现出了不少专家系统开发工具，如 EMYCIN、CLIPS（OPS5、OPS83）、G2、KEE、OKPS 等。专家系统与传统的计算机程序的主要区别见表 16-1。

表 16-1　专家系统与传统的计算机程序的主要区别

列项	传统的计算机程序	专家系统	列项	传统的计算机程序	专家系统
处理对象	数字	符号	系统修改	难	易
处理方法	算法	启发式	信息类型	确定性	不确定性
处理方式	批处理	交互式	处理结果	最优解	可接受解
系统结构	数据和控制集成	知识和控制分离	适用范围	无限制	封闭世界假设

建造一个专家系统的过程可以称为"知识工程"，它是把软件工程的思想应用于设计基于知识的系统。知识工程包括以下几个方面：

1）从人类专家那里获取系统所用的知识（即知识获取）。

2）选择合适的知识表示形式（即知识表示）。

3）进行软件设计。

4）以合适的计算机编程语言实现。

2. 专家系统的特点

专家系统使用某个领域实际专家经常使用的领域知识来求解问题，通常适用于完成那些没有公认的理论和方法、数据不精确或信息不完整、人类专家短缺或专门知识十分昂贵的诊断、解释、监控、预测、规划和设计等任务。一般专家系统具有以下特点。

（1）启发性　专家系统能够运用专家的知识和经验进行推理、判断与决策，利用启发式信息找到问题求解的捷径。

（2）透明性　专家系统能够解释本身的推理过程，并回答用户提出的问题，使用户能够理解它的推理过程，提高用户对系统的信赖感和结果的可靠性。

（3）灵活性　一般专家系统的体系结构都采用了知识库与推理机相分离的构造原则，彼此既有联系，又相互独立。当对知识库进行增、删、修改或更新时，操作灵活方便，对推理程序不会造成大的影响。

（4）交互性　专家系统一般采用交互方式进行人机通信，这种交互性既有利于系统从人类专家那里获取知识，又便于用户在求解问题时输入条件或事实。

（5）实用性　专家系统是根据具体应用领域的问题开发的，针对性强，具有非常良好的实用性。

（6）易推广　专家系统使人类专家的领域知识突破了时间和空间的限制，专家系统的知识库可以永久保存，并可复制任意多的副本或在网上供不同地区或部门的人们使用，从而使知识和技能更易于推广和传播。

3. 专家系统的基本结构

专家系统的基本结构如图 16-3 所示，其中箭头方向为信息流动的方向。专家系统通常由人机交互界面、知识库、推理机、解释器、综合数据库和知识获取 6 个部分构成。

知识库是问题求解所需要的领域知识的集合，包括基本事实、规则和其他有关信息。知识的表示形式可以是多种多样的，包括框架、规则和语义网络等。知识库中的知识源于领域专家，是决定专家系统能力的关键，即知识库中知识的质量和数量决定着专家系统的质量水平。知识库是专家系统的核心组成部分。一般来说，专家系统中的知识库与专家系统程序是相互独立的，用户可以通过改变、完善知识库中的知识内容来提高专家系统的性能。

图 16-3　专家系统的基本结构

推理机是实施问题求解的核心执行机构，它实际上是对知识进行解释的程序，根据知识的语义，对按一定策略找到的知识进行解释执行，并把结果记录到动态库的适当空间中。推理机的程序与知识库的具体内容无关，即推理机和知识库是分离的，这是专家系统的重要特征。它的优点是对知识库的修改无须改动推理机，但是纯粹的形式推理会降低问题求解的效率。将推理机和知识库相结合也不失为一种可选方法。

知识获取负责建立、修改和扩充知识库，是专家系统中把问题求解的各种专门知识从人类专家的头脑中或其他知识源那里转换到知识库中的一个重要机构。知识获取可以是手工的，也可以采用半自动知识获取方法或自动知识获取方法。

人机交互界面是系统与用户进行交流时的界面，通过该界面，用户输入基本信息、回答系统提出的相关问题。系统输出推理结果及相关的解释也是通过人机交互界面完成的。

综合数据库也称为动态库或工作存储器，是反映当前问题求解状态的集合，用于存放系统运行过程中所产生的所有信息，以及所需要的原始数据，包括用户输入的信息、推理的中间结果和推理过程的记录等。综合数据库中由各种事实、命题和关系组成的状态，既是推理机选用知识的依据，也是解释机制获得推理路径的来源。

解释器用于对求解过程做出说明，并回答用户的提问。两个最基本的问题是"Why"和"How"。解释机制涉及程序的透明性，它让用户理解程序正在做什么和为什么这样做，向用户提供了一个关于系统的认识窗口。在很多情况下，解释机制是非常重要的。为了回答"为什么"得到某个结论的询问，系统通常需要反向跟踪动态库中保存的推理路径，并把它翻译成用户能接受的自然语言表达方式。

16.5.2　数据挖掘

数据挖掘是人工智能领域中一个令人激动的成功应用，它能够满足人们从大量数据中挖掘出隐含的、未知的、有潜在价值的信息和知识的要求。对数据拥有者而言，即在他的特定工作或生活环境里，自动发现隐藏在数据内部的、可被利用的信息和知识。要实现这些目标，需要有大量的原始数据、明确的挖掘目标、相应的领域知识、友善的人-机界面，以及寻找合适的开发方法。挖掘结果供数据拥有者决策使用，必须得到拥有者的支持、认可和参与。

目前，数据挖掘在市场营销、银行、制造业、保险业、计算机安全、医药、交通和电信等领域已经有许多成功案例，具有代表性的数据挖掘工具或平台有美国 SAS 公司的 SAS Enterprise Miner、IBM 公司的 Intelligent Miner、Solution 公司的 Clementine、加拿大 Cognos 公司的 Scenario、美国大数据公司 Palantir、中国科学院计算技术研究所智能信息处理重点实验室开发的大数据挖掘云引擎 CBDME 等。

16.5.3　自然语言处理

自然语言处理研究计算机通过人类熟悉的自然语言与用户进行听、说、读、写等交流技术，这是一门与语言学、计算机科学、数学、心理学和声学等学科相联系的交叉性学科。自然语言处理的研究内容主要包括：语言计算（语音与音位、词法、句法、语义和语用等各个层面上的计算）、语言资源建设（计算词汇学、术语学、电子词典、语料库和知识本体等）、机器翻译或机器辅助翻译、汉语和少数民族语言文字输入输出及其智能处理、中文手写和印刷体识别、中文语音识别及文语转换、信息检索、信息抽取与过滤、文本分类、中文搜索引擎和以自然语言为枢纽的多媒体检索等。

中文信息处理（包括对汉语以及少数民族语言的信息处理）在我国信息领域科学技术进步与产业发展中占有特殊位置，推动着我国信息科技与产业的发展。如王选的汉字激光照排（两次获得国家科技进步一等奖）、联想汉卡（获国家科技进步一等奖）、刘迎建的汉王汉字输入系统（获国家科技进步一等奖）、陈肇雄的机器翻译系统（获国家科技进步一等奖）、丁晓青的清华文通汉字 OCR 系统（获国家科技进步二等奖）等，这些体现着鲜明的自主创新精神的成果，既是我国中文信息处理事业发展历程的见证，同时也将为该学科未来的继续蓬勃发展提供宝贵的精神财富。

如今的人们已经进入以互联网为主要标志的海量信息时代，一个与此相关的严峻事实是，数字信息的有效利用已成为制约信息技术发展的一个全局性瓶颈问题。自然语言处理不可避免地成为信息科学技术中长期发展的一个新的战略制高点。《国家中长期科学和技术发展规划纲要》指出，我国将促进"以图像和自然语言理解为基础的'以人为中心'的信息技术发展，推动多领域的创新"。

16.5.4　智能机器人

1. 智能机器人概述

智能机器人是一种自动化的机器，具有相当发达的"大脑"，具备一些与人或生物相似的智能能力，如感知能力、规划能力、动作能力和协同能力，是一种具有高度灵活性的自动化机器。随着人们对机器人技术智能化本质认识的加深，机器人技术开始向人类活动的各个领域渗透。结合这些领域的应用特点，人们发展了各式各样的具有感知、决策、行动和交互能力的特种机器人和各种智能机器，如移动机器人、微机器人、水下机器人、医疗机器人、军用机器人、空间机器人和娱乐机器人等。

在我国的西周时期（公元前 1066—公元前 771 年），传说巧匠偃师献给周穆王一个能歌善舞的机器人"能倡者"。"能倡者"是人类文字记录中第一个真正的"类人机器人"：人之形加人之情，而且肝胆、心肺、脾脏、肠胃等五脏俱全。东汉时期张衡的指南车、三国时期诸葛亮的"木牛流马"等，都是现代机器人的早期雏形。

国外对机器人的设想和探索也可以追溯到古代。工业革命以后，从早期对机器人的幻想逐步过渡到自动机械的研制。1886 年，法国作家利尔亚当在其小说《未来夏娃》中将外表像人的机器起名为"安德罗丁（Android）"，它由以下 4 部分组成：

1）生命系统（平衡、步行、发声、身体摆动、感觉、表情和调节运动等）。

2）造型解质（关节能自由运动的金属覆盖体，一种盔甲）。

3）人造肌肉（在上述盔甲上有肉体、静脉和性别特征等身体的各种形态）。

4）人造皮肤（含有肤色、机理、轮廓、头发、视觉、牙齿和手爪等）。

1920 年，捷克作家卡佩克（Capek K）发表了科幻剧本《罗萨姆的万能机器人》。在剧本中，卡佩克把捷克语"Robota"写成了"Robot"，"Robota"是奴隶的意思。该剧预告了机器人的发展对人类社会的悲剧性影响，引起了大家的广泛关注，被当成机器人一词的起源。

卡佩克提出的是机器人的安全、感知和自我繁殖问题。科学技术的进步很可能引发人类不希望出现的问题产生。为了防止机器人伤害人类，科幻作家阿西莫夫于 1940 年提出了"机器人三原则"，即：

1）机器人不应伤害人类。

2）机器人应遵守人类的命令，与第一条违背的命令除外。

3）机器人应能保护自己，与第一条相抵触者除外。

这是给机器人赋予的伦理性纲领。机器人学术界一直将这三项原则作为机器人开发的准则。

1967 年，在日本召开的第一届机器人学术会议上，提出了两个有代表性的机器人定义，一是森政弘（Masahiro Mori）与合田周平提出的："机器人是一种具有移动性、个体性、智能性、通用性、半机械半人性、自动性和奴隶性 7 个特征的柔性机器。"从这一定义出发，森政弘又提出了用自动性、智能性、个体性、半机械半人性、作业性、通用性、信息性、柔性、有限性和移动性 10 个特性来表示机器人的形象。另一个是加藤一郎提出的具有如下 3 个条件的机器称为机器人：

1）具有脑、手、脚三要素的个体。

2）具有非接触传感器（用眼、耳接受远方信息）和接触传感器。

3）具有平衡觉和固有觉的传感器。

机器人的定义是多种多样的，其原因是它具有一定的模糊性。动物一般具有上述这些要素，所以在把机器人理解为仿人机器的同时，也可以广义地把机器人理解为仿动物的机器。

1954 年，美国德沃尔（Devol G）设计开发了第一台可编程的工业机器人。1962 年，美国 Unimation 公司的第一台机器人 Unimate 在美国通用汽车公司投入使用，这标志着第一代机器人的诞生。从 20 世纪 60 年代到 70 年代中期的十几年期间，美国政府并没有把工业机器人列入重点发展项目，只是在几所大学和少数公司开展了一些研究工作。70 年代后期，美国政府和企业界虽对工业机器人有所重视，但在技术路线上仍把重点放在研究机器人软件及军事、宇宙、海洋和核工程等特殊领域的高级机器人的开发上，致使日本的工业机器人后来居上，并在工业生产的应用及机器人制造业上很快超过了美国，产品在国际市场上形成了较强的竞争力。进入 80 年代之后，美国才感到形势紧迫，政府和企业界才对机器人真正重视起来，政策上也有所体现，一方面鼓励工业界发展和应用机器人，另一方面制订计划、提高投资，增加机器人的研究经费，把机器人看成美国再次工业化的特征，使美国的机器人迅速发展。80 年代中后期，随着各大厂家应用机器人的技术日臻成熟，第一代机器人的技术性能越来越满足不了实际需要，美国开始生产带有视觉、触觉的第二代机器人，并很快占领了美国 60% 的机器人市场。尽管美国在机器人发展史上走过一条重视理论研究、忽视应用开发研究的曲折道路，但是美国的机器人技术在国际上仍一直处于领先地位，其技术全面、先进，适应性也很强。

1967 年，日本川崎重工业公司从美国 Unimation 公司引进机器人及其技术，建立起生产车间，并于 1968 年试制出第一台川崎的"尤尼曼特"机器人。日本机器人产业迅速发展起来，经过短短的十几年，到 20 世纪 80 年代中期，已一跃而为"机器人王国"，其机器人的产量和安装的台数在国际上跃居首位。日本机器人的发展经过了 60 年代的摇篮期、70 年代的实用期，到 80 年代进入普及提高期，并正式把 1980 年定为"产业机器人的普及元年"，开始在各个领域内广泛推广使用机器人。

机器人现在已被广泛地用于生产和生活的许多领域，按其拥有智能的水平可以分为以下 3 个层次。

（1）工业机器人　它只能按照人给它规定的程序工作，无论外界条件有何变化，自己都不能对程序（也就是对所做的工作）做相应的调整。如果要改变机器人所做的工作，必须由人对程序做相应的改变，因此它是毫无智能的。

（2）初级智能机器人　它和工业机器人不一样，具有像人那样的感受、识别、推理和判断能力，可以根据外界条件的变化，在一定范围内自行修改程序，也就是它能适应外界条件变化对自己做相应调整。不过，修改程序的原则由人预先给予规定。这种初级智能机器人已拥有一定的智能，虽然还没有自动规划能力，但这种初级智能机器人也开始走向成熟，达到实用水平。

（3）高级智能机器人　它和初级智能机器人一样，具有感觉、识别、推理和判断能力，同样可以根据外界条件的变化，在一定范围内自行修改程序。所不同的是，修改程序的原则不是由人规定的，而是机器人自己通过学习、总结经验来获得修改程序的原则。所以它的智能高出初级智能机器人。这种机器人已拥有一定的自动规划能力，能够自己安排自己的工作。这种机器人可以不要人的照料，完全独立地工作，故又称高级自律机器人。这种机器人也开始走向实用。

从广义上理解所谓的智能机器人，它给人最深刻的印象是一个独特的进行自我控制的"活物"。其实，这个自控"活物"的主要器官并没有像真正的人那样微妙而复杂。智能机器人具备形形色色的内部信息传感器和外部信息传感器，如视觉、听觉、触觉和嗅觉。除具有传感器外，它还有效应器，作为作用于周围环境的手段，这就是筋肉，或称之为自整步电动机，它们使手、脚、长鼻子和触角等部件动起来。

智能机器人之所以叫智能机器人，是因为它有相当发达的"大脑"。在脑中起作用的是中央计算机，这种计算机与操作它的人有直接的联系。最主要的是，这样的计算机可以进行按目的安排的动作。正因为这样，我们才说这种机器人是真正的智能机器人，尽管它们的外表可能有所不同。智能机器人能够理解人类语言，用人类语言同操作者对话，在它自身的"意识"中单独形成了一种使它得以"生存"的外界环境——实际情况的详尽模式。它能分析出现的情况，能调整自己的动作以达到操作者所提出的全部要求，能拟定所希望的动作并在信息不充分的情况下和环境迅速变化的条件下完成这些动作，具有自适应的能力。

2. 机器人视觉系统

机器人视觉系统是指用计算机来实现人的视觉功能，也就是用计算机来实现对客观的三维世界的识别。人类接收的信息70%以上来自视觉，人类视觉为人类提供了关于周围环境最详细可靠的信息。人类视觉所具有的强大功能和良好的信息处理方式引起了智能研究者的极大兴趣，人们希望以生物视觉为蓝本研究一个人工视觉系统用于机器人中，期望机器人拥有类似人类感受环境的能力。机器人要对外部世界的信息进行感知，就要依靠各种传感器，就像人类一样，在机器人的众多感知传感器中，视觉系统提供了大部分机器人所需的外部世界信息，因此视觉系统在机器人技术中具有重要的作用。

（1）视觉系统分类　依据视觉传感器的数量和特性，目前主流的移动机器人视觉系统有单目视觉、双目立体视觉、多目视觉和全景视觉等。

1）单目视觉。单目视觉系统只使用一个视觉传感器。单目视觉系统在成像过程中由于从三维客观世界投影到 N 维图像上，从而损失了深度信息，这是此类视觉系统的主要缺点。尽管如此，单目视觉系统由于结构简单、算法成熟且计算量较小，在自主移动机器人中已得到广泛应用，如用于目标跟踪、基于单目特征的室内定位导航等。同时，单目视觉是其他类型视觉系统的基础，如双目立体视觉、多目视觉等都是在单目视觉系统的基础上，通过附加其他手段和措施而实现的。

2）双目立体视觉。双目视觉系统由两个摄像机组成，利用三角测量原理获得场景的深度信息，并且可以重建周围景物的三维形状和位置，类似人眼的体视功能，原理简单。双目视觉系统需要精确地知道两个摄像机之间的空间位置关系，而且场景环境的 3D 信息需要两个摄像机从不同角度同时拍摄同一场景的两幅图像，并进行复杂的匹配，才能准确得到。立体视觉系统能够比较准确地恢复视觉场景的三维信息，在移动机器人定位导航、避障和地图构建等方面得到了广泛的应用。然而，立体视觉系统的难点是对应点匹配的问题，该问题在很大程度上制约着立体视觉在机器人领域的应用前景。

3）多目视觉。多目视觉系统采用三个或三个以上摄像机，三目视觉系统居多，主要用来解决双目立体视觉系统中匹配多义性的问题，提高匹配精度。多目视觉系统最早由莫拉维克（Moravec H）研究，他为"Stanford Cart"研制的视觉导航系统采用单个摄像机的"滑动立体视觉"来实现；雅西达（Yachida M）提出了三目立体视觉系统以解决对应点匹配的问题，真正突破了双目立体视觉系统的局限，并指出以边界点作为匹配特征的三目视觉系统中，其三元匹配的准确率比较高；艾雅（Ayache N）提出了用多边形近似后的边界线段作为特征的三目匹配算法，并用到移动机器人中，取得了较好的效果；三目视觉系统的优点是充分利用了第三个摄像机的信息，减少了错误匹配，解决了双目立体视觉系统匹配的多义性，提高了定位精度，但三目视觉系统要合理安置三个摄像机的相对位置，其结构配置的过程比双目立体视觉系统更烦琐，而且匹配算法更复杂，需要消耗更多的时间，实时性更差。

4）全景视觉。全景视觉系统是具有较大水平视场的多方向成像系统，其突出优点是具有较大的视场，可以达到360°，这是其他常规镜头无法比拟的。全景视觉系统可以通过图像拼接的方法或者通过折、反射光学元件实现。图像拼接的方法使用单个或多个相机旋转，对场景进行大角度扫描，获取不同方向上连续的多帧图像，再用拼接技术得到全景图。美国南加州大学的斯特恩（Stein F）利用旋转摄像机获得360°平线信息；为机器人提供定位信息；清华大学的刘亚利用360°旋转的摄像机拼接出镶嵌有运动目标的全景图，并对运动目标进行跟踪。图像拼接形成全景图的方法，成像分辨率高，但拼接算法复杂，成像速度慢，实时性差。折反射全景视觉系统由CCD摄像机和折、反射光学元件等组成，利用反射镜成像原理，可以观察周围360°场景，成像速度快，能达到实时要求，具有十分重要的应用前景，可以应用在机器人导航中。日本大阪大学利用锥面反射镜研制出了COPIS全景视觉系统，为移动机器人提供定位、避障和导航。全景视觉系统本质上也是一种单目视觉系统，也无法直接得到场景的深度信息。其另一个缺点是获取的图像分辨率较低，并且图像存在很大的畸变，从而会影响图像处理的稳定性和精度。在进行图像处理时，首先需要根据成像模型对畸变图像进行校正，这种校正过程不但会影响视觉系统的实时性，而且还会造成信息的损失。另外，这种视觉系统对全景反射镜的加工精度要求很高，若双曲反射镜面的精度达不到要求，利用理想模型对图像校正则会存在较大偏差。目前，全景视觉最为成功的典型实例是RoboCup足球比赛机器人。

5）混合视觉系统。混合视觉系统吸收各种视觉系统的优点，采用两种或两种以上的视觉系统组成复合视觉系统，多采用单目或双目视觉系统，同时配备其他视觉系统。日本早稻田大学研制的机器人BUGNOID的混合视觉系统由全景视觉系统和双目立体视觉系统组成，其中全景视觉系统提供大视角的环境信息，双目立体视觉系统配置成平行的方式，提供准确的距离信息；CMU的流浪者机器人（Nomad）采用混合视觉系统，全景视觉系统由球面反射形成，提供大视角的地形信息，双目立体视觉系统和激光测距仪检测近距离的障碍物；清华大学的朱志刚使用一个摄像机研制了多尺度视觉传感系统POST，实现了双目注视、全方位环视和左右两侧的时空全景成像，为机器人提供了导航。混合视觉系统具有全景视觉系统视场范围大的优点，同时又具备双目立体视觉系统精度高的长处，但是该类系统配置复杂，费用比较高。

（2）定位技术　机器人研究的重点转向能在未知、复杂和动态环境中独立完成给定任务的自主式移动机器人的研究。自主移动机器人的主要特征是能够借助自身的传感器系统实时感知和理解环境，并自主完成任务规划和动作控制，而视觉系统则是实现环境感知的重要手段之一。典型的自主移动机器人视觉系统应用包括室内机器人自主定位导航、基于视觉信息的道路检测、基于视觉信息的障碍物检测与运动估计以及移动机器人视觉伺服等。

移动机器人导航中，实现机器人自身的准确定位是一项最基本、最重要的功能。移动机器人常用的定位技术包括以下几种：

1）基于航迹推算的定位技术。航迹推算（Dead-Reckoning，DR）是一种使用最广泛的定位手段。该技术的关键是要能测量出移动机器人单位时间间隔走过的距离，以及在这段时间内移动机器人航向的变化。

2）基于信号灯的定位方法。该系统依赖一组安装在环境中且已知的信号灯，在移动机器人上安装传感器，对信号灯进行观测。

3）基于地图的定位方法。该系统中，机器人利用对环境的感知信息对现实世界进行建模，自动构建一个地图。

4）基于路标的定位方法。该系统中，机器人利用传感器感知到的路标的位置来推测自己的位置。

5）基于视觉的定位方法。利用计算机视觉技术实现环境的感知和理解，从而实现定位。

（3）自主视觉导航　机器人自主视觉导航是目前世界范围内人工智能、机器人和自动控制等学科领域内的研究热点。传统机器人自主导航依赖轮式里程计、惯性导航装置（IMU）和GPS卫星定位系统等进行定位。而轮式里程计在车轮打滑情况下会产生较大误差，惯性导航装置在长距离导航中受误差累积影响会造成定位精度下降，GPS卫星定位技术在外星球探测或室内封闭环境应用中受到诸多限制。因此，基于双目立体视觉的定位算法成为解决轮式里程计和惯性导航装置定位误差的可行方法。另外，机器人自主导航需要对周围环境进行实时的动态感知和重建，并构建地图用于导航和避障。传统的地形感知多使用激光雷达、声呐、超声波和红外等传感器及相关方法，激光雷达功耗、体积较大，不适用于小型移动机器人，而超声波、红外传感器作用距离有限且易受干扰，而采用被动光学传感器的视觉方法，体积功耗小，信息量丰富，因此基于视觉方法进行地形感知与地图构建具有广阔的应用前景。

（4）视觉伺服系统　最早基于视觉的机器人系统采用的是静态的"Look and Move"形式，即先由视觉系统采集图像并进行相应处理，然后通过计算估计目标的位置来控制机器人运动。这种操作精度直接与视觉传感器、机械手及控制器的性能有关，这使得机器人很难跟踪运动物体。到20世纪80年代，计算机及图像处理硬件得到发展，使得视觉信息可用于连续反馈，于是人们提出了基于视觉的伺服控制形式。这种方式可以克服模型（包括机器人、视觉系统和环境）中存在的不确定性，提高了视觉定位或跟踪的精度。

可以从不同的角度，如反馈信息类型、控制结构和图像处理时间等方面对视觉伺服机器人控制系统进行分类。根据反馈信息类型，机器人视觉系统可分为基于位置的视觉控制和基于图像的视觉控制。前者的反馈偏差在3D Cartesian空间中进行计算，后者的反馈偏差在2D图像平面空间中进行计算。

根据控制结构的不同，控制系统可分为开环控制系统和闭环控制系统。开环控制的视觉信息只用来确定运动前的目标位姿，系统不要求昂贵的实时硬件，但要求事先对摄像机和机器人进行精确标定。闭环控制的视觉信息用作反馈，这种情况下能抵消摄像机与机器人的标定误差，但要求快速视觉处理硬件。根据视觉处理的时间，可将系统分为静态和动态两类。

根据摄像机的安装位置，可分为"Eye in Hand"安装方式和其他安装方式。前者在摄像机与机器人末端之间存在固定的位置关系，后者的摄像机则固定于工作区的某个位置。也有人把摄像机安装在机械手的腰部，使其具有一个自由度的主动性。根据所用摄像机的数目，可分为单目、双目和多目等。根据摄像机观测到的内容，可分为EOL系统和ECL系统。EOL系统中摄像机只能观察到目标物体；ECL系统中摄像机可同时观察到目标物体和机械手末端，这种情况的摄像机一般固定于工作区，其优点是控制精度与摄像机和末端之间的标定误差无关，缺点是执行任务时，机械手会挡住摄像机视线。

根据是否用视觉信息直接控制关节角，可分为动态"Look and Move"系统和直接视觉伺服系统。前者的视觉信息为机器人关节控制器提供设定点输入，由内环的控制器控制机械手的运动；后者用视觉伺服控制器代替机器人控制器，直接控制机器人关节角。由于目前的视频部分采样速度不是很高，加上一般机器人都有现成的控制器，所以多数视觉控制系统都采用双环动态方式。此外，也可根据任务进行分类，如基于视觉的定位、跟踪或抓取等。

视觉伺服的性能依赖于控制回路中所用的图像特征。图像特征包括几何特征和非几何特征机，械手视觉伺服中常用的是几何特征。早期视觉伺服中用到的多是简单的局部几何特征，如点、线、圆、矩形和区域面积等以及它们的组合特征。其中，点特征应用最多。局部特征虽然得到了广泛应用，而且在特征选取恰当的情况下可以实现精确定位，但当特征超出视域时，则很难做出准确的操作。特别是对于真实世界中的物体，其形状、纹理、遮挡情况、噪声和光照条件等都会影响特征的可见性，所以单独利用局部特征会影响机器人可操作的任务范围。近来有人在视觉控制中利用全局的图像特征，如特征向量、几何矩、图像到直线上的投影、随机变换和描述子等，全局特征可以避免局部特征超出视域所带来的问题，也不需要在参考特征与观察特征之间进行匹配，适用范围较广，但定位精度比局部特征低。总之，特征的选取没有通用的方法，必须针对任务、环境和系统的软硬件性能，在时间、复杂性和系统的稳定性之间进行权衡。早期的视觉控制机器人，一般取图像特征的数目与机器人的自由度相同，例如，威尔斯（Wells）和斯塔特森（Standersons）要求允许的机器人自由度数一定要等于特征数，这样可以保证图像的雅可比矩阵是方阵，同时要求所选的特征是合适的，以保证图像的雅可比矩阵非奇异。

16.5.5　模式识别

模式识别（Pattern Recognition）是指对表征事物或现象的各种形式的信息进行处理和分析，以便对事物或现象进行描述、辨认、分类和解释的过程。模式是信息赖以存在和传递的形式，诸如波谱信号、图形、文字、物体的形状、行为的方式和过程的状态等，都属于模式的范畴。人们通过模式感知外部世界的各种事物或现象，这是获取知识、形成概念和做出反应的基础。

早期的模式识别研究强调仿真人脑形成概念和识别模式的心理及生理过程。20 世纪 50 年代，罗森布拉特（Rosenblatt F）提出的感知器，既是一个模式识别系统，也是把它作为人脑的数学模型来研究的。但随着实际应用的需要和计算技术的发展，模式识别研究多采用不同于生物控制论、生理学和心理学等方法的数学技术方法。1957 年，周绍康首先提出用决策理论方法对模式进行识别。1962 年，纳拉西曼（Narasimhan R）提出模式识别的句法方法，此后，美籍华人学者傅京孙深入地开展了这方面的研究，并于 1974 年出版了第一本专著《句法模式识别及其应用》。现代发展的各种模式识别方法基本上都可以归纳为决策理论方法和结构方法两大类。

随着信息技术应用的普及，模式识别呈现多样性和多元化趋势，可以在不同的概念粒度上进行，其中生物特征识别成为模式识别研究活跃的领域，包括语音识别、文字识别、图像识别和人物景象识别等。生物特征的身份识别技术，如指纹（掌纹）身份识别、人脸身份识别、签名识别、虹膜识别和行为姿态身份识别也成为研究的热点，通过小波变换、模糊聚类、遗传算法、贝叶斯（Bayesian）理论、支持向量机等方法进行图像分割、特征提取、分类、聚类和模式匹配，使得身份识别成为确保经济安全、社会安全的重要工具。

16.5.6　分布式人工智能

分布式人工智能（Distributed Artificial Intelligence）研究一组分布的、松散耦合的智能体如何运用它们的知识、技能和信息，为实现各自的或全局的目标协同工作。20世纪90年代以来，互联网的迅速发展为新的信息系统、决策系统和知识系统的发展提供了极好的条件，它们在规模、范围和复杂程度上增加极快，分布式人工智能技术的开发与应用越来越成为这些系统成功的关键。

分布式人工智能的研究可以追溯到20世纪70年代末期，早期分布式人工智能的研究主要是分布式问题求解，其目标是创建大粒度的协作群体，它们之间共同工作以对某一问题进行求解。1983年，休伊特（Hewitt C）和他的同事研制了基于ACTOR模型的并发程序设计系统。ACTOR模型提供了分布式系统中并行计算理论和一组专家或ACTOR获得智能行为的能力。1991年，Hewitt提出开放信息系统语义，指出竞争、承诺、协作和协商等性质应作为分布式人工智能的科学基础，试图为分布式人工智能的理论研究提供新的基础。1983年，马萨诸塞大学的莱塞（Lesser V R）等研制了分布式车辆监控测试系统DVMT。1987年，加瑟（Gasser L）等研制了MACE系统，这是一个实验型的分布式人工智能系统开发环境。MACE中每一个计算单元都称作智能体，它们具有知识表示和推理能力，智能体之间通过消息传送进行通信。

20世纪90年代以来，智能体和多智能体系统成为分布式人工智能研究的主流。智能体可以看作是一个自动执行的实体，它通过传感器感知环境，通过效应器作用于环境。智能体的BDI模型，是基于智能体的思维属性建立的一种形式模型，其中B表示Belief（信念），D表示Desire（愿望），I表示Intention（意图）。多智能体系统即由多个智能体组成的系统，研究的核心是如何在一群自主的智能体之间进行行为的协调。多智能体系统可以构成一个智能体的社会，其形式包括群体、团队、组织和联盟等，具有更大的灵活性和适应性，更适合开放和动态的世界环境，成为当今人工智能研究的热点。

16.5.7　互联网智能

如果说计算机的出现为人工智能的实现提供了物质基础，那么互联网的产生和发展则为人工智能提供了更加广阔的空间，成为当今人类社会信息化的标志。互联网已经成为越来越多人的"数字图书馆"，人们普遍使用Google、百度等搜索引擎，为自己的日常工作和生活服务。

语义Web（Semantic Web）追求的目标是让Web上的信息能够被机器所理解，从而实现Web信息的自动处理，以适应Web信息资源的快速增长，更好地为人类服务。语义Web提供了一个通用的框架，允许跨越不同应用程序、企业和团体的边界，共享和重用数据。语义Web是W3C领导下的协作项目，有大量研究人员和业界伙伴参与。语义Web以资源描述框架（RDF）为基础。RDF以XML作为语法、URI作为命名机制，将各种不同的应用集成在一起。

语义Web成功地将人工智能的研究成果应用到互联网，包括知识表示、推理机制等。人们期待未来的互联网是一本按需索取的百科全书，可以定制搜索结果，可以搜索隐藏的Web页面，可以考虑用户所在的位置，可以搜索多媒体信息，甚至可以为用户提供个性化服务。

16.5.8 博弈

博弈（Game Playing）是人类社会和自然界中普遍存在的一种现象，如下棋、打牌、战争等。博弈的双方可以是个人、群体，也可以是生物群或智能机器，各方都力图用自己的智慧获取成功或击败对方。博弈过程可能产生惊人庞大的搜索空间。要搜索这些庞大而且复杂的空间，需要使用强大的技术来判断备择假设、探索问题空间，这些技术被称为启发式搜索。博弈为人工智能提供了一个很好的实验场所，可以对人工智能的技术进行检验，以促进这些技术的发展。

在人工智能发展史上，1956 年塞缪尔研制了跳棋程序，并且使该程序在跳棋游戏中打败了自己。1997 年 5 月 11 日，IBM"深蓝"计算机战胜了国际象棋大师卡斯帕罗夫（Kasparov G）。2006 年 8 月 9 日，在北京举办的首届中国象棋人机大赛中，计算机以 3 胜 5 平 2 负的微弱优势战胜人类象棋大师。

下棋是一个典型的智力问题，求解过程通常是一个启发式搜索过程。下棋博弈中，以棋盘的全部格局作为状态，以合法的走步为操作，以启发式知识作导航，在一个状态空间内寻找到达获胜的路径。博弈中的棋局易于在计算机中表示，根本不需要表征更复杂问题所需的复杂格式。博弈的简单性使测试博弈程序没有任何经济和道德上的负担。状态空间搜索是大多数博弈研究的基础。

16.5.9 机器学习

1. 简单的学习模型

学习能力是人类智能的根本特征，人类通过学习来提高和改进自己的能力。学习的基本机制是设法把在一种情况下成功的表现行为转移到另一类似的新情况中去。1983 年，西蒙对学习定义如下：能够让系统在执行同一任务或同类的另外一个任务时比前一次执行得更好的任何改变。这个定义虽然简洁，却指出了设计学习程序时要注意的问题。学习包括对经验的泛化：不仅是重复同一任务，而且领域中相似的任务都要执行得更好。因为感兴趣的领域可能很大，学习者通常只研究所有可能例子中的一小部分；从有限的经验中，学习者必须能够泛化并对域中未见的数据正确地推广。这是个归纳的问题，也是学习的中心问题。在大多数学习问题中，无论采用哪种算法，能用的数据不足以保证最优的泛化。学习者必须采取启发式的泛化，也就是说，他们必须选取经验中对未来更为有效的部分。这样的选择标准就是归纳偏置。

从事专家系统研究的学者认为，学习就是知识获取。因为在专家系统的建造中，知识的自动获取是很困难的，所以知识获取似乎就是学习的本质。也有观点认为，学习是对客观经验表示的构造或修改。客观经验包括对外界事物的感受，以及内部的思考过程，学习系统就是通过这种感受和内部的思考过程来获取对客观世界的认识。其核心问题就是对这种客观经验的表示形式进行构造或修改。从认识论的观点看，学习是事物规律的发现过程。这种观点将学习看作从感性知识到理性知识的认识过程，从表层知识到深层知识的泛化过程，也就是说，学习是发现事物规律，再将规律上升形成理论的过程。

总结以上观点，可以认为学习是一个有特定目的的知识获取过程，通过获取知识、积累经验、发现规律，使系统性能得到改进、实现系统自我完善和自适应环境。图 16-4 给出了简单的学习模型。

图 16-4 简单的学习模型

（1）环境 环境是指系统外部信息的来源，它可以是系统的工作对象，也可以包括工作对象和外界条件。例如，在控制系统中，环境就是生产流程或受控的设备。环境为学习系统提供获取知识所需的相关对象的素材或信息，如何构造高质量、高水平的信息，将对学习系统获取知识的能力有很大影响。

信息的水平是指信息的抽象化程度。高水平信息比较抽象，适用于更广泛的问题；低水平信息比较具体，只适用于个别的问题。如果环境提供较抽象的高水平信息，则针对比较具体的对象，学习环节就要补充一些与该对象相关的细节。如果环境提供较具体的低水平信息，即在特殊情况执行任务的实例，学习环境就要由此归纳出规则，以便用于完成更广的任务。

信息的质量是指对事物表述的正确性、选择的适当性和组织的合理性。信息质量对学习难度有明显的影响。例如，若向系统提供的示例能准确表述对象，且提供示例的次序又有利于学习，则系统易于进行归纳；若示例中有噪声或示例的次序不太合理，则系统就难以对其进行归纳。

一般情况下，一个人的学习过程总是与他所处的环境以及他所具备的知识有关。同样，机器学习过程也与外界提供的信息环境以及机器内部所存储的知识库有关。

（2）学习单元 学习单元处理环境提供的信息，相当于各种学习算法。学习单元通过对环境的搜索获得外部信息，并将这些信息与执行环节所反馈的信息进行比较。一般情况下，环境提供的信息水平与执行环节所需的信息水平之间往往有差距，经分析、综合、类比和归纳等思维过程后，学习单元要从这些差距中获取相关对象的知识，并将这些知识存入知识库中。

（3）知识库 知识库用于存放由学习环节所学到的知识。知识库中常用的知识表示方法有谓词逻辑产生式规则、语义网络、特征向量、过程和框架等。

（4）执行单元 执行单元处理系统面临的现实问题，即应用知识库中所学到的知识求解问题，如智能控制、自然语言理解和定理证明等，并对执行的效果进行评价，将评价的结果反馈回学习环节，以便系统进一步学习。执行单元的问题复杂性、反馈信息和执行过程的透明度都对学习环节有一定的影响。

当执行单元解决当前问题后，根据执行的效果，要给学习环节反馈一些信息，以便改善学习单元的性能。对执行单元的效果评价一般有两种方法：一种方法是用独立的知识库进行这种评价，如 AM 程序用一些启发式规则评价所学到的新概念的重要性；另一种方法是以外部环境作为客观的执行标准，系统判定执行环节是否按这个预期的标准工作，并由此反馈信息来评价学习环节所学到的知识。

2. 什么是机器学习

机器学习是研究机器模拟人类的学习活动，获取知识和技能的理论和方法，以改善系统性能的学科。图 16-5 给出了基于符号机器学习的一般框架。

图 16-5 基于符号机器学习的一般框架

(1) 学习任务的数据和目标 表征学习算法的一个主要方式就是学习的目标和给定的数据。例如，在概念学习算法中，初始状态是目标类的一组正例（通常也有反例），学习的目标是得出一个通用的定义，它能够让学习程序辨识该类的未来的实例。与这些算法采用大量数据的方法相反，基于解释的学习试图从单一的训练实例和预先给定的特定领域的知识库中推出一个一般化的概念。

许多学习算法的目标是一个概念，或者物体的类的通用描述。学习算法还可以获取计划、求解问题的启发式信息，或者其他形式的过程性知识。

(2) 学到的知识的表示 机器学习程序利用各种知识表示方法来描述学到的知识。例如，对物体分类的学习程序可能把这些概念表示为谓词演算的表达式，或者它们可能用结构化的表示，如框架或对象。计划可以用操作的序列来描述，或者用三角表来描述。启发式信息可以用问题求解规则来表示。

(3) 操作的集合 给定训练实例集，学习程序必须建立满足目标的泛化、启发式规则或者计划。这就需要对表示进行操作的能力。典型的操作包括泛化或者特化符号表达式、调整神经网络的权值，或者其他方式对程序表示的修改。

(4) 概念空间 上面讨论的表示语言和操作定义了潜在概念定义的空间。学习程序必须搜索这个空间来寻找所期望的概念。概念空间的复杂度是学习问题困难程度的主要度量。

(5) 启发式搜索 学习程序必须给出搜索的方向和顺序，并且要用好可用的训练数据和启发式信息来有效地搜索。

机器学习研究的目标有 3 个，即人类学习过程的认知模型、通用学习算法以及构造面向任务的专用学习系统的方法。

(1) 人类学习过程的认知模型 研究人类学习机理的认知模型，这种研究对人类的教育，以及开发机器学习系统都有重要的意义。

(2) 通用学习算法 通过对人类学习过程的研究，探索各种可能的学习方法，建立起独立于具体应用领域的通用学习算法。

（3）构造面向任务的专用学习系统 这一目标是要解决专门的实际问题，并开发完成这些专门任务的学习系统。

3. 机器学习的方法

机器学习的方法主要有归纳学习、类比学习、分析学习、发现学习、遗传学习和连接学习。过去对归纳学习研究最多，主要研究一般性概念的描述和概念聚类，提出了 AQ 算法、变型空间算法和 ID3 算法等。类比学习是通过目标对象与源对象的相似性，从而运用源对象的求解方法来解决目标对象的问题。分析学习是在领域知识指导下进行实例学习，包括基于解释的学习、知识块学习等。基于解释的学习是从问题求解的一个具体过程中抽取出一般的原理，并使其在类似情况下也可利用。因为将学到的知识放进知识库，简化了中间的解释步骤，可以提高今后的解题效率。发现学习是根据实验数据或模型，重新发现新的定律的方法。遗传学习起源于模拟生物繁衍的变异和达尔文的自然选择理论，把概念的各种变体当作物种的个体，根据客观功能测试概念的诱发变化和重组合并，决定哪种情况应在基因组合中予以保留。连接学习是神经网络通过典型实例的训练，识别输入模式的不同类别。

强化（Reinforcement）学习是指从环境状态到行为映射的学习，以使系统行为从环境中获得的累积奖励值最大。在强化学习中，人们设计算法来把外界环境转化为最大化奖励量的方式的动作。强化思想最先来源于心理学的研究，1911 年，桑戴克（Thorndike E L）提出了效果律（Law of Effect）：一定情景下让动物感到舒服的行为，就会增强与此情景的联系（强化），当此情景再现时，动物的这种行为也更易再现；相反，让动物感觉不舒服的行为，会减弱与情景的联系，此情景再现时，此行为将很难再现。1989 年，瓦特金（Watkins C）提出了 Q 学习，把时序差分和最优控制结合在一起，开始了强化学习的深入研究。

16.5.10 大数据智能

1. 大数据概述

大数据本质上是人类社会数据积累从量变到质变的必然产物，是在信息高速公路基础上的进一步升级和深化，是提升人工系统智能水平的重要途径，对人类社会的发展具有极其重大的影响和意义。

大数据是一个体量特别大、数据类别特别多的数据集，并且这样的数据集无法用传统软件工具对其内容进行抓取、管理和处理。大数据首先是数据体量（Volumes）大，一般在 10TB 规模左右，但在实际应用中，很多企业用户把多个数据集放在一起，已经形成了 PB 级的数据量。其次是数据类别（Variety）多，数据来自多种数据源，数据种类和格式日渐丰富，包括半结构化和非结构化数据。再次是数据处理速度（Velocity）快，在数据量非常庞大的情况下，也能够做到数据的实时处理。

美国政府在 2012 年 3 月正式启动"大数据研究和发展"计划，该计划涉及美国国防部、美国国防部高级研究计划局、美国能源部、美国国家卫生研究院、美国国家科学基金和美国地质勘探局 6 个联邦政府部门，宣布将投资 2 亿多美元，用以大力推进大数据的收集访问、组织和开发利用等相关技术的发展，进而大幅提高从海量复杂的数据中提炼信息和获取知识的能力与水平。该计划并不单单依靠政府，而是与产业界、学术界以及非营利组织一起，共同充分利用大数据所创造的机会。这也是继 1993 年 9 月美国政府启动"信息高速公路"计划后，国家层面在信息领域的又一次发力。联合国也发布了《大数据促发展：挑战与机遇》的白皮书。全球范围内对大数据的关注达到了前所未有的热度，各类计划如雨后春笋般纷纷破土而出。

2015年3月9日，百度董事长兼CEO李彦宏在全国政协会议上发言，建议设立国家层面的"中国大脑"计划，以智能人机交互、大数据分析预测、自动驾驶、智能医疗诊断、智能无人机、军事和民用机器人技术等为重要研究领域，支持企业搭建人工智能基础资源和公共服务平台，面向不同研究领域开放平台资源。

随着云计算、云存储和物联网等技术的广泛应用，人们通过搜索引擎等获取信息，寻找知识，构建知识图；人类的各种社会互动、沟通，社交网络和传感器也正在生成海量数据；商业自动化导致海量数据存储，但用于决策的有效信息又隐藏在数据中，如何从数据中发现知识，大数据挖掘技术应运而生。

2. 当人工智能遇上大数据

大数据的发展离不开人工智能，而任何智能的发展，都是一个长期学习的过程，且这一学习的过程离不开数据的支持。近年来人工智能之所以能取得突飞猛进的发展，正是因为这些年来大数据的持续发展。而随着各类感应器和数据采集技术的发展，人类开始获取以往难以想象的海量数据，同时，也开始在相关领域拥有更深入、详尽的数据。而这些数据，都是训练相关领域"智能"的基础。

与以前的众多数据分析技术相比，人工智能技术立足于神经网络，并在此基础上发展出多层神经网络，从而可以进行深度机器学习。与以往的传统算法相比，这一算法不像线性建模需要假设数据之间的线性关系之类多余的假设前提，而是完全利用输入的数据自行模拟和构建相应的模型结构。这一算法特点决定了它是更为灵活的依据不同的输入来训练数据而拥有的自优化特性。

在计算机运算能力取得突破以前，这样的算法几乎没有实际应用的价值（因为运算量实在是太大了）。在十几年前，用神经网络算法计算一组并不海量的数据，辛苦等待几天都不一定会有结果。但如今，高速并行运算、海量数据、更优化的算法，打破了这一局面，并共同促成了人工智能发展的突破。

人工智能是研究可以理性地进行思考和执行动作的计算模型的学科，它是人类智能在计算机上的模拟。人工智能作为一门学科，经历了孕育、形成和发展等几个阶段，并且还在不断地发展。尽管人工智能也创造出了一些实用系统，但不得不承认，这些系统远未达到人类的智能水平。

知识表示、推理、学习、智能搜索和数据与知识的不确定性处理，是人工智能的基本研究领域，人工智能的典型应用领域包括专家系统、数据挖掘、自然语言处理、智能机器人、模式识别、分布式人工智能、互联网智能和博弈等。

人工智能的研究途径主要有以符号处理为核心的方法、以网络连接为主的联结主义方法，以及以感知和动作为主的行为主义方法等，这些方法的集成和综合已经成为当今人工智能研究的一个趋势。

进入21世纪后，互联网的普及和大数据的兴起又一次将人工智能推向新的高峰。基于大数据、信息空间（Cyberspace）的知识自动化，将开拓人类向人工智能世界进军，深度开发大数据和智力资源，深化农业和工业的智能革命。脑科学、认知科学和人工智能等学科交叉研究的智能科学、将指引类脑计算的发展，实现人类水平的人工智能。

习 题 16

1. 什么是人工智能？它的研究目标是什么？
2. 什么是图灵测试？讨论图灵关于计算机软件"智能"标准的不足。
3. 人工智能程序和传统的计算机程序之间有什么不同？
4. 人工智能研究有哪些主要的学派？各有什么特点？
5. 人工智能学科已创建50多年，列举你所知道的成功应用，以及失败的教训。
6. 未来人工智能在哪些方面有可能取得突破？
7. 人工智能的长期目标是构造人类水平的人工智能，我们应该如何努力实现这个目标？
8. 什么是智能机器人？简述它的视觉系统。
9. 什么是机器学习？简述机器学习的方法。
10. 结合当前人工智能及大数据的发展，谈谈你身边的大数据应用实例。

扩展阅读

中 国 天 眼

500米口径球面射电望远镜（Five-hundred-meter Aperture Spherical Telescope，FAST），被誉为"中国天眼"。FAST由我国天文学家南仁东先生于1994年提出构想，历时22年建成，于2016年9月25日落成启用。FAST是由中国科学院国家天文台主导建设，具有我国自主知识产权、世界最大单口径、最灵敏的射电望远镜。

FAST是国家科教领导小组审议确定的国家九大科技基础设施之一，2007年7月10日经国家发改委正式批复FAST立项后进入可行性研究阶段。由中国科学院和贵州省人民政府共同建设。"中国天眼"工程由主动反射面系统、馈源支撑系统、测量与控制系统、接收机与终端及观测基地等几大部分构成。

FAST是世界上最大口径的射电望远镜，FAST与号称"地面最大的机器"的德国波恩100m望远镜相比，灵敏度提高约10倍；与排在阿波罗登月之前、被评为人类20世纪十大工程之首的美国Arecibo 300m望远镜相比，其综合性能提高约10倍。作为世界最大的单口径望远镜，FAST将在未来20~30年保持世界一流设备的地位。

FAST的设计技术方案除了在观测中性氢线及其他厘米波段谱线，开展从宇宙起源到星际物质结构的探讨、对暗弱脉冲星及其他暗弱射电源的搜索、高效率开展对地外理性生命的搜索等6个方面实现科学和技术的重大突破外，还将作为一个多学科基础研究平台，有能力将中性氢观测延伸至宇宙边缘，观测暗物质和暗能量，寻找第一代天体。

截至2019年8月28日，FAST已发现132颗优质的脉冲星候选体，其中有93颗已被确认为新发现的脉冲星。2020年1月11日，FAST通过国家验收，投入正式运行。

参 考 文 献

[1] 梁森，王侃夫，黄杭美. 自动检测与转换技术 [M]. 4版. 北京：机械工业出版社，2019.

[2] 胡寿松. 自动控制原理 [M]. 7版. 北京：科学出版社，2019.

[3] 阮毅. 电力拖动自动控制系统：运动控制系统 [M]. 5版. 北京：机械工业出版社，2017.

[4] 吴建平. 传感器原理及应用 [M]. 3版. 北京：机械工业出版社，2016.

[5] 胡向东. 传感器与检测技术 [M]. 3版. 北京：机械工业出版社，2018.

[6] 吴旗. 传感器与自动检测技术 [M]. 3版. 北京：高等教育出版社，2019.

[7] 俞云强. 传感器与检测技术 [M]. 2版. 北京：高等教育出版社，2019.

[8] 兰子奇. 传感器应用技术 [M]. 北京：高等教育出版社，2018.

[9] LUCCI S, KOPEC D. 人工智能：2版 [M]. 林赐，译. 北京：人民邮电出版社，2018.

[10] GOODFELLOW I, BENGIO Y, COURVILLE A. 深度学习 [M]. 赵申剑，黎彧君，符天凡，译. 北京：人民邮电出版社，2017.

[11] 史忠植，王文杰，马慧芳. 人工智能导论 [M]. 北京：机械工业出版社，2019.